计算机“十四五”精品教材

中文版 Photoshop 2021
平面设计实例教程

主　编　龚静子　刘　兴　杨　帅
副主编　张晓利　徐杰青　孙海龙
　　　　邓育婧　陈浩明　韩哲欣

哈尔滨工程大学出版社
Harbin Engineering University Press

内容简介

本书为计算机“十四五”精品教材。本书共10章，主要包括Photoshop 2021基本操作、调整图像的色彩与色调、修饰图像画面与添加文本、运用工具和命令进行抠图、运用通道与蒙版抠图合成、UI界面的设计与制作、卡片的设计与制作、淘宝电商的平面设计与制作、海报广告的设计与制作、产品包装的设计与制作。

本书既可作为计算机应用型本科院校、职业院校的教材，也可供希望尽快掌握Photoshop平面设计技能的电脑初、中级用户阅读。

图书在版编目（CIP）数据

中文版 Photoshop 2021 平面设计实例教程 / 龚静子，刘兴，杨帅主编. —哈尔滨 ：哈尔滨工程大学出版社，2022.4

ISBN 978-7-5661-3445-5

Ⅰ. ①中… Ⅱ. ①龚… ②刘… ③杨… Ⅲ. ①平面设计－图像处理软件－教材 Ⅳ. ①TP391.413

中国版本图书馆 CIP 数据核字（2022）第 052513 号

中文版Photoshop 2021 平面设计实例教程

ZHONGWENBAN Photoshop 2021 PINGMIAN SHEJI SHILI JIAOCHENG

责任编辑 张 曦

封面设计 赵俊红

出版发行 哈尔滨工程大学出版社

社 址 哈尔滨市南岗区南通大街 145 号

邮政编码 150001

发行电话 0451-82519328

传 真 0451-82519699

经 销 新华书店

印 刷 唐山唐文印刷有限公司

开 本 787 mm×1 092 mm 1/16

印 张 16.5

字 数 422 千字

版 次 2022 年4月第 1 版

印 次 2022 年4月第 1 次印刷

定 价 68.00 元

http://www.hrbeupress.com

E-mail:heupress@hrbeu.edu.cn

前言

Adobe Photoshop 2021是由美国Adobe公司推出的专业设计制图工具。Photoshop作为目前最热门的制图软件之一，被广泛地运用在图像处理、平面设计、插图创作、网站设计、卡通设计、影视包装等诸多领域。本书立足于这款软件的实际操作及行业应用，完全从一个初学者的角度出发，循序渐进地讲解核心知识点，并通过大量平面设计的实例演练，让读者在最短的时间内成为Photoshop平面设计高手。

为了帮助广大读者快速掌握 Photoshop 2021 的制作技术，我们特组织专家和一线骨干老师编写了《中文版 Photoshop 2021平面设计实例教程》一书。本书主要有以下特点。

（1）10章专题技术讲解。本书体系结构完整，由浅入深地对Photoshop 2021基本操作、调整图像的色彩与色调、修饰图像画面与添加文本、运用工具和命令进行抠图、运用通道与蒙版抠图合成、UI界面的设计与制作、卡片的设计与制作、淘宝电商的平面设计与制作、海报广告的设计与制作、产品包装的设计与制作等进行了全面细致地讲解，帮助读者从零开始快速掌握Photoshop 2021软件。

（2）70多个专家指点。作者在编写本书时，将平时工作中总结下来的Photoshop 2021的实战技巧、心得体会与设计经验等毫无保留地呈现给读者，这不仅大大提高了本书的含金量，而且方便了读者掌握实战技巧与经验，从而提高学习与工作效率。

（3）100多个实战技巧放送。本书是一本操作性很强的技能实例手册，读者可以通过书中的实例逐步掌握软件的核心技能与操作技巧，从新手快速成长为行家里手。

（4）200多分钟视频演示。本书的技能实例全部被录制成带语音讲解的演示视频，时间长达260多分钟，重现书中所有技能实例的操作，读者既可以结合本书学习，也可以独立观看视频演示，让整个学习过程既轻松又高效。

（5）900多张图片全程图解。本书采用900多张图片，对软件的技术与实例进行全程式的讲解。大量的辅助图片，使实例内容更加通俗易懂，让读者一目了然并快速领会所学知识，大大提高其学习效率。

本书由无锡城市职业技术学院龚静子、安顺城市服务职业学校刘兴、山西农业大学信息学院杨帅担任主编；由济源职业技术学院张晓利，山东传媒职业学院徐杰青，佛山市顺德区龙江职业技术学校孙海龙、邓育婧和陈浩明，河南信息统计职业学院韩哲欣担任副主编。本书的相关资料和售后服务可扫描封底微信二维码或登录网址 www.bjzzwh.com 下载获得。

由于编者水平有限，书中难免存在疏漏和不当之处，敬请各位专家及读者批评指正。

编　者

目 录

第 1 章　Photoshop 2021 基本操作

第 2 章　调整图像的色彩与色调

第 3 章 修饰图像画面与添加文本

第 4 章　运用工具和命令进行抠图

第 5 章　运用通道与蒙版抠图合成

第 6 章　UI 界面的设计与制作

第 7 章　卡片的设计与制作

第 8 章　淘宝电商的平面设计与制作

第 9 章　海报广告的设计与制作

第 10 章 产品包装的设计与制作

第 1 章

Photoshop 2021 基本操作

Photoshop 2021 作为一款图像处理软件，绘图和图像处理是它的主要功能。本章主要向读者介绍 Photoshop 2021 的基本操作，包括平面设计的基础知识、图像文件的基本操作、调整图像尺寸和分辨率、应用图像辅助工具以及创建并管理图层对象等内容。

本章重点

- 平面设计的基础知识
- 图像文件的基本操作
- 调整图像尺寸和分辨率
- 应用图像辅助工具
- 创建并管理图层对象

1.1 平面设计的基础知识

走在繁华的大街上，随处可见的报纸、杂志、海报以及招贴等媒介都应用到了平面设计技术，而要掌握这些精美图像的制作方法，不仅需要掌握 Photoshop 软件的操作技巧，还需要掌握相关的平面设计知识。本节将向读者详细介绍平面设计概念、平面造型基础、平面专业基础以及平面设计分类等知识。

1.1.1 平面设计概念

平面设计是一门将信息学、经济学、心理学和设计学等按照一定的科学规律进行创造性组合的学科，是视觉文化的组成部分。

平面设计是一门静态艺术，它通过各种表现手法在静态平面上传达信息，是一种视觉艺术。它且颇具实用价值，能给人以直观的视觉冲击，也能让人受到艺术的熏陶。现在，平面设计以其特有的宣传功能，全面进入社会经济和日常生活的众多领域；以其独特的文化张力，影响着人们的工作和生活。如图 1-1 所示为商场海报平面广告效果。

图 1-1　商场海报平面广告效果

设计是科技与艺术的结合，是商业社会的产物，在商业社会中需要艺术设计与创作理想的平衡。设计与美术不同，因为设计既要符合审美性又要具有实用性，要替人设想、以人为本，所以设计是一种需要，而不仅仅是装饰、装潢。

平面设计的目的就是通过调动图像、图形、文字、色彩及版式等元素，经过一定的组合，在给人以美的享受的同时，兼顾某种视觉信息的传递。如图 1-2 所示为某企业标识，如图 1-3 所示为平面创意效果。

图 1-2　某企业标识

图 1-3　平面创意效果

1.1.2　平面造型基础

平面设计属于造型艺术的一个门类，造型是平面设计的基础。随着摄影技术和电脑辅助设计的普及和广泛应用，在实际的设计工作中，很少需要平面设计师手工绘画和写字，有时甚至不会用到笔和纸。但作为造型艺术的基础，绘画仍然是平面设计师不可或缺的专业技能，也是高校设计艺术专业录取学生的评判标准之一。

平面设计的造型基本要求和基础训练与其他设计门类（包括绘制和雕塑等艺术门类）一样，以素描和色彩为主要训练手段。但如今，对于平面设计专业来说，更重要的是通过素描与色彩的基础训练，培养和锻炼设计师对客观对象的观察、理解和表达能力，以及运用造型艺术语言对客观对象的各种复杂结构，在不同光影和角度的形态、明暗层次、影调、色彩变化的敏锐感觉和对整体与局部表现的控制能力等。如图 1-4 所示为素描与色彩的基础训练。

图 1-4　素描与色彩的基础训练

素描与色彩的基础训练，可以对与造型艺术紧密相关的学科，如透视、解剖、色彩原理等基础学科有更深的了解和认识。

▶ 专家指点

一个从事造型艺术的设计师或艺术家，对视觉艺术语言所应具备的感觉、领悟和表达能力，大多是从这些基础训练中得来的。从一个经过严格系统造的型基础训练的平面设计师所设计的作品中，能够明显地感觉到其造型基本功底的深浅程度。是否接受过这种训练，有时甚至会成为衡量设计师是否专业的标准。

1.1.3 平面设计专业基础

经过系统的造型基础训练后，接下来是专业基础的学习和训练，主要内容包括平面构成、立体构成、色彩构成、基础图案、字体设计、装饰画、书法、摄影基础、专业绘画（如手绘、喷绘）以及计算机基础等。

平面设计专业的基础训练使学生了解和掌握造型艺术中的设计艺术和表达方式，如平面构成中的重复，如图 1-5 所示为运用重复性的方块来表现层次感。如图 1-6 所示为运用对称方式的花纹纹样，该图还运用了近似、渐变、发射、变异、集结、对比、空间以及肌理等方式。构图中的和谐，对称，均衡，比例，视觉重心，对比与统一，节奏与韵律，图案中的单独纹样、对偶纹样及自由纹样等，还运用了电脑美术中的电脑基础、电脑图形/图像设计软件、网页设计软件以及排版软件等。

图 1-5　重复性方块

图 1-6　对称花纹纹样

▶ 专家指点

肌理是指物体表面的组织纹理结构，即各种纵横交错、高低不平、粗糙平滑的纹理变化，是人们用来表达对设计物表面纹理特征的感受。

平面专业设计的训练内容，主要包括招贴广告设计、图像处理、画册宣传设计，标志设计如图 1-7 所示；包装设计如图 1-8 所示。

平面专业设计的训练就是将造型基础、专业基础和专业理论基础知识综合起来，针对平面设计的各个主要设计种类，结合具体的设计内容进行整体的训练。通过这一系列的训练，人们能对平面设计所包含的主要设计种类及其各自的特点、规律和表现手法等有一个全面、深入的了解和认识，为以后的平面设计工作打好基础。

图 1-7　标志设计

图 1-8　包装设计

1.1.4　平面设计分类

平面设计是创造性的活动，是一种开拓。概括地讲，凡是有目的的造型活动都是一种设计。平面设计不能简单地理解成物件外部附加的美化或装饰，设计是包括功能、材料、工技、造价、审美形式、艺术风格、精神意念等各种因素的综合创造。

目前常见的平面设计项目，可以归纳为十大类：网页设计、包装设计、DM 广告设计如图 1-9 所示、海报设计、平面媒体广告设计、POP 广告设计、样本设计、书籍设计、刊物设计和 VI 设计（企业形象识别系统）。

图 1-9　DM 广告设计

1.1.5 平面设计要素

现代信息传播媒介可分为视觉、听觉和视听觉三种类型，其中公众的 70%的信息是从视觉传达中获得的，如报纸、杂志、海报、路牌以及灯箱等。这些以平面形态出现的视觉类信息传播媒介，均属于平面设计的范畴。因此，平面设计的基本要素主要有三种：图形、色彩和文字。这些要素在平面设计中担当着不同的使命。下面将分别介绍图形、色彩和文字这三种要素在平面设计中的运用及其重要性。

1．图形

图形的运用在于剪裁，要想让图形在视觉上形成冲击力，必须注意画面元素的简洁。因为画面元素过多，公众的视线容易分散，图形的感染力就会大大减弱。因此，设计者在对图形处理时要敢于创新，力求将公众的注意力集中在图形主题上。

图形可以是黑白画、喷绘插画、手绘图、摄影作品等；图形的表现形式可以是写实、象征、漫画、卡通及装饰等手法，如图 1-10 所示为摄影作品，如图 1-11 所示为卡通图形对象。

图 1-10　摄影作品

图 1-11　卡通图形对象

> ▶ 专家指点
>
> 图形具有形象化、具体化、直接化的特性，它能够形象地表现设计主题和设计者的创意，是平面设计主要的构成要素，对设计理念的陈述和表达起着决定性的作用。

2．色彩

色彩运用是平面设计中相当重要的环节。色彩在平面设计中具有迅速传达信息的作用，与公众的生理和心理反应密切相关。

公众对平面设计作品的第一印象是通过色彩而得到的，色彩的艳丽程度、灰暗关系等都会影响公众对设计作品的注意力。如鲜艳、明快、和谐的色彩会吸引观众的眼球，让观众心情舒畅；而深沉、暗淡的色彩则给观众一种压迫感。因此，色彩在平面设计作品中有着特殊的表现力。

总之，在平面设计中，商品的个性决定着色彩运用。若色彩运用得当，可以增加画面的美感和吸引力，并更好地传达商品的质感和特色。如图 1-12 所示为某珠宝画册设计，如图 1-13 所示为节日宣传广告。

图 1-12　某珠宝画册设计

图 1-13　节日宣传广告

3．文字

文字是平面设计中不可或缺的构成要素，是传达设计者意图、表达设计主题和构想理念最直接的方式，起着画龙点睛的作用。其中，文字的排列组合可以影响人的视线，而字体大小则控制着整个画面的层次关系。

因此，文字的排列组合、字体字号的选择和运用直接影响着画面的视觉传达效果和审美价值。如图 1-14 所示为一幅极具视觉创意的平面汽车广告，图片中的文字排列有序、清晰，让观众一目了然。

图 1-14　平面汽车广告

▶ 专家指点

文字元素主要包括标题、正文、广告语和公司信息等四个部分。其中，标题最好使用醒目的大字号，放置在版面最醒目的位置；而正文文字主要是用来说明广告图形及标题所不能完全展现的广告主体。因此，文字应集中，一般置于版面的左右或上下方。广告语又称为“标语”，是用来配合广告标题、正文，强化商品形象的简洁短句。

1.1.6　平面构图技巧

构图是为了表现作品的主题思想和美感效果，在一定的空间内，安排和处理人、物的关系及其位置，把个别或局部的形象组成艺术的整体，在一定规格、尺寸的版面内，将一则平面广告作品的设计要素（如广告方案、图形背景、装饰线以及色彩等）合理、美观地创意编排、组合布局，以取得最佳的广告宣传效果。下面介绍五种常见的平面构图技巧。

1．水平式构图

水平式构图又称为“标准型构图”或“横线型构图”，它是最常见、最稳妥的构图形式，给人一种安定感，人的视线会从上到下流动。一般情况下，插图位于版面的上方，以较大的幅面吸引人的注意力，接着利用标题点明主题，从而展现整个平面广告，如图 1-15 所示。

图 1-15　水平式构图

2．斜线式构图

斜线式构图是一种常用的构图方式，具有较强的运动感和张力性。它最明显的特点就是将画面中的文字或主题物以对角线的方式进行布局或设计，赋予画面一种生动、活泼的感觉，如图 1-16 所示。

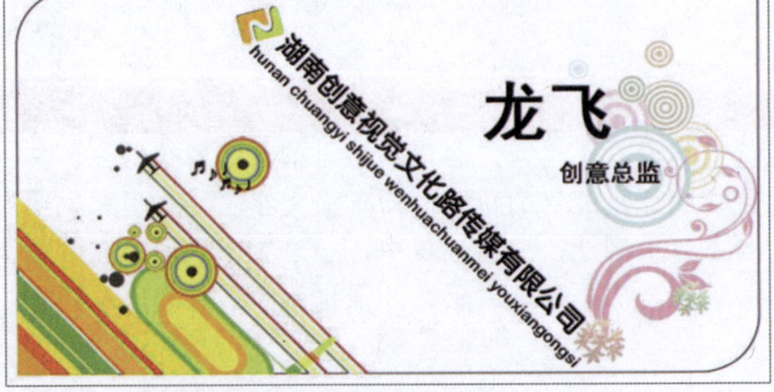

图 1-16　斜线式构图

3．竖幅构图

竖幅构图的特点是图形狭长，而且可以裁去横向画面多余的元素，使画面更加整洁，主体更加突出。竖幅构图可以给观众一种向上下延伸的感受，可以将画面的上下部分的各种元素紧密联系在一起，从而更好地表达画面主题，如图 1-17 所示。

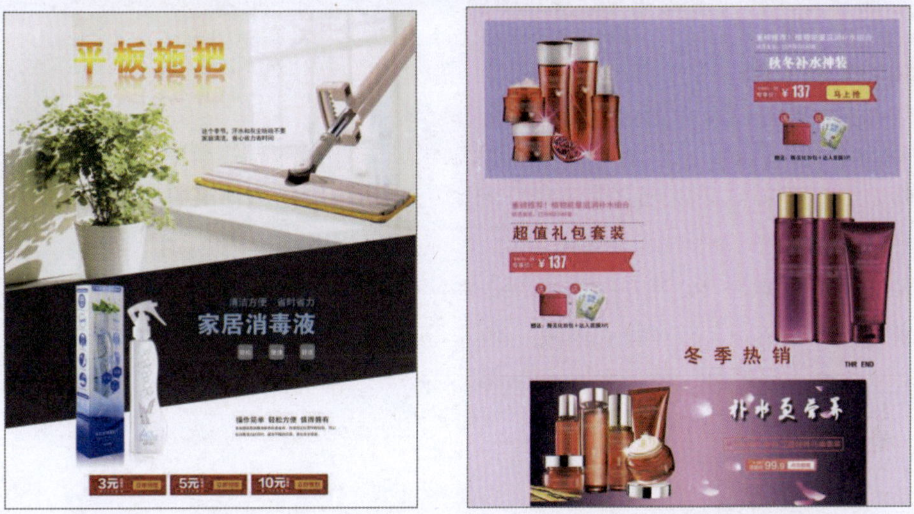

（a）　　（b）

图 1-17　竖幅构图

4．对称式构图

对称式构图通常是指画面中心轴两侧有相同或视觉等量的主体物，使画面在视觉上保持相对均衡，从而产生一种稳定的协调感、秩序感和平衡感，如图 1-18 所示。

图 1-18　对称式构图

5．曲线式构图

曲线具有优美、富于变化的视觉特征。曲线构图可以增加画面的韵律感，给人柔美的视觉享受。如 S 形曲线构图可以有效地牵引观众的视线，使画面蜿蜒延伸，增加画面的空间感。另外，S 形曲线构图也可以用于突现女性的曲线美。

1.2 图像文件的基本操作

使用 Photoshop 2021 开始创作之前，首先需要了解此软件的一些常用操作，如新建文件、打开文件、保存文件和关闭文件等。熟练掌握各种操作，才可以更好、更快地设计作品。

1.2.1 新建图像文件

新建图像文件

在 Photoshop 面板中，用户若想要绘制或编辑图像，首先需要新建空白的图像文件，然后才可以继续进行下面的工作。下面介绍新建图像文件的操作方法。

Step 01 在菜单栏中单击“文件”|“新建”命令，如图 1-19 所示。

Step 02 弹出“新建文档”对话框，选择“默认 Photoshop 大小”选项，如图 1-20 所示。

图 1-19 单击“新建”命令

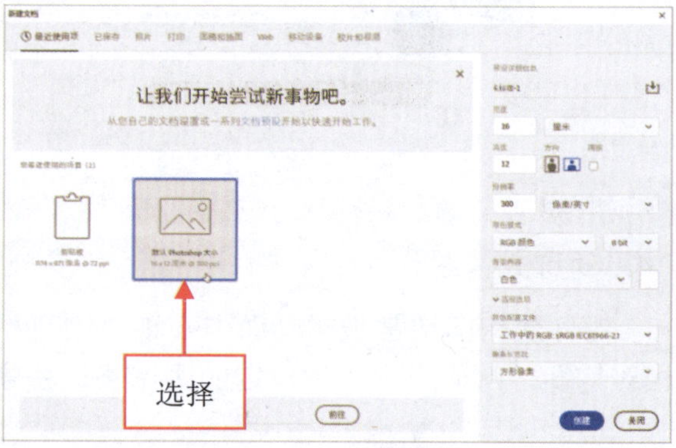

图 1-20 选择“默认 Photoshop 大小”选项

Step 03 单击“创建”按钮，即可新建空白的图像文件，如图 1-21 所示。

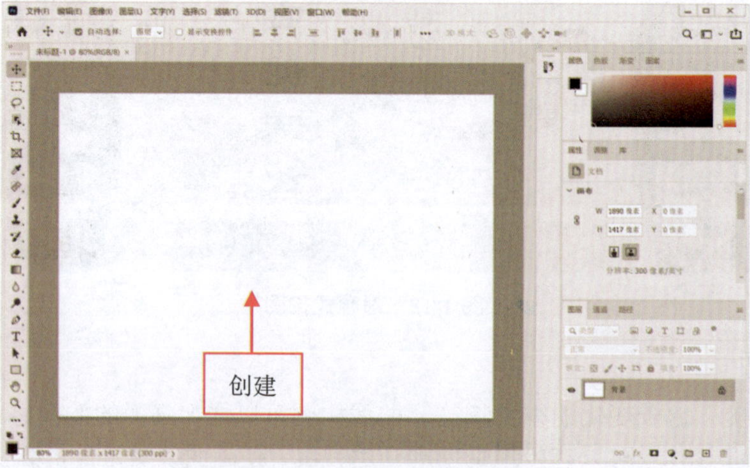

图 1-21 新建空白的图像文件

▶ 专家指点

在“新建文档”对话框中，各选项基本含义如下。

➢ 名称：设置文件的名称，也可以使用默认的文件名。创建文件后，文件名会自动显示在文档窗口的标题栏中。

➢ 预设项：可以选择不同的文档类别，如“剪贴板”和“默认 Photoshop 大小”。

➢ 宽度/高度：用来设置文档的宽度和高度值，在“宽度”右侧的列表框中可以选择单位，如“像素”“英寸”“厘米”及“毫米”等选项。

➢ 分辨率：用来设置文件的分辨率，在右侧的列表框中可以选择分辨率的单位，如“像素/英寸”和“像素/厘米”。

➢ 颜色模式：用来设置文件的颜色模式，如“位图”模式、“灰度”模式、“RGB 颜色”模式、“CMYK 颜色”模式等。

➢ 背景内容：用来设置文件的背景内容，如“白色”“背景色”及“透明”等。

➢ 高级选项：单击该按钮，可以显示出对话框中隐藏的内容，如“颜色配置文件”和“像素长宽比”等。

1.2.2 打开图像文件

打开图像文件

在 Photoshop 中经常需要打开一个或多个图像文件进行编辑和修改，可以打开多种文件格式，也可以同时打开多个文件。下面介绍打开图像文件的操作方法。

Step 01 单击“文件”|“打开”命令，在弹出的“打开”对话框中，选择需要打开的图像文件（素材\第 1 章\手表.JPG），如图 1-22 所示。

Step 02 单击“打开”按钮，即可打开选择的图像文件，如图 1-23 所示。

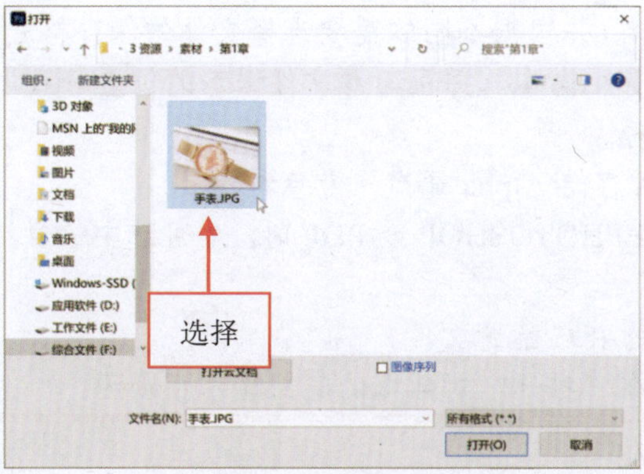

图 1-22 选择要打开的文件

图 1-23 打开的图像文件

▶ 专家指点

如果要打开一组连续的图像文件，可以在选择第一个图像文件后，按住【Shift】键的同时选择最后一个要打开的图像文件；如果要打开一组不连续的图像文件，可以在选择第一个图像文件后，按住【Ctrl】键的同时选择其他的图像文件，然后再单击“打开”按钮。

1.2.3 保存图像文件

如果需要将处理好的图像文件保存，只要单击“文件”|“存储为”命令，在弹出的“另存为”对话框中将文件保存即可。下面介绍保存图像文件的操作方法。

保存图像文件

Step 01 打开素材图像（素材\第 1 章\红宝石.jpg），如图 1-24 所示。

Step 02 新建一个图层，单击“文件”|“存储为”命令，弹出“另存为”对话框，设置文件名称与保存路径，单击“保存”按钮即可，如图 1-25 所示。

图 1-24 素材图像

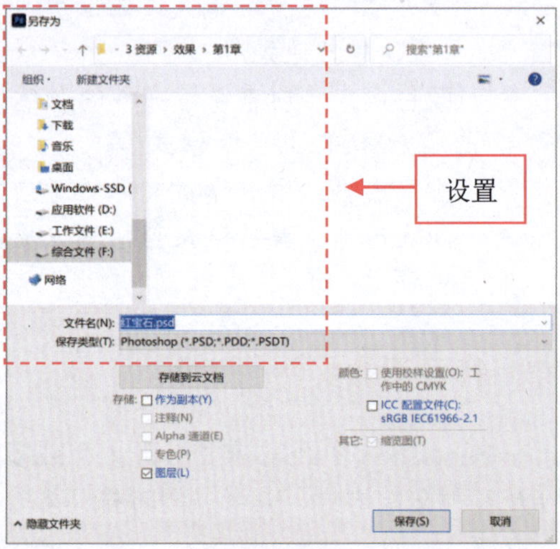

图 1-25 设置文件名称与保存路径

> ▶ 专家指点
>
> 在“另存为”对话框中，各主要选项含义如下。
>
> ➢ 文件名/保存类型：用户可以输入文件名，并根据不同的需要选择文件的保存格式。
>
> ➢ 作为副本：选中该复选框，可以另存一个副本，并且与源文件保存的位置一致。
>
> ➢ 注释：用户可以自由选择是否存储注释。
>
> ➢ Alpha 通道/专色/图层：用来选择是否存储 Alpha 通道、专色和图层。
>
> ➢ 使用校样设置：当文件的保存格式为 EPHOTOSHOP 或 PDF 时，才可选中该复选框，用于保存打印用的校样设置。
>
> ➢ ICC 配置文件：用于保存嵌入文档中的 ICC 配置文件。
>
> ➢ 缩览图：创建图像缩览图，方便以后在“打开”对话框的底部显示预览图。

1.2.4 关闭图像文件

运用 Photoshop 软件的过程中，当新建或打开许多文件时，就需要选择关闭某些图像文件，然后再进行下一步的工作。下面介绍关闭图像文件的操作方法。

关闭图像文件

Step 01 单击“文件”|“关闭”命令，如图 1-26 所示。

Step 02 执行上述操作后，即可关闭当前工作的图像文件，如图 1-27 所示。

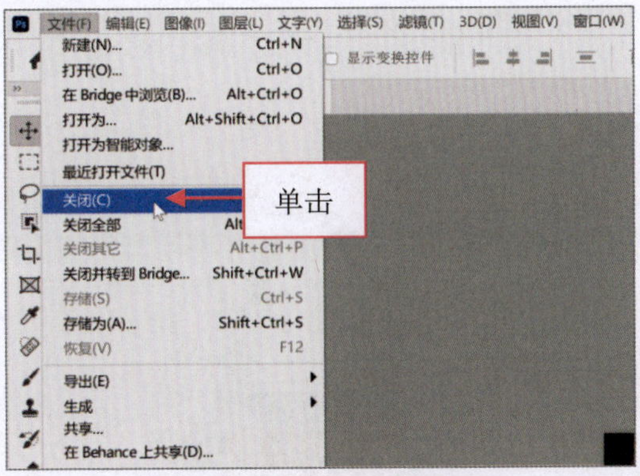

图 1-26　单击“关闭”命令

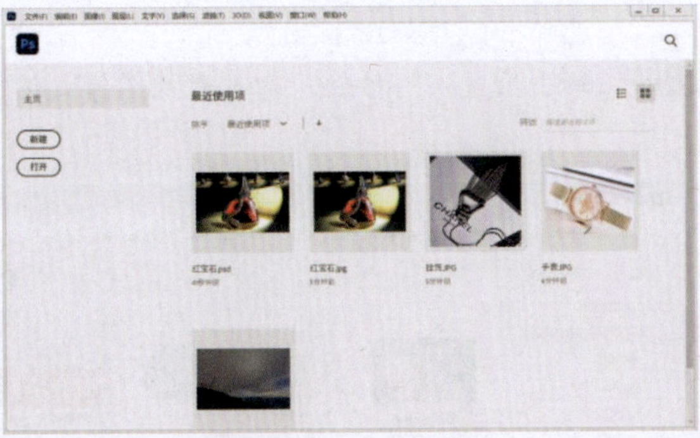

图 1-27　关闭文件

> **专家指点**
>
> 除了运用上述方法可以关闭图像文件外，还有以下 4 种常用的方法。
>
> - 快捷键 1：按【Ctrl + W】组合键，关闭当前文件。
> - 快捷键 2：按【Alt + Ctrl + W】组合键，关闭所有文件。
> - 快捷键 3：按【Ctrl + Q】组合键，关闭当前文件并退出 Photoshop。
> - 按钮：单击图像文件标题栏右侧的“关闭”按钮 ×，即可关闭当前文件。

1.2.5　置入图像文件

在 Photoshop 中置入图像文件，是指将所选择的图像文件置入当前编辑的窗口中，然后在 Photoshop 中进行编辑。Photoshop 2021 所支持的格式都能通过“置入嵌入对象”命令将指定的图像文件置于当前编辑的文件中。下面介绍置入图像文件的操作方法。

置入图像文件

Step 01　打开素材图像（素材\第 1 章\手提包.jpg），如图 1-28 所示。

Step 02　在菜单栏中，单击“文件”|“置入嵌入对象”命令，如图 1-29 所示。

图 1-28　素材图像

图 1-29　单击“置入嵌入对象”命令

Step03 弹出“置入嵌入的对象”对话框，在其中选择需要置入的图像文件（素材\第 1 章\特价包邮.jpg），如图 1-30 所示。

Step04 单击“置入”按钮，即可置入图像文件，如图 1-31 所示。

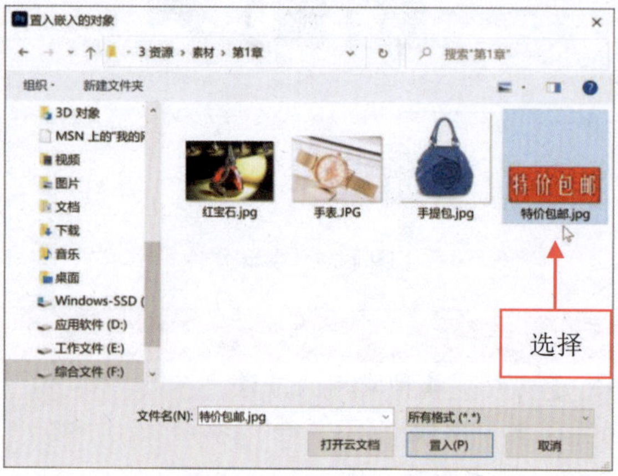

图 1-30　选择需要置入的文件

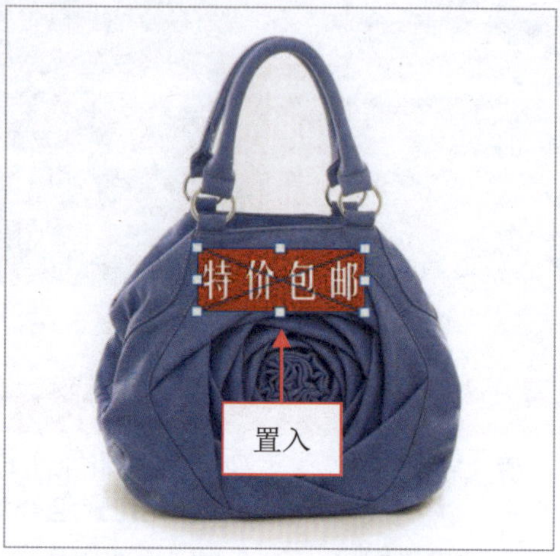

图 1-31　置入图像文件

> **▶ 专家指点**
>
> 当运用“置入嵌入对象”命令时，可以在图像中放置 EPS、AI、PDP 和 PDF 格式的图像文件，该命令主要用于将一个矢量图像文件转换为位图图像文件。放置一个图像文件后，系统将创建一个新的图层。

Step05 将鼠标指针移动至置入文件的控制点上，按住【Alt】键的同时按住鼠标左键并拖曳，即可缩放图片，如图 1-32 所示。

Step06 将鼠标指针移至置入的文件上，按住鼠标左键并拖动，将图像移动至合适位置，按【Enter】键确认，效果如图 1-33 所示。

图 1-32　缩放图片

图 1-33　最终效果

1.2.6 导出图像文件

导出图像文件

在 Photoshop 中创建或编辑的图像可以导出到 Zoomify、Illustrator 和视频设备中，以满足用户的不同需求。如果在 Photoshop 中创建了路径，需要进一步处理，可以将路径导出为 AI 格式，在 Illustrator 中可以继续对路径进行编辑。下面介绍导出图像文件的操作方法。

Step 01 打开素材图像（素材\第 1 章\高跟鞋.psd），如图 1-34 所示。

Step 02 单击“窗口”|“路径”命令，如图 1-35 所示。

图 1-34 素材图像

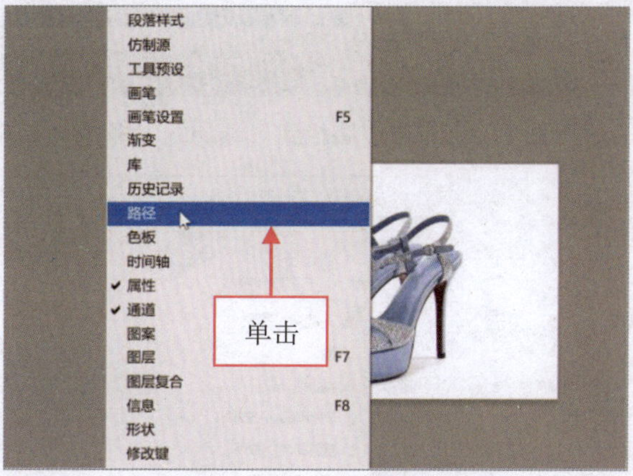

图 1-35 单击“路径”命令

Step 03 展开“路径”面板，选择“工作路径”选项，如图 1-36 所示。

Step 04 执行上述操作后，显示的路径效果如图 1-37 所示。

图 1-36 选择“工作路径”选项

图 1-37 显示的路径效果

Step 05 单击“文件”|“导出”|“路径到 Illustrator”命令，如图 1-38 所示。

Step 06 弹出“导出路径到文件”对话框，单击“确定”按钮，如图 1-39 所示。

Step 07 弹出“选择存储路径的文件名”对话框，在其中设置文件名称和保存位置，单击“保存”按钮，如图 1-40 所示，即可完成导出图像文件的操作。

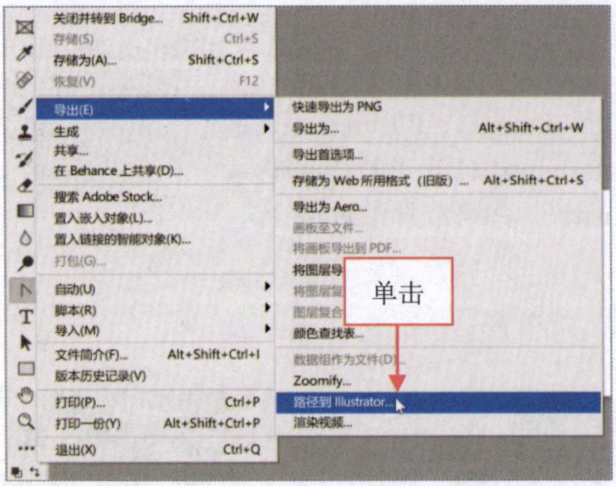

图 1-38　单击“路径到 Illustrator”命令

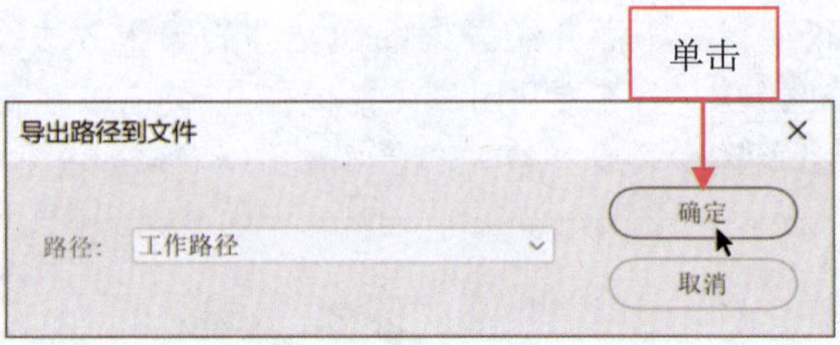

图 1-39　单击“确定”按钮

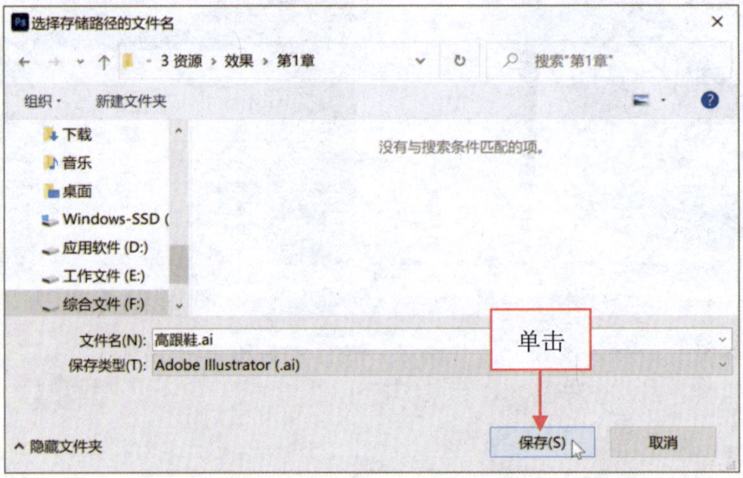

图 1-40　单击“保存”按钮

1.3　调整图像尺寸和分辨率

图像大小的与图像的像素、分辨率、实际打印尺寸之间有着密切的关系，决定存储文件所需的硬盘空间大小和图像文件的清晰度。因此，图像的尺寸及分辨率也决定着整幅画面的大小。本节主要介绍调整图像尺寸和分辨率的操作方法。

1.3.1　调整图像尺寸

调整图像尺寸

在 Photoshop 2021 中，图像尺寸越大，所占的空间越大。更改图像的尺寸，会直接影响图像的显示效果。下面介绍调整图像尺寸的操作方法。

Step 01　打开素材图像（素材\第 1 章\店庆活动.jpg），如图 1-41 所示。

Step 02　单击“图像”|“图像大小”命令，如图 1-42 所示。

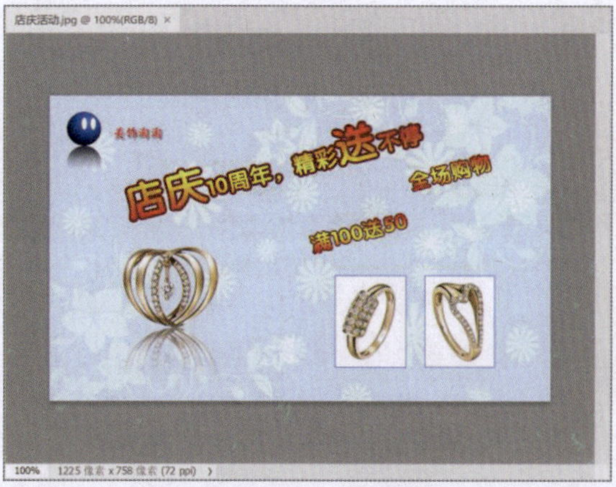

图 1-41　素材图像

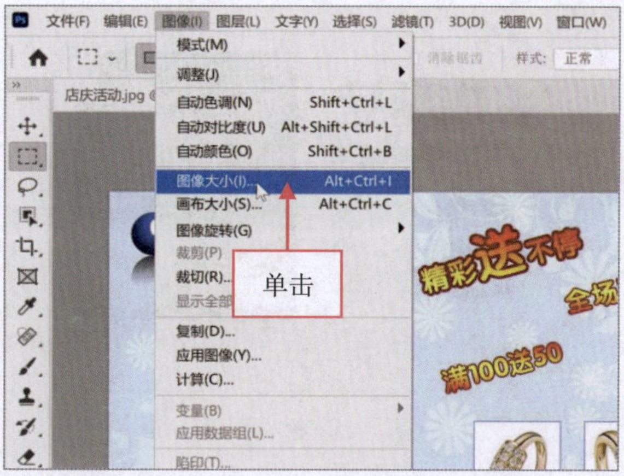

图 1-42　单击"图像大小"命令

Step 03　弹出"图像大小"对话框，在右侧设置"宽度"为 30 厘米，如图 1-43 所示。

Step 04　单击"确定"按钮，即可调整图像的尺寸，如图 1-44 所示。

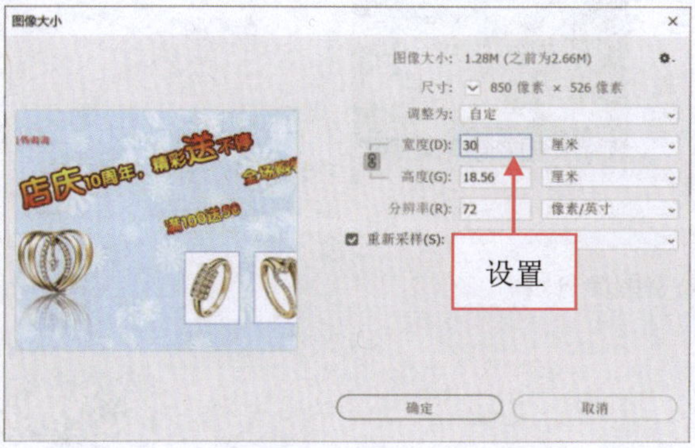

图 1-43　设置"宽度"为 30 厘米

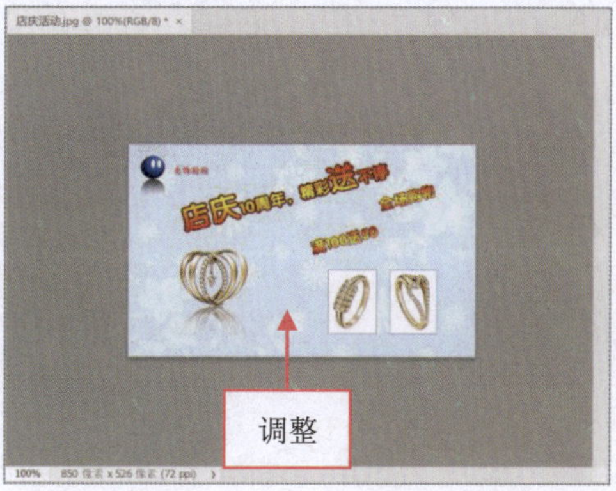

图 1-44　调整图像尺寸

1.3.2　调整图像分辨率

在 Photoshop 中，图像的品质取决于分辨率的大小。当分辨率数值越大时，图像就越清晰；反之，就越模糊。下面介绍调整图像分辨率的操作方法。

调整图像分辨率

Step 01　打开素材图像（素材\第 1 章\名店潮品.jpg），如图 1-45 所示。

Step 02　单击"图像"|"图像大小"命令，弹出"图像大小"对话框，在右侧设置"分辨率"为 30 像素/英寸，如图 1-46 所示。

Step 03　单击"确定"按钮，即可调整图像分辨率，如图 1-47 所示。

▶ 专家指点

分辨率是用于描述图像文件信息量的术语，是指单位区域内包含的像素点数量，通常用"像素/英寸"和"像素/厘米"表示。

图 1-45　素材图像

图 1-46　设置“分辨率”为 30 像素/英寸

图 1-47　调整图像分辨率

1.3.3　裁剪图像文件

裁剪图像文件

在 Photoshop 中，裁剪工具可以对图像进行裁剪，重新定义画布的大小。下面介绍裁剪图像的操作方法。

Step 01　打开素材图像（素材\第 1 章\菩提手串.jpg），如图 1-48 所示。

Step 02　选取工具箱中的裁剪工具，如图 1-49 所示。

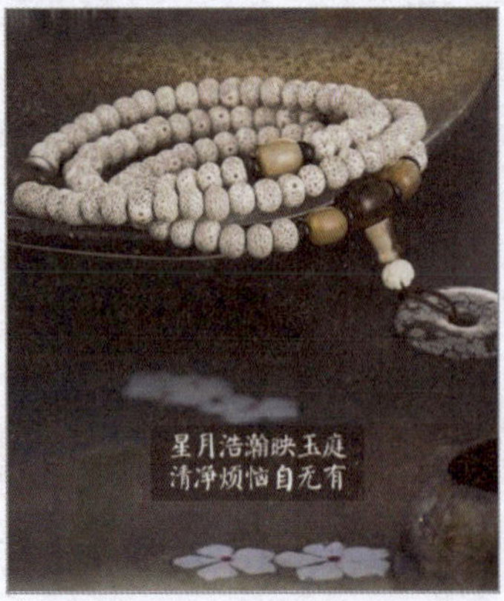

图 1-48　素材图像

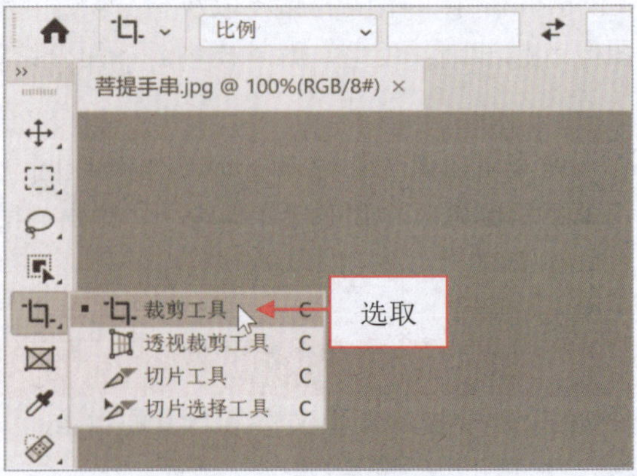

图 1-49　选取裁剪工具

Step 03 选取裁剪工具后，在图像边缘会显示一个变换控制框，如图 1-50 所示。

Step 04 当鼠标指针呈形状时，按住鼠标左键并拖曳，即可调整裁剪区域的大小，如图 1-51 所示。

图 1-50　显示变换控制框

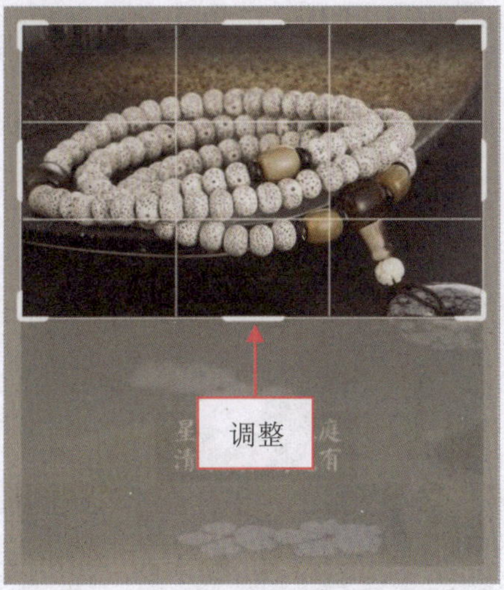

图 1-51　调整裁剪区域的大小

Step 05 将鼠标移至变换框内，按住鼠标左键的同时并拖曳，即可调整控制框的位置，如图 1-52 所示。

Step 06 按【Enter】键确认，即可裁剪图像，效果如图 1-53 所示。

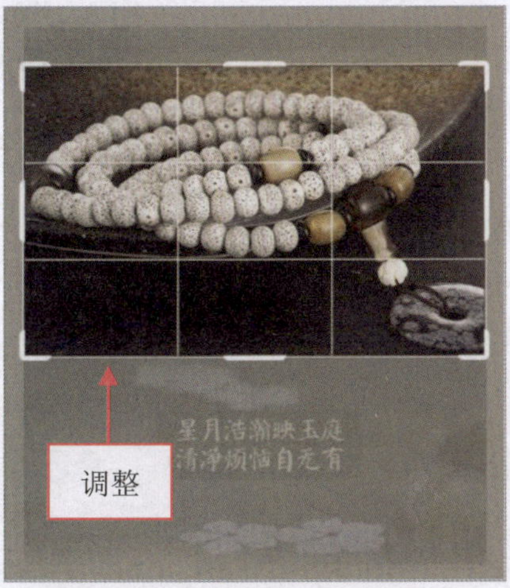

图 1-52　调整控制框的位置

图 1-53　完成裁剪操作

▶ 专家指点

在变换控制框中，可以对裁剪区域进行适当调整，将鼠标指针移动至控制框四周的 8 个控制点上，当指针呈双向箭头形状时，按住鼠标左键的同时并拖曳，即可放大或缩小裁剪区域；将鼠标指针移动至控制框外，当指针呈形状时，可对其裁剪区域进行旋转。

1.3.4　水平翻转图像

水平翻转图像

在 Photoshop 中，用户可以根据图像设计的需要，对图像进行水平翻转操作。下面介绍水平翻转图像的操作方法。

Step 01　打开素材图像（素材\第 1 章\红色高跟鞋.psd），如图 1-54 所示。

Step 02　单击“编辑”|“变换”|“水平翻转”命令，即可水平翻转图像，如图 1-55 所示。

图 1-54　素材图像

图 1-55　水平翻转图像

1.3.5　扭曲图像文件

扭曲图像文件

在 Photoshop 中，用户可以根据需要对一些图像进行扭曲操作，以达到所需要的效果。下面介绍扭曲图像文件的操作方法。

Step 01　打开素材图像（素材\第 1 章\橘色画面.psd），如图 1-56 所示。

Step 02　单击“编辑”|“变换”|“扭曲”命令，如图 1-57 所示。

图 1-56　素材图像

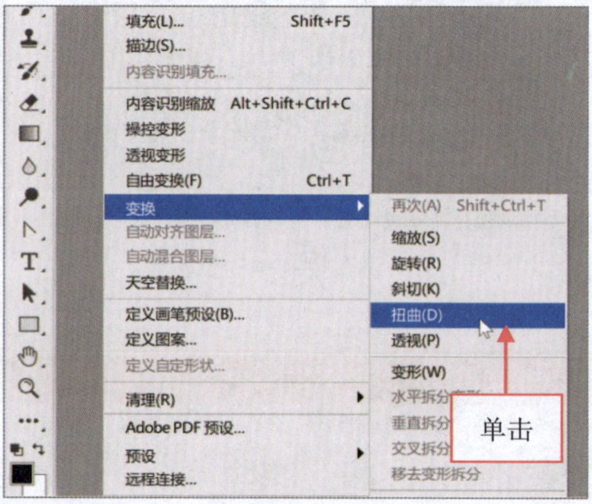

图 1-57　单击“扭曲”命令

Step 03 调出变换控制框，将鼠标移至变换控制框的控制柄上，当鼠标指针呈白色三角▷形状时，单击鼠标左键的同时并拖曳至合适位置后释放鼠标左键，如图 1-58 所示。

Step 04 执行上述操作后，按【Enter】键确认，即可扭曲图像并调至合适位置，得到最终效果，如图 1-59 所示。

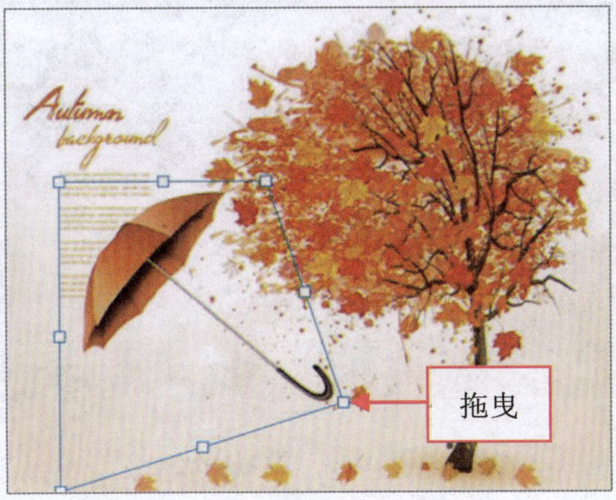

图 1-58　拖曳控制柄

图 1-59　扭曲图像

1.4　应用图像辅助工具

在 Photoshop 中，标尺、网格和参考线都属于辅助工具。辅助工具虽不能用来编辑图像，但可以帮助用户更好地完成图像的选择、定位等。本节主要介绍图像辅助工具的应用。

1.4.1　显示或隐藏标尺

在 Photoshop 中，标尺可以帮助用户确定图像或元素的位置，用户可根据需要对标尺进行显示或隐藏操作。下面介绍显示或隐藏标尺的操作方法。

显示或隐藏标尺

Step 01 打开素材图像（素材\第 1 章\幸福进行曲.jpg），如图 1-60 所示。

Step 02 单击"视图"|"标尺"命令，如图 1-61 所示。

图 1-60　素材图像

图 1-61　单击"标尺"命令

Step 03 执行上述操作后，即可显示标尺，如图 1-62 所示。

Step 04 再次单击“视图”|“标尺”命令，即可隐藏标尺，如图 1-63 所示。

图 1-62　显示标尺

图 1-63　隐藏标尺

> **▶ 专家指点**
>
> 除了运用上述方法可以隐藏或显示标尺外，用户还可以按【Ctrl + R】组合键，在图像编辑窗口中隐藏或显示标尺。

1.4.2　显示或隐藏网格

显示或隐藏网格

在 Photoshop 中，网格是由一连串的水平和垂直点组成，常用来协助绘制图像时对齐窗口中的任意对象。用户可以根据需要，显示或隐藏网格，在绘制图像时使用网格来进行辅助操作。下面介绍显示或隐藏网格的操作方法。

Step 01 打开素材图像（素材\第 1 章\首页广告.jpg），如图 1-64 所示。

Step 02 单击“视图”|“显示”|“网格”命令，如图 1-65 所示。

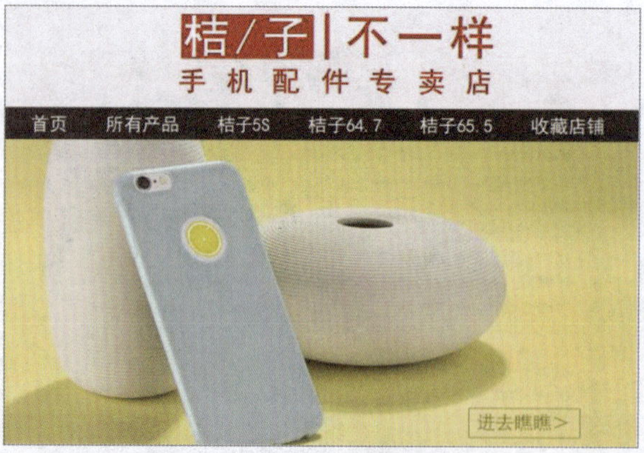

图 1-64　素材图像

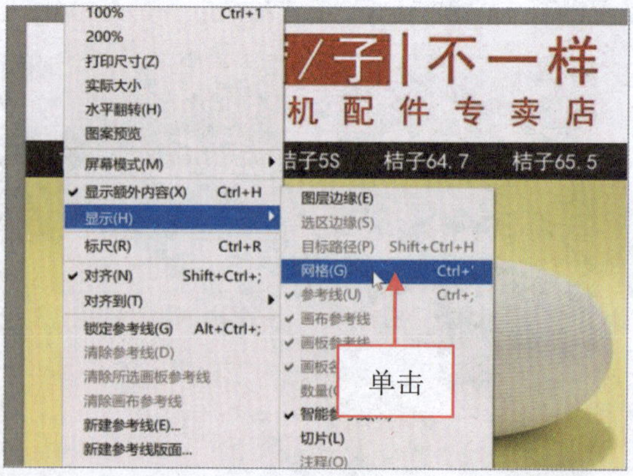

图 1-65　单击“网格”命令

Step 03 执行上述操作后，即可显示网格，如图 1-66 所示。

Step 04 单击“视图”|“显示”|“网格”命令，即可隐藏网格，如图 1-67 所示。

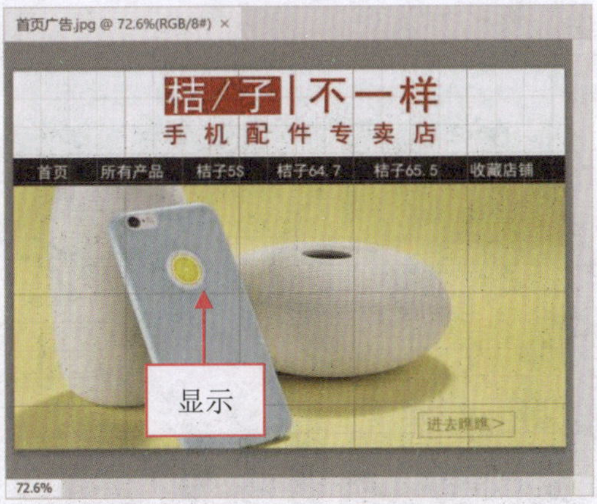

图 1-66 显示网格

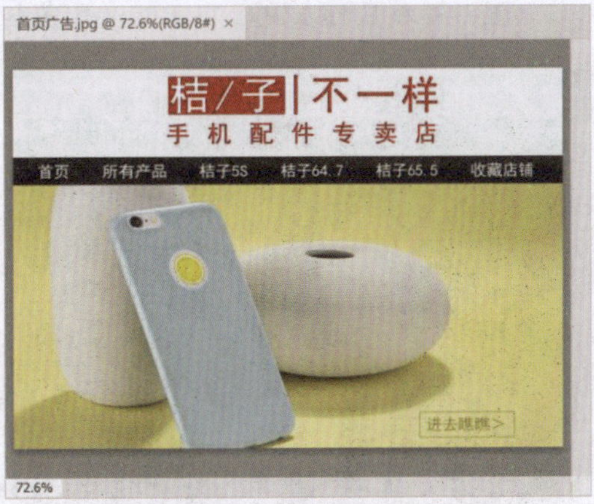

图 1-67 隐藏网格

▶ 专家指点

除了使用“网格”命令外，按【Ctrl + ’】组合键也可以显示网格，再次按【Ctrl + ’】组合键，则可以隐藏网格。

1.4.3 运用参考线

运用参考线

参考线主要用于协助对象的对齐和定位操作，是浮在整个图像上而不能被打印的直线。参考线与网格一样，也可以用于对齐对象，但是比网格更方便，用户可以将参考线创建在图像的任意位置上。下面介绍运用参考线的操作方法。

Step 01 打开素材图像（素材\第 1 章\跳舞.jpg），此时图像编辑窗口中的图像显示如图 1-68 所示。

Step 02 单击“视图”|“标尺”命令，即可显示标尺，如图 1-69 所示。

图 1-68 素材图像

图 1-69 显示标尺

Step 03 移动鼠标至水平标尺上，按住鼠标左键的同时，向下拖曳至图像编辑窗口中的合适位置，释放鼠标左键，即可创建水平参考线，如图 1-70 所示。

Step 04 移动鼠标至垂直标尺上，按住鼠标左键的同时，向右侧拖曳至图像编辑窗口中的合适位置，释放鼠标左键，即可创建垂直参考线，如图 1-71 所示。

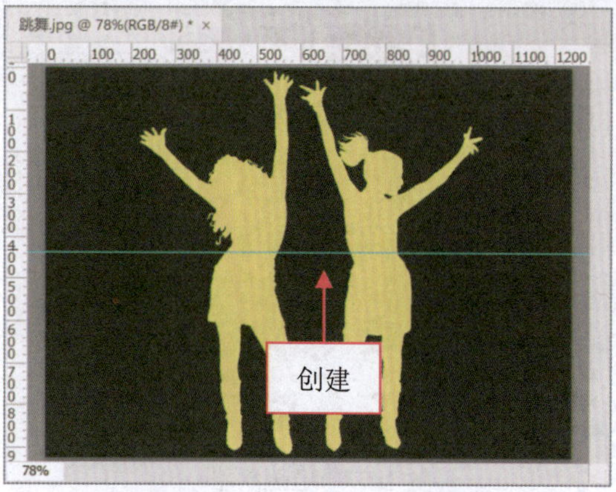

图 1-70　创建水平参考线

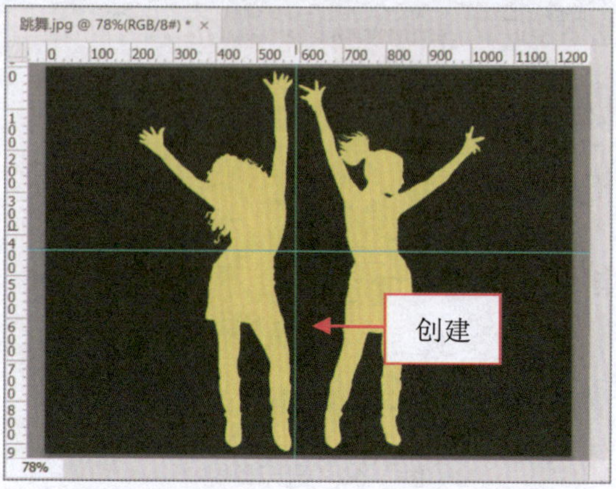

图 1-71　创建垂直参考线

▶ 专家指点

拖曳参考线时，按住【Alt】键就能在垂直和水平参考线之间进行切换。通过单击“编辑”|“首选项”|“参考线、网格和切片”命令，弹出“首选项”对话框，在“参考线”选项区中，可以随意更改参考线的颜色属性。

1.5　创建并管理图层对象

在 Photoshop 中，用户可根据需要创建不同的图层。本节主要向读者详细介绍创建并管理图层对象的方法。该方法主要包括创建普通图层、显示与隐藏图层、合并图层对象、设置图层不透明度、对齐与分布图层以及栅格化图层对象等内容。

1.5.1　创建普通图层

图像是基于图层来进行处理的，图层就是图像的层次，可以将一幅作品分解成多个元素，即每一个元素都由一个图层进行管理。

了解图层的含义是掌握和运用图层的前提。简单地说，图层可以看作是一张独立的透明胶片，其中每张胶片上都绘有图像，将所有的胶片按“图层”面板中的排列次序自上而下进行叠加，最上层的图像遮住下层同一位置的图像，而在其透明区域则可以看到下层的图像，最终通过叠加得到完整的图像效果。

普通图层是 Photoshop 最基本的图层，用户在创建和编辑图像时，新建的图层都是普通图层。下面介绍创建普通图层的操作方法。

创建普通图层

Step 01 打开素材图像（素材\第 1 章\包包.jpg），如图 1-72 所示。

Step 02 单击“图层”面板底部的“创建新图层”按钮⊞，即可新建图层，如图 1-73 所示。

图 1-72　素材图像

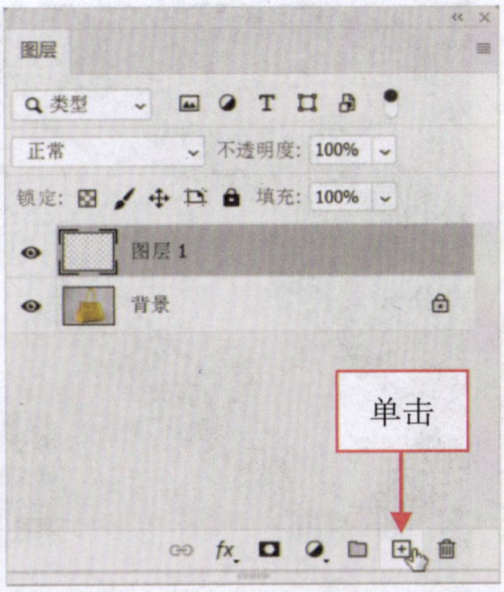

图 1-73　单击“创建新图层”按钮

> ▶ 专家指点
>
> 除了以上方法可以新建图层外，还有以下五种方法。
>
> ➢ 命令：单击“图层”|“新建”|“图层”命令，弹出“新建图层”对话框，单击“确定”按钮，即可创建新图层。
>
> ➢ 面板菜单：单击“图层”面板右上角的三角形按钮，在弹出的面板菜单中选择“新建图层”选项。
>
> ➢ 快捷键 + 按钮：按住【Alt】键的同时，单击“图层”面板底部的“创建新图层”按钮。
>
> ➢ 快捷键 1：按【Shift + Ctrl + N】组合键。
>
> ➢ 快捷键 2：按【Alt + Shift + Ctrl + N】组合键，可以在当前图层对象的上方添加一个图层。

1.5.2　显示与隐藏图层

显示与隐藏图层

图层缩览图前面的“指示图层可见性”图标可以用来控制图层的可见性。有该图标的图层为可见图层，无该图标的图层为隐藏图层。下面介绍显示与隐藏图层的操作方法。

Step 01 打开素材图像（素材\第 1 章\鞋子广告.psd），此时图像编辑窗口中的图像显示如图 1-74 所示。

Step 02 单击“窗口”|“图层”命令，展开“图层”面板，如图 1-75 所示。

Step 03 单击“图层 1”图层前面的“指示图层可见性”图标，该眼睛图标即会被隐藏，如图 1-76 所示。

Step 04 执行上述操作后，即可隐藏“图层 1”图层，效果如图 1-77 所示。

Step 05 再次单击“图层 1”图层前面的“指示图层可见性”图标，即可显示该图标；单击“背景”图层前面的“指示图层可见性”图标，即可隐藏该图标，如图 1-78 所示。

Step 06 执行上述操作后，即可显示或隐藏图层中的图像，效果如图 1-79 所示。

图 1-74　素材图像

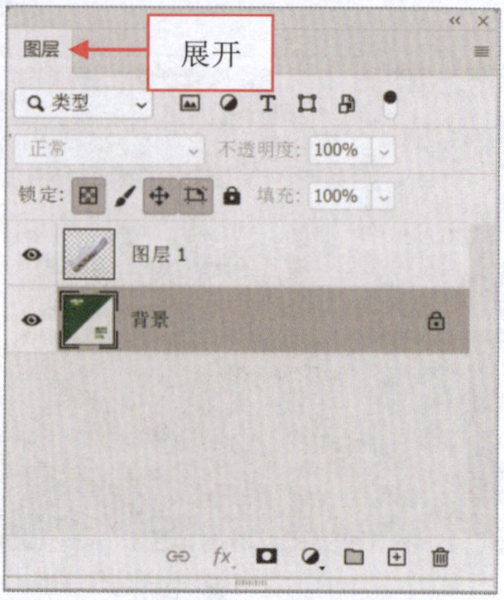

图 1-75　展开“图层”面板

图 1-76　单击“指示图层可见性”图标（1）

图 1-77　隐藏图层后的效果

图 1-78　单击“指示图层可见性”图标（2）

图 1-79　显示与隐藏相关图层的效果

1.5.3　合并图层对象

合并图层对象

在编辑图像文件时，经常会创建多个图层，占用的磁盘空间也随之增加。因此，对于没必要分开的图层，可以将其合并，这样有助于减少图像文件对磁盘空间的占用，同时可以提高系统的处理速度。下面介绍合并图层对象的操作方法。

Step 01　打开素材图像（素材\第 1 章\手提袋.psd），如图 1-80 所示。

Step 02　在“图层”面板中，选择“图层 1”图层，如图 1-81 所示。

图 1-80　素材图像

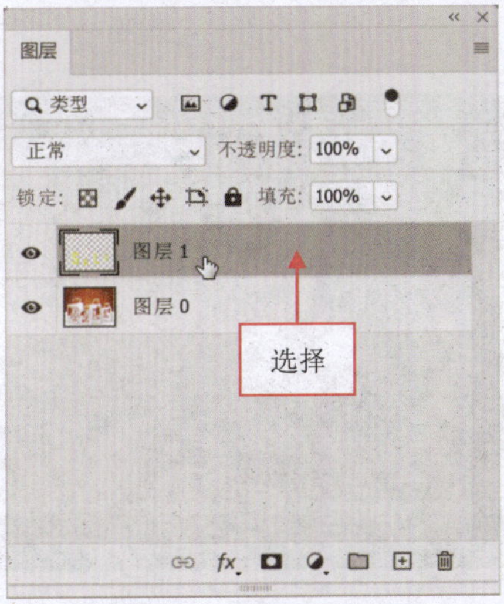

图 1-81　选择图层对象

Step 03　单击“图层”|“合并可见图层”命令，如图 1-82 所示。

Step 04　执行上述操作后，即可合并图层对象，如图 1-83 所示。

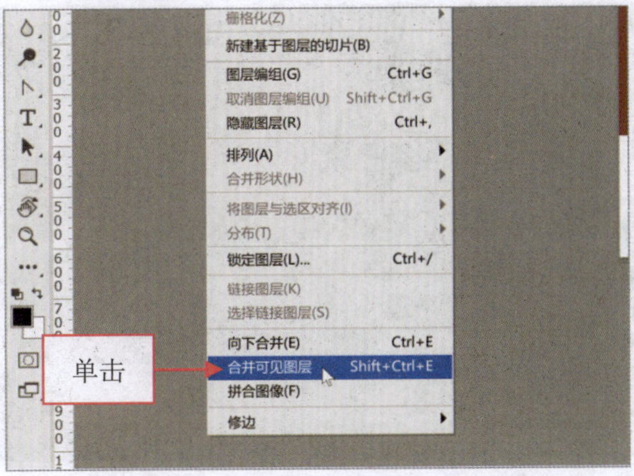

图 1-82　单击“合并可见图层”命令

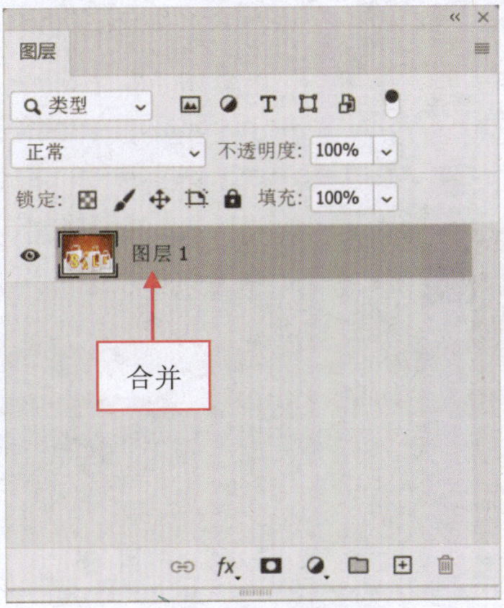

图 1-83　合并图层对象

1.5.4　设置图层不透明度

设置图层不透明度

不透明度用于控制图层中所有对象（包括图层样式和混合模式）的透明属性。通过设置图层的不透明度，能够使图像主次分明、主体突出。下面介绍设置图层不透明度的方法。

Step 01　打开素材图像（素材\第 1 章\珠宝广告.psd），如图 1-84 所示。

Step 02　展开“图层”面板，如图 1-85 所示。

图 1-84　素材图像

图 1-85　展开“图层”面板

Step 03　选择“图层 1”图层，在面板的右上方设置图层的“不透明度”为 100%，如图 1-86 所示。

Step 04　执行上述操作后，即可调整图层的不透明度，效果如图 1-87 所示。

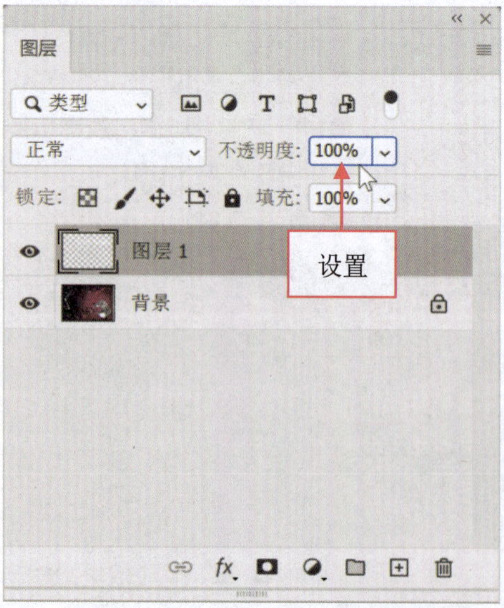

图 1-86　设置图层的不透明度

图 1-87　调整图层的不透明度的效果

1.5.5 对齐与分布图层

对齐与分布图层

对齐图层是将图像文件中包含的图层按照指定的方式（沿水平或垂直方向）对齐；分布图层是将图像文件中的几个图层中的内容按照指定的方式（沿水平或垂直方向）平均分布，将当前选择的多个图层或链接图层进行等距排列。下面介绍对齐与分布图层的操作方法。

Step 01 打开素材图像（素材\第 1 章\卡通.psd），如图 1-88 所示。

Step 02 展开“图层”面板，选择需要进行对齐操作的图层，如图 1-89 所示。

图 1-88 素材图像

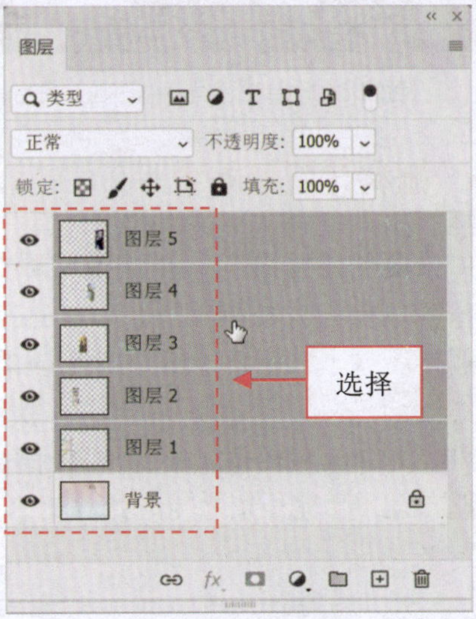

图 1-89 选择图层

Step 03 在菜单栏中单击“图层”|“对齐”|“顶边”命令，如图 1-90 所示。

Step 04 执行上述操作后，即可顶边对齐图层，效果如图 1-91 所示。

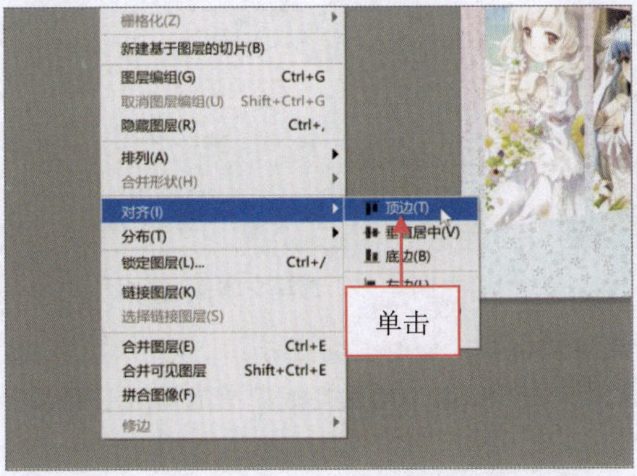

图 1-90 单击“顶边”命令

图 1-91 顶边对齐图层

Step 05 单击“图层”|“分布”|“水平居中”命令，如图 1-92 所示。

Step 06 执行上述操作后，即可水平居中分布图层，效果如图 1-93 所示。

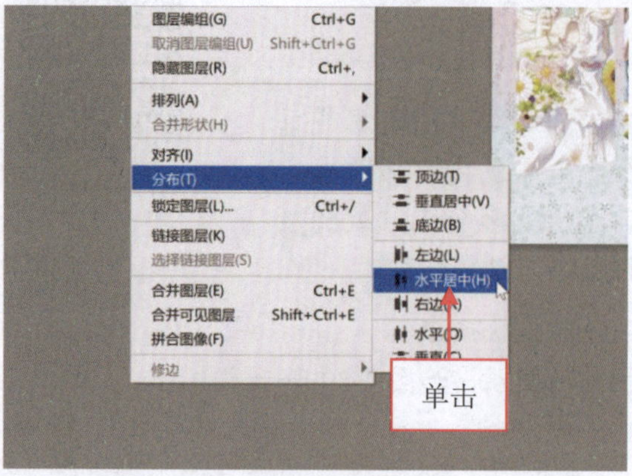

图 1-92　单击“水平居中”命令

图 1-93　水平居中分布图层

1.5.6　栅格化图层对象

如果要使用绘图工具和滤镜编辑文字图层、形状图层、矢量蒙版或智能对象等包含矢量数据的图层，首先需要将其栅格化，使图层中的内容转换为栅格图像，然后才能够进行相应的编辑。下面介绍栅格化图层对象的操作方法。

栅格化图层对象

Step 01　打开素材图像（素材\第 1 章\黄皮鞋.psd），如图 1-94 所示。

Step 02　在“图层”面板中，选择文本图层，如图 1-95 所示。

图 1-94　素材图像

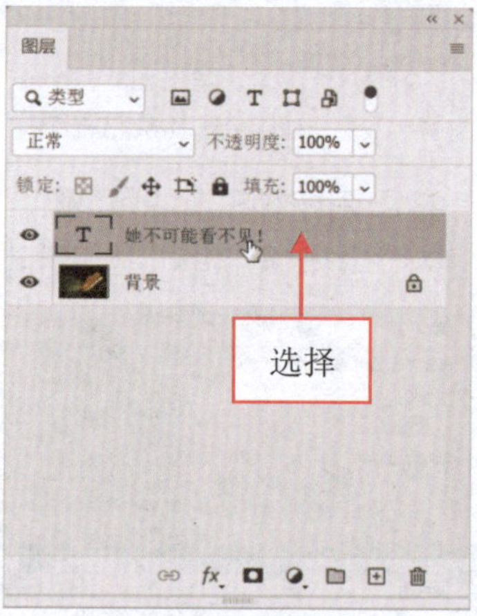

图 1-95　选择文本图层

Step 03　在菜单栏中单击“图层”|“栅格化”|“文字”命令，如图 1-96 所示。

Step 04　执行上述操作后，即可栅格化图层中的内容，此时图层缩略图变成了普通的透明图层，如图 1-97 所示。

> ▶ 专家指点
>
> 除了运用上述方法可以栅格化图层外，用户还可以在选择的图层对象上，单击鼠标右键，在弹出的快捷菜单中，选择“栅格化图层”选项即可。

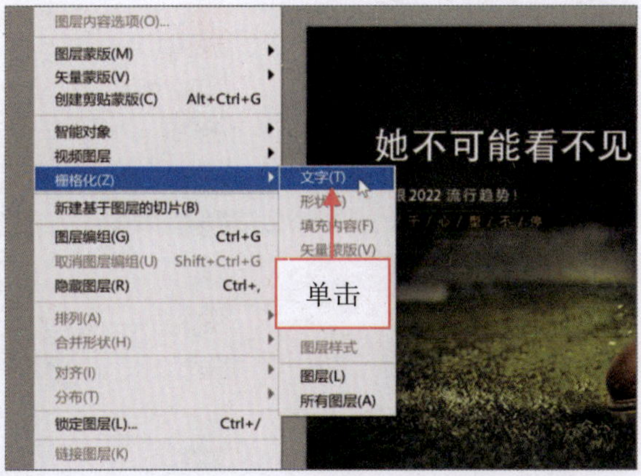

图 1-96　单击“文字”命令

图 1-97　栅格化文字图层的效果

本章小结

本章主要介绍了 Photoshop 2021 的基本操作。首先介绍了平面设计的基础知识、图像文件的基本操作；然后介绍了调整图像尺寸和分辨率的方法；接着介绍了图像辅助工具的应用技巧；最后介绍了创建并管理图层对象的方法。

通过本章的学习，可以让读者在编辑图像的过程中，更加灵活地使用 Photoshop 2021，以及工作界面中的各项基础功能，提高用户设计图像效果的操作效率。

课后习题

课后习题

鉴于本章知识的重要性，为了帮助读者更好地掌握所学知识，本节将通过上机习题帮助读者进行简单的知识回顾和补充。

本习题需要掌握裁剪工具裁剪图像的操作方法，素材与效果如图 1-98 所示。

图 1-98　素材与效果

第 2 章
调整图像的色彩与色调

Photoshop 2021 拥有多种强大的颜色调整功能，使用“自动色调”“亮度/对比度”和“色相/饱和度”等命令，可以轻松调整图像的色调、亮度、对比度、色相和饱和度，修正有色彩平衡、曝光不足或过度等缺陷的图像。本章主要介绍调整图像色彩与色调的多种操作方法。

本章重点

- 颜色的基本属性
- 颜色的设置
- 选取与填充颜色
- 图像色彩的基本调整
- 色彩和色调的特殊调整

2.1 颜色的基本属性

在学习色调与色彩之前，首先要了解颜色的相关知识。合理地运用颜色，不但可以使一张图像更加具有表现力，还可以给用户带来良好的心理感受。

2.1.1 色相

每种颜色的固有颜色表相叫作色相（Hue，简写为 H），是一种颜色区别于另一种颜色的最显著的特征。通常在使用中，颜色的名称就是根据其色相来决定的，例如红色、橙色、蓝色、黄色、绿色。颜色体系中最基本的色相为赤（红）、橙、黄、绿、青、蓝、紫，将这些颜色相互混合可以产生许多色相的颜色。颜色是按色轮关系排列的，色轮是表示最基本色相关系的颜色表。色轮上 90° 以内的色彩称为同类色，而 90° 以外的色彩称为对比色。色轮上相对位置的颜色叫补色，如红色与蓝色、蓝色与黄色是补色关系。

除了以颜色固有的色相来命名颜色外，还经常以植物所具有的颜色命名（如草绿）、动物所具有的颜色命名（如鸽子灰），以及颜色的深浅和明暗命名（如深绿），如图 2-1 所示。

（a）　　　　　　（b）

图 2-1 纯黄橙与纯青豆绿图像

2.1.2 亮度

亮度（Value，简写为 V，又称明度）是指颜色的明暗程度，通常使用从 0～100%的百分比来度量。通常正常强度的光线照射下的色相，被定义为标准色相。亮度高于标准色相的，称为该色相的高光；反之，称为该色相的阴影。

不同亮度的颜色给人的视觉感受各不相同，高亮度颜色给人以明亮、纯净、唯美的感觉，如图 2-2 所示；中亮度颜色给人以朴素、稳重、亲和的感觉；低亮度颜色则给人以压抑、沉重、神秘的感觉，如图 2-3 所示。

图 2-2　高亮度图像

图 2-3　低亮度图像

2.1.3　饱和度

饱和度（Chroma，简写为 C，又称彩度）是指颜色的强度或纯度，表示色相中颜色本身色素分量所占的比例，使用从 0～100%的百分比来度量。在标准色轮上，饱和度从中心到边缘逐渐递增，颜色的饱和度越高，其鲜艳程度也就越高；反之，颜色则因包含其他颜色而显得陈旧或混浊。

不同饱和度的颜色会给人带来不同的视觉感受，高饱和度的颜色给人以积极、冲动、活泼、有生气、喜庆的感觉，如图 2-4 所示；低饱和度的颜色给人以消极、无力、安静、沉稳、厚重的感觉，如图 2-5 所示。

图 2-4　高饱和度图像

图 2-5　低饱和度图像

2.2　颜色的设置

当用户使用“颜色”面板、“色板”面板以及油漆桶工具对图像进行填充、描边及修饰操作时，可以先对颜色进行指定。Photoshop 2021 提供了非常出色的颜色选择工具，可以帮助用户找到需要的任何色彩。本节主要介绍颜色的设置技巧。

2.2.1　前景色与背景色

Photoshop 2021 工具箱底部有一组前景色和背景色设置图标，所有被用到的图像中的颜色都会在前景色或背景色中表现出来。可以使用前景色来绘画、填充和描边，使用背景色渐变填充和在空白区域中填充。此外，在应用一些具有特殊效果的滤镜时，也会用到前景色和背景色。

设置前景色和背景色时，利用的是工具箱下方的两个色块，默认情况下，前景色为黑色，背景色为白色，如图 2-6 所示。前景色和背景色设置图标的名称和介绍，如表 2-1 所示。

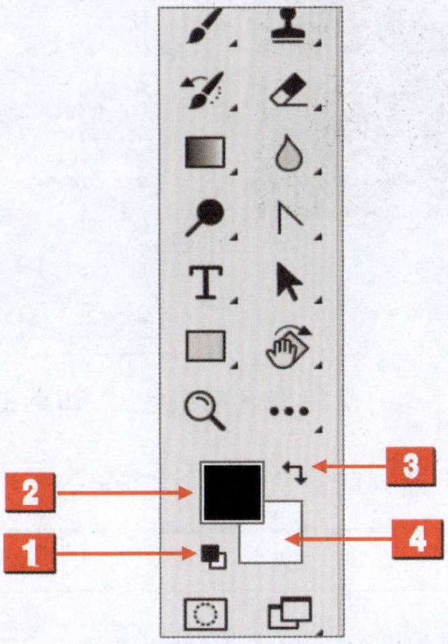

图 2-6　前景色和背景色

表 2-1　前景色和背景色设置图标的名称和介绍

标号	名称	介绍
1	默认前景色和背景色	单击该按钮，即可将当前前景色和背景色调整到默认状态的前景色和背景色效果状态
2	设置前景色	该色块中显示的是当前所使用的前景色。单击该色块，弹出“拾色器（前景色）”对话框，对前景色进行设置即可
3	切换前景色和背景色	单击该按钮，可以将前景色和背景色互换
4	设置背景色	该色块中显示的当前所使用的背景颜色。单击该色块，弹出“拾色器（背景色）”对话框，在其中对背景色进行设置即可

▶ 专家指点

可以直接在键盘上按【D】键，快速将前景色和背景色调整到默认状态；按【X】键，可以快速切换前景色和背景色的颜色。

2.2.2　拾色器

单击工具箱中的前景色图标，打开“拾色器（前景色）”对话框，如图 2-7 所示。“拾色器（前景色）”对话框里的各个功能介绍，如表 2-2 所示。

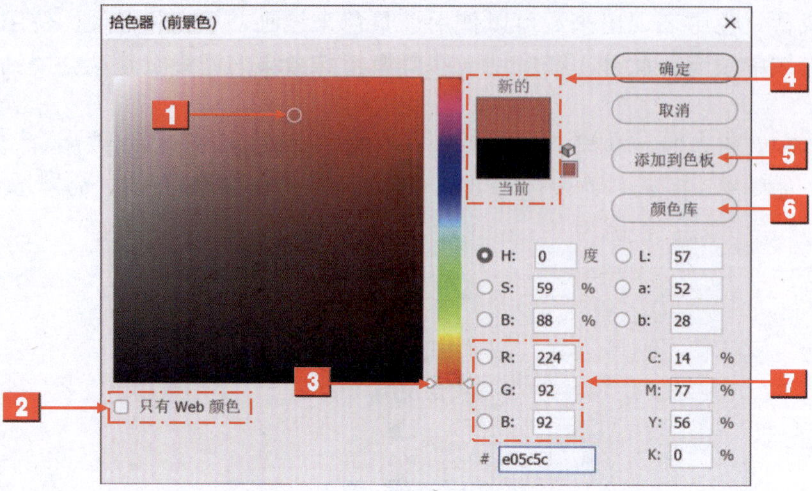

图 2-7 “拾色器（前景色）”对话框

表 2-2 “拾色器（前景色）”对话框里的各个功能介绍

标号	名称	介绍
1	色域/拾取的颜色	在“色域”中拖动鼠标可以改变当前拾取的颜色
2	只有 Web 颜色	选中该复选框，表示只在色域中显示 Web 安全色
3	颜色滑块	拖动颜色滑块可以调整颜色的范围
4	新的/当前	“新的”颜色块中显示的是当前设置的颜色，“当前”颜色块中显示的是上一次使用的颜色
5	添加到色板	单击该按钮，可以将当前设置的颜色添加到“色板”面板中
6	颜色库	单击该按钮，可以切换到“颜色库”中
7	RGB 颜色值	该选项区中显示了当前设置颜色的颜色值，也可以输入颜色值来精确定义颜色

2.3 选取与填充颜色

填充工具可以快速、便捷地对选中的图像区域进行填充。本节主要介绍选取与填充颜色的操作方法，包括运用“颜色”面板和“色板”面板选取颜色、运用油漆桶工具和吸管工具填充颜色等内容。

2.3.1 运用“颜色”面板选取颜色

在 Photoshop 中，用户可以调出“颜色”面板，在面板中选取颜色。单击菜单栏中的“窗口”|“颜色”命令，即可调出“颜色”面板，如图 2-8 所示。

在“颜色”面板中，各主要选项含义如下。

➢ 设置前（背）景色：该色块中显示的是当前所使用的前（背）景色。单击该色块，弹出“拾色器（前景色/背景色）”对话框，对前景色/背景色进行设置即可。

➢ 色条：在色条上的相应位置单击，即可对前景色/背景色进行设置。

➢ 颜色值：该选项区中显示了当前设置颜色的颜色值，也可以输入颜色值来精确定义颜色。

➢ 白黑按钮：单击白色/黑色按钮，即可将当前前景色或背景色设置为白色/黑色。

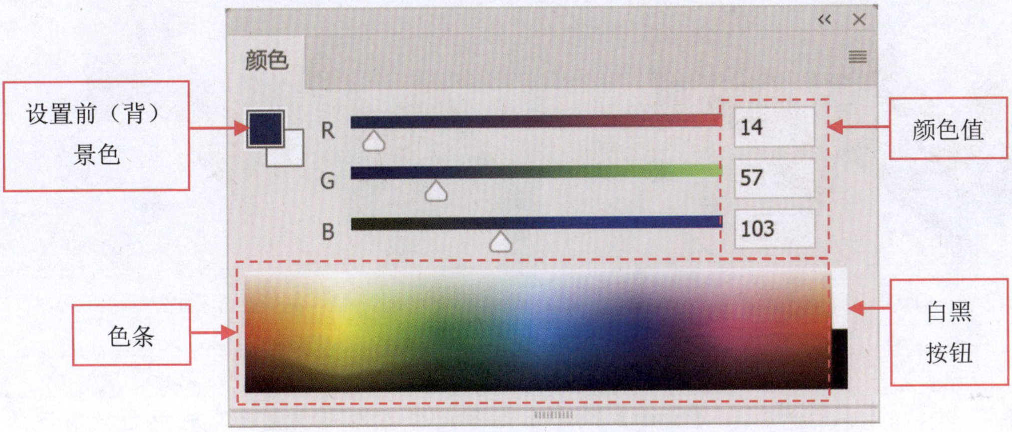

图 2-8　“颜色”面板

2.3.2　运用“色板”面板选取颜色

在 Photoshop 中，用户可以通过“色板”面板选取颜色。单击菜单栏中的“窗口”|“色板”命令，即可调出“色板”面板，如图 2-9 所示，在其中单击相应的色块，即可选取颜色。

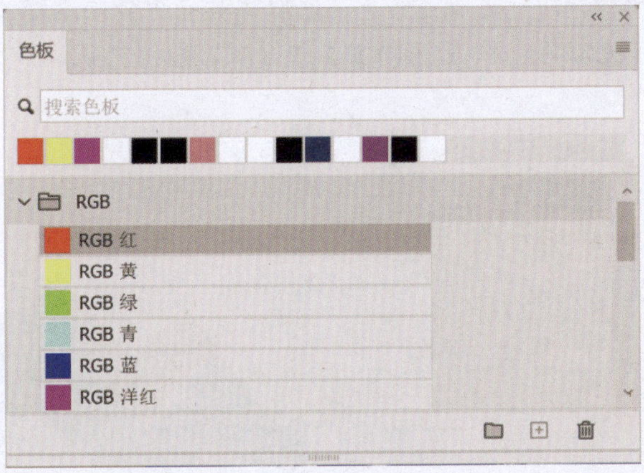

图 2-9　“色板”面板

2.3.3　运用油漆桶工具填充颜色

油漆桶工具可以快速、便捷地为图像填充颜色，填充的颜色以前景色为准。下面介绍运用油漆桶工具填充颜色的操作方法。

运用油漆桶工具填充颜色

Step 01 打开素材图像（素材\第 2 章\广告页面.jpg），如图 2-10 所示。

Step 02 选取磁性套索工具，在图像编辑窗口中创建一个选区，如图 2-11 所示。

图 2-10　素材图像

图 2-11　创建一个选区

> **▶ 专家指点**
>
> 选择“油漆桶工具”并按住【Shift】键单击画布边缘，即可设置画布底色为当前选择的前景色。如果还要还原到默认的颜色，设置前景色为 25%灰度（R192、G192、B192），再次按住【Shift】键单击画布边缘即可。

Step 03 单击工具箱下方的“设置前景色”色块，弹出“拾色器（前景色）”对话框，设置 RGB 为 9、111、219，如图 2-12 所示。

Step 04 单击“确定”按钮，即可更改前景色，选取工具箱中的油漆桶工具，在选区中单击鼠标左键，即可填充颜色；按【Ctrl + D】组合键，取消选区，如图 2-13 所示。

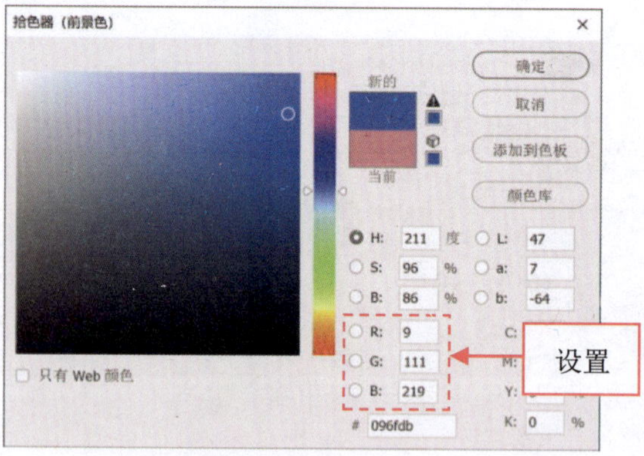

图 2-12　设置参数值

图 2-13　填充颜色后的效果

> **▶ 专家指点**
>
> 油漆桶工具与“填充”命令非常相似，主要用于在图像或选区中填充颜色或图案。但油漆桶工具在填充前会对鼠标单击位置的颜色进行取样，因此常用于填充颜色相同或相似的图像区域。

2.3.4　运用吸管工具填充颜色

运用吸管工具填充颜色

用户在 Photoshop 中处理图像时，经常需要从图像中获取颜色。例如需要修补图像中的某个区域的颜色，通常要从该区域附近找出相近的颜色，然后再用该颜色处理需要修补的区域，此时就需要用到吸管工具。下面介绍运用吸管工具填充颜色的操作方法。

Step 01　打开素材图像（素材\第 2 章\时尚女孩.jpg），如图 2-14 所示。

Step 02　选取吸管工具，将鼠标指针移至青绿色手镯上，单击鼠标左键即可选取颜色，如图 2-15 所示。

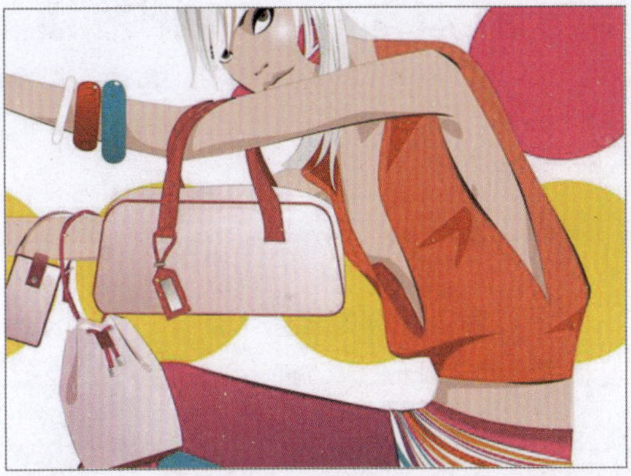

图 2-14　素材图像

图 2-15　选取颜色

> ▶ 专家指点
>
> 在 Photoshop 2021 中，除了运用上述方法可以选取吸管工具外，按【I】键也可以快速选取吸管工具。

Step 03　选取魔棒工具，在素材图像的人物上衣图像区域单击鼠标左键，即可创建选区，如图 2-16 所示。

Step 04　按【Alt + Delete】组合键，填充前景色，按【Ctrl + D】组合键，取消选区，即可填充图像颜色，效果如图 2-17 所示。

图 2-16　创建选区

图 2-17　填充颜色后的效果

2.4 图像色彩的基本调整

图像色彩的基本调整有很多种方法，本节主要向读者介绍“自动色调”命令、“自动对比度”命令、“自动颜色”命令、“亮度/对比度”命令、“色阶”命令、“曲线”命令、“曝光度”命令以及“色相/饱和度”命令用来调整图像色彩的操作方法。

2.4.1 运用“自动色调”命令调整图像

“自动色调”命令可以将每个颜色通道中最亮和最暗的像素分别设置为白色和黑色，并将中间色调按比例重新分布。下面介绍运用“自动色调”命令调整图像的操作方法。

运用“自动色调”命令调整图像

Step 01 打开素材图像（素材\第 2 章\圣诞雪景.jpg），如图 2-18 所示。

Step 02 单击“图像”|“自动色调”命令，如图 2-19 所示。

图 2-18 素材图像

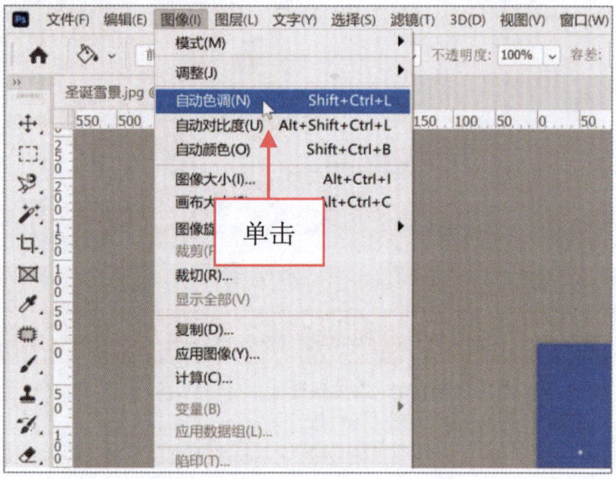

图 2-19 单击“自动色调”命令

Step 03 执行上述操作后，即可自动调整图像色调，效果如图 2-20 所示。

图 2-20 自动调整图像色调的效果图

▶ 专家指点

除了运用“自动色调”命令调整图像明暗外，用户还可以按【Shift + Ctrl + L】组合键，快速调整图像明暗。

2.4.2　运用“自动对比度”命令调整图像

运用“自动对比度”命令调整图像

“自动对比度”命令可以自动调整图像中颜色的总体对比度和混合颜色，将图像中最亮和最暗的像素映射为白色和黑色，使高光显得更亮而暗调显得更暗。下面介绍运用“自动对比度”命令调整图像的操作方法。

Step 01　打开素材图像（素材\第 2 章\熨斗.jpg），如图 2-21 所示。

Step 02　单击“图像” | “自动对比度”命令，如图 2-22 所示。

图 2-21　素材图像

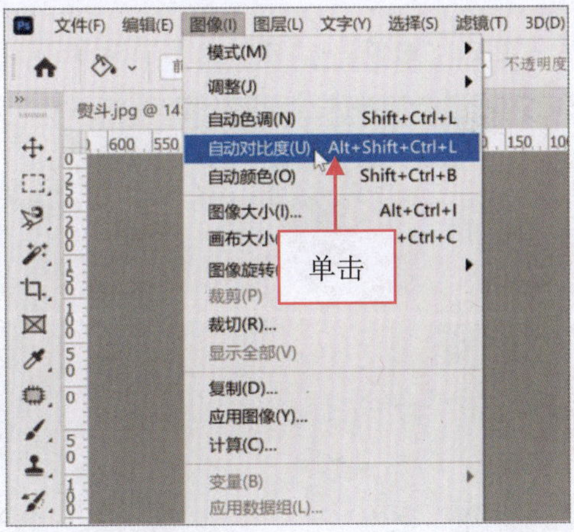

图 2-22　单击“自动对比度”命令

Step 03　执行上述操作后，即可自动调整图像对比度，效果如图 2-23 所示。

图 2-23　自动调整图像对比度的效果图

▶ 专家指点

除了运用“自动对比度”命令调整图像对比度外，用户还可以按【Alt + Shift + Ctrl + L】组合键快速调整图像对比度。

“自动对比度”命令会自动将图像最深的颜色加强为黑色，最亮的部分加强为白色，以增强图像的对比度。此命令对于连续调的图像效果相当明显，而对于单色或颜色不丰富的图像几乎不产生作用。

2.4.3 运用“自动颜色”命令调整图像

运用“自动颜色”命令调整图像

“自动颜色”命令可通过搜索实际图像来标识暗调、中间调和高光区域，并据此调整图像的对比度和颜色。下面介绍运用“自动颜色”命令调整图像的操作方法。

Step 01 打开素材图像（素材\第 2 章\郁金香.jpg），如图 2-24 所示。

Step 02 单击“图像”|“自动颜色”命令，如图 2-25 所示。

图 2-24 素材图像

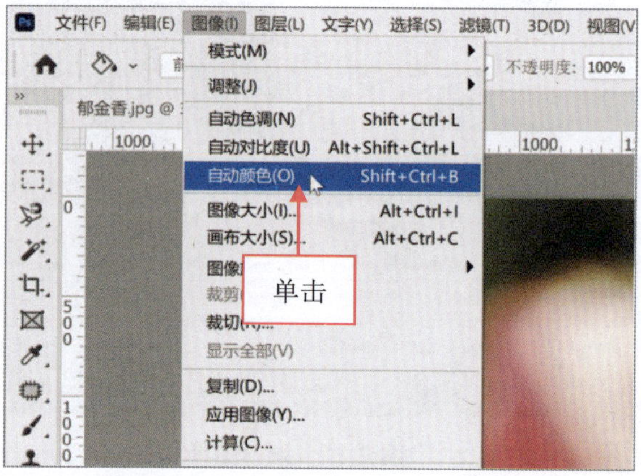

图 2-25 单击“自动颜色”命令

Step 03 执行上述操作后，即可自动调整图像颜色，效果如图 2-26 所示。

图 2-26 自动调整图像颜色的效果图

▶ 专家指点

“自动颜色”命令可以让系统自动地对图像进行颜色校正。如果图像中有色偏或者饱和度过高的现象，均可以使用该命令进行自动调整。除了运用“自动颜色”命令调整图像偏色外，用户还可以按【Ctrl + Shift + B】组合键快速调整图像偏色，以自动校正颜色。

默认情况下，“自动颜色”命令使用 RGB 参数值分别为 128、128、128 的灰色目标颜色来中和中间调，并将暗调和高光各像素剪切 0.5%。

2.4.4　运用“亮度/对比度”命令调整图像

运用“亮度/对比度”命令调整图像

“亮度/对比度”命令主要对图像每个像素的亮度或对比度进行调整，此调整方式方便、快捷，但不适用于较为复杂的图像。下面介绍运用“亮度/对比度”命令调整图像的操作方法。

Step 01　打开素材图像（素材\第 2 章\圆椅.jpg），如图 2-27 所示。

Step 02　单击“图像”|“调整”|“亮度/对比度”命令，如图 2-28 所示。

图 2-27　素材图像

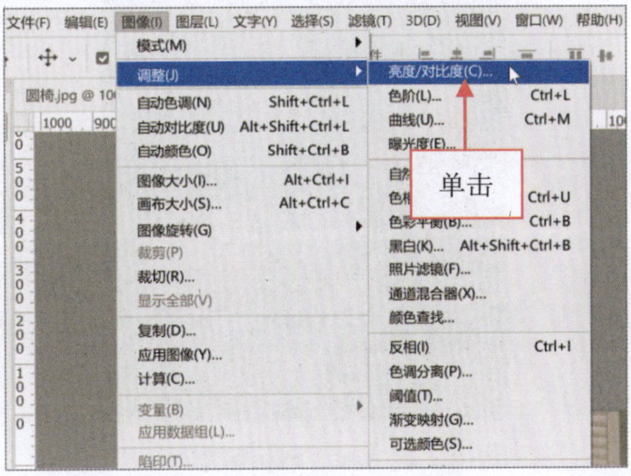

图 2-28　单击“亮度/对比度”命令

Step 03　弹出“亮度/对比度”对话框，设置相应参数，如图 2-29 所示。

Step 04　单击“确定”按钮，即可调整图像亮度和对比度，效果如图 2-30 所示。

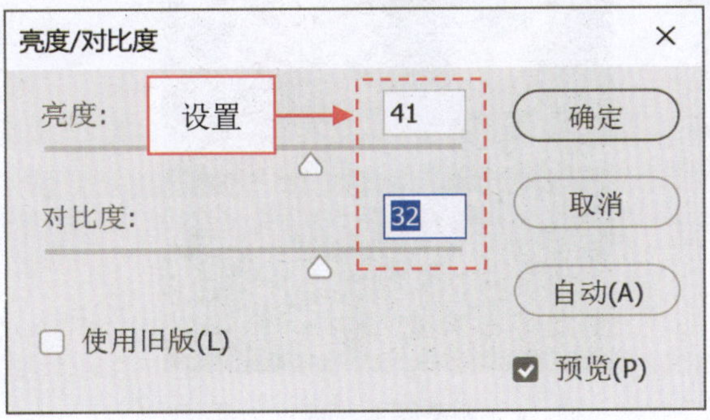

图 2-29　设置相应参数

图 2-30　调整图像亮度和对比度的效果图

> ▶ 专家指点
>
> 在“亮度/对比度”对话框中，各主要选项含义如下。
>
> ➢ 亮度：用于调整图像的亮度。该值为正时增加图像亮度，为负时降低图像亮度。
>
> ➢ 对比度：用于调整图像的对比度。正值时增加图像对比度，负值时降低对比度。

2.4.5 运用“色阶”命令调整图像

色阶是指图像中的颜色或颜色中的某一个组成部分的亮度范围，利用“色阶”命令通过调整图像的阴影、中间调和高光的强度级别，校正色调范围和色彩平衡。下面介绍运用“色阶”命令调整图像的操作方法

运用“色阶”命令调整图像

Step 01 打开素材图像（素材\第 2 章\花纹.jpg），如图 2-31 所示。

Step 02 单击“图像”|“调整”|“色阶”命令，如图 2-32 所示。

图 2-31 素材图像

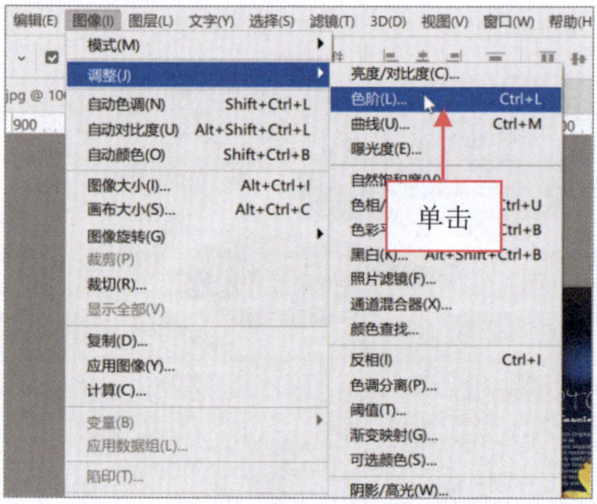

图 2-32 单击“色阶”命令

Step 03 弹出“色阶”对话框，在其中设置各参数，如图 2-33 所示。

Step 04 单击“确定”按钮，即可使用“色阶”命令调整图像亮度，如图 2-34 所示。

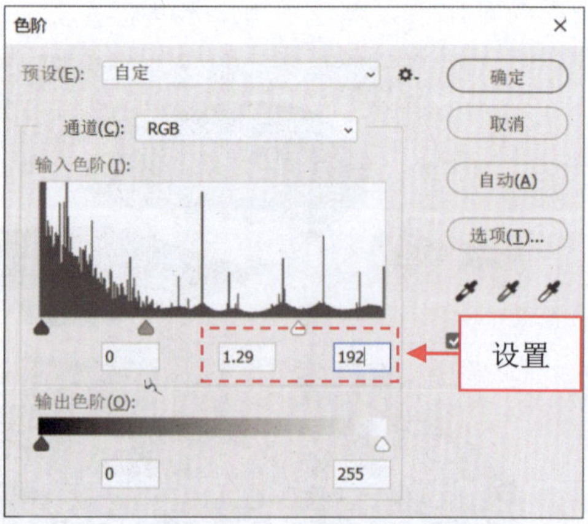

图 2-33 设置各参数

图 2-34 调整图像亮度的效果图

> ▶ 专家指点
>
> 除了运用上述方法弹出“色阶”对话框外，还可以按【Ctrl＋L】组合键。在“色阶”对话框中，各主要选项含义如下。
>
> ➢ 预设：单击“预设”右侧的下拉按钮，在弹出的列表框中，选择“存储预设”选项，可以将当前的调整参数保存为一个预设的文件。
>
> ➢ 通道：可以选择一个通道进行调整，调整通道会影响图像的颜色。
>
> ➢ 自动：单击该按钮，可以应用自动颜色校正，Photoshop 会以 0.5%的比例自动调整图像色阶，使图像的亮度分布更加均匀。
>
> ➢ 选项：单击该按钮，可以打开“自动颜色校正选项”对话框，在该对话框中可以设置黑色像素和白色像素的比例。
>
> ➢ 输入色阶：用来调整图像的阴影、中间调和高光区域。
>
> ➢ 输出色阶：可以限制图像的亮度范围，从而降低对比度，使图像呈现褪色效果。
>
> ➢ 在图像中取样以设置白场：使用该工具在图像中单击，可以将单击点的像素调整为白色，原图中比该点亮度值高的像素也都会变为白色。
>
> ➢ 在图像中取样以设置灰场：使用该工具在图像中单击，可以根据单击点像素的亮度来调整其他中间色调的平均亮度，通常用来校正色偏。
>
> ➢ 在图像中取样以设置黑场：使用该工具在图像中单击，可以将单击点的像素调整为黑色，原图中比该点暗的像素也变为黑色。

2.4.6　运用“曲线”命令调整图像

运用“曲线”命令可以通过调节曲线的方式调整图像的高亮色调、中间调和暗色调，其优点是只可以调整选定色调范围内的图像而不影响其他色调。下面介绍运用“曲线”命令调整图像的操作方法。

运用“曲线”命令调整图像

Step 01　打开素材图像（素材\第 2 章\手机.jpg），如图 2-35 所示。

Step 02　单击“图像”|“调整”|“曲线”命令，弹出“曲线”对话框，如图 2-36 所示。

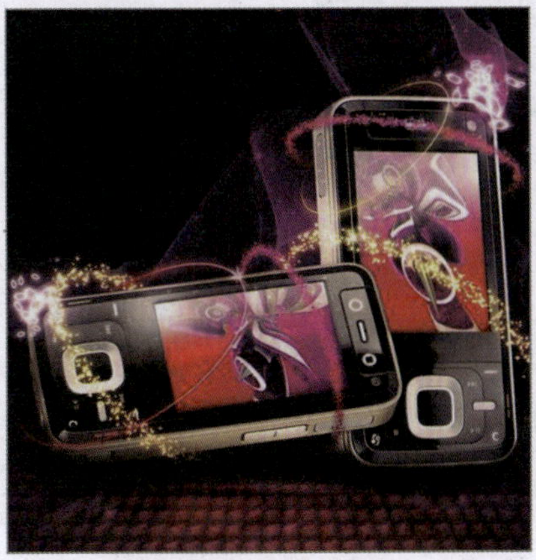

图 2-35　素材图像

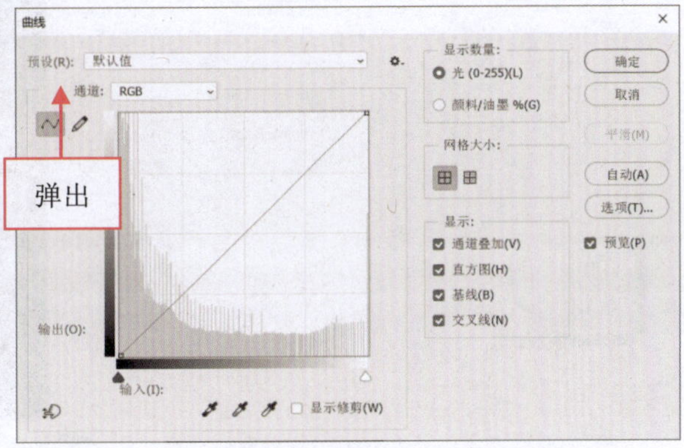

图 2-36　弹出“曲线”对话框

▶ 专家指点

在“曲线”对话框中，各主要选项含义如下。

➢ 预设：包含了 Photoshop 提供的各种预设调整文件，可以用于调整图像。

➢ 通道：在其列表框中可以选择要调整的通道，调整通道会改变图像的颜色。

➢ 编辑点以修改曲线：该按钮为选中状态，此时在曲线中单击可以添加新的控制点，拖动控制点改变曲线形状即可调整图像。

➢ 通过绘制来修改曲线：单击该按钮后，可以绘制手绘效果的自由曲线。

➢ 输出/输入：“输入”色阶显示了调整前的像素值，“输出”色阶显示了调整后的像素值。

➢ 在图像上单击并拖动可修改曲线：单击该按钮后，将光标放在图像上，曲线上会出现一个圆形，它代表光标处的色调在曲线上的位置。在画面中单击并拖动鼠标，可以添加控制点并调整相应的色调。

➢ 平滑：使用铅笔绘制曲线后，单击该按钮，可以对曲线进行平滑处理。

➢ 自动：单击该按钮，可以对图像应用“自动颜色”“自动对比度”或“自动色调”校正。具体校正内容取决于“自动颜色校正选项”对话框中的设置。

➢ 选项：单击该按钮，可以打开“自动颜色校正选项”对话框。自动颜色校正选项用来控制由“色阶”和“曲线”中的“自动颜色”“自动色调”“自动对比度”和“自动”选项应用的色调和颜色校正。它允许指定“阴影”和“高光”修剪百分比，并为阴影、中间调和高光指定颜色值。

Step 03 单击“通道”右侧的下拉按钮，在弹出的列表框中选择“红”选项，并设置相应参数，如图 2-37 所示。

Step 04 单击“确定”按钮，即可运用“曲线”命令调整图像的整体色调，效果如图 2-38 所示。

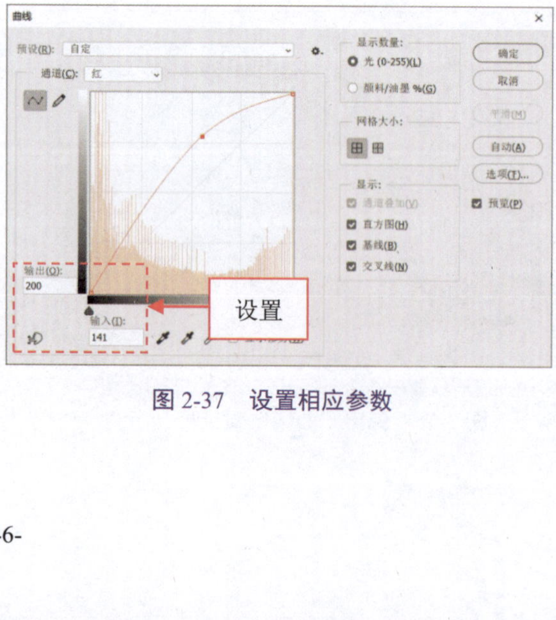

图 2-37　设置相应参数

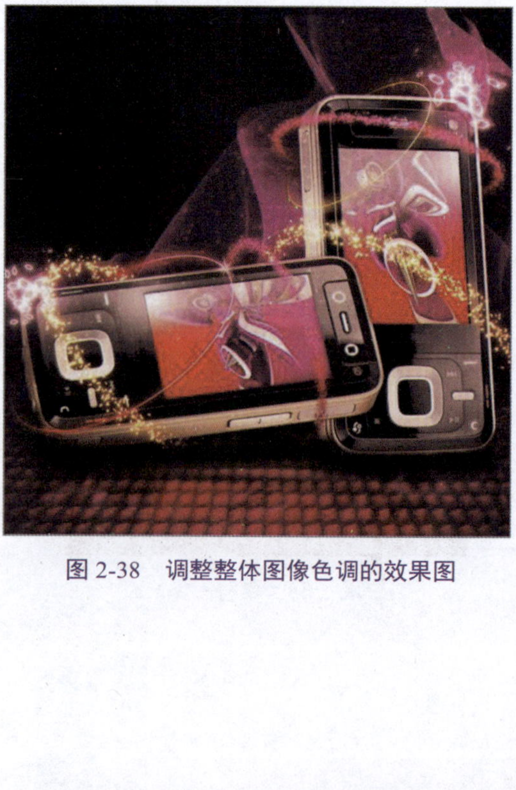

图 2-38　调整整体图像色调的效果图

▶ 专家指点

除了运用上述方法可以弹出“曲线”对话框，还可以按【Ctrl + M】组合键。

2.4.7　运用“曝光度”命令调整图像

在照片拍摄过程中，经常会因为曝光过度而导致图像偏白，或因为曝光不足而导致图像偏暗，这时可以使用“曝光度”命令来调整图像的曝光度。下面介绍运用“曝光度”命令调整图像的操作方法。

运用“曝光度”命令调整图像

Step 01　打开素材图像（素材\第 2 章\餐具.jpg），如图 2-39 所示。

Step 02　单击“图像”|“调整”|“曝光度”命令，弹出“曝光度”对话框，设置相应参数，如图 2-40 所示。

图 2-39　素材图像

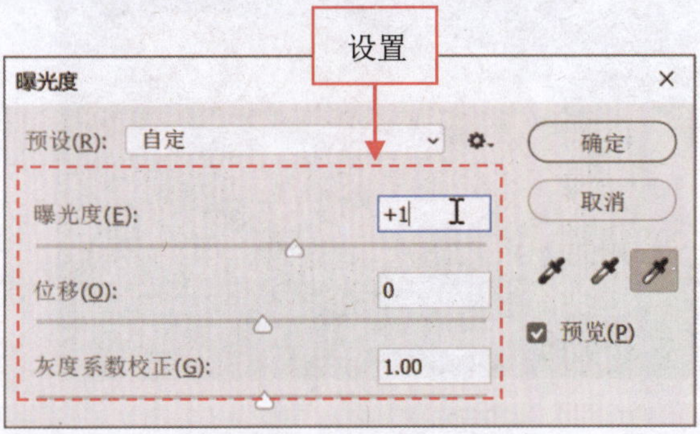

图 2-40　设置相应参数

Step 03　单击“确定”按钮，即可运用“曝光度”命令调整图像色彩，效果如图 2-41 所示。

图 2-41　调整图像色彩的效果图

▶ 专家指点

在“曝光度”对话框中，“曝光度”参数可以调整色调范围的高光端，对极限阴影的影响很轻微。

2.4.8 运用“色相/饱和度”命令调整图像

“色相/饱和度”命令可以调整整幅图像或单个颜色分量的色相、饱和度和亮度值，还可以同步调整图像中所有的颜色。下面介绍运用“色相/饱和度”命令调整图像的操作方法。

运用“色相/饱和度”命令调整图像

Step 01 打开素材图像（素材\第 2 章\月饼.jpg），如图 2-42 所示。

Step 02 单击“图像”|“调整”|“色相/饱和度”命令，弹出“色相/饱和度”对话框，单击“预设”右侧的下拉按钮，在弹出的列表框中选择“自定”选项，如图 2-43 所示。

图 2-42 素材图像

图 2-43 选择“自定”选项

> **▶ 专家指点**
>
> 除了运用“色相/饱和度”命令调整图像色相外，用户还可以按【Shift + U】组合键快速调整图像色相。

Step 03 在对话框中设置“色相”为 21、“饱和度”为 34，如图 2-44 所示，校正图像的颜色，使画面色彩更加自然。

Step 04 单击“确定”按钮，即可调整图像色相/饱和度，效果如图 2-45 所示。

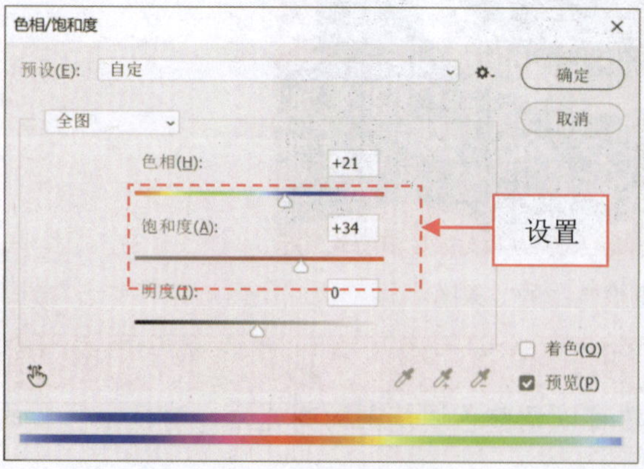

图 2-44 设置各参数

图 2-45 调整图像色相/饱和度效果图

▶ 专家指点

在“色相/饱和度”对话框中，各主要选项含义如下。

➢ 预设：在“预设”列表框中提供了 8 种色相/饱和度预设。

➢ 通道：在“通道”列表框中可以选择全图、红色、黄色、绿色、青色、蓝色和洋红通道，进行色相、饱和度和明度的参数调整。

➢ 着色：选中该复选框后，图像会整体偏向于单一的红色调。

➢ 在图像上单击并拖动可修改饱和度：使用该工具在图像上单击设置取样点以后，向右拖曳鼠标可以增加图像的饱和度；向左拖曳鼠标可以降低图像的饱和度。

2.5　色彩和色调的特殊调整

“黑白”“反相”“阈值”和“去色”等命令可以更改图像中颜色的亮度值，通常这些命令只适用于增强颜色以产生特殊效果，而不用于校正颜色；“渐变映射”“可选颜色”和“替换颜色”等命令可用于调整图像的色彩。本节主要介绍图像色彩和色调的特殊调整技巧。

2.5.1　运用“黑白”命令调整图像

“黑白”命令可以将图像调整为具有艺术感的黑白效果的图像，同时也可以调整出不同单色的艺术效果。下面介绍运用“黑白”命令调整图像的操作方法。

运用“黑白”命令调整图像

Step 01 打开素材图像（素材\第 2 章\咖啡杯.jpg），如图 2-46 所示。

Step 02 单击“图像”|“调整”|“黑白”命令，弹出“黑白”对话框，如图 2-47 所示。

图 2-46　素材图像

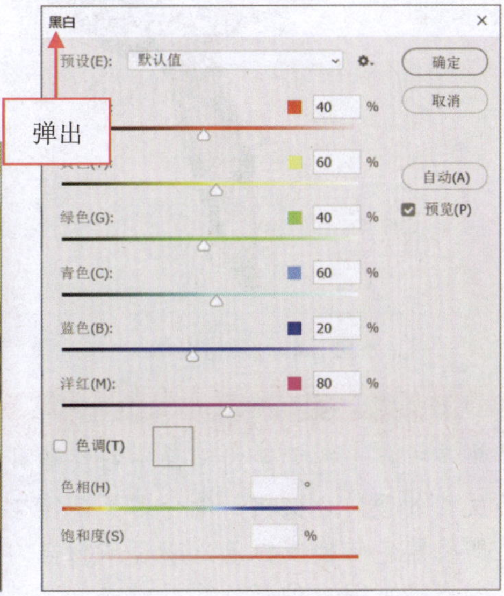

图 2-47　弹出“黑白”对话框

Step 03 保持默认设置，单击“确定”按钮，即可制作黑白效果，如图 2-48 所示。

图 2-48　黑白效果

2.5.2　运用“反相”命令调整图像

“反相”命令可以将图像中的颜色进行反相，类似于传统照相底片的效果。对于彩色图像，使用此命令可以将图像中的各部分颜色转换为补色。下面介绍运用“反相”命令调整图像的操作方法。

运用“反相”命令调整图像

Step 01　打开素材图像（素材\第 2 章\吹风机.jpg），如图 2-49 所示。

Step 02　单击“图像”|“调整”|“反相”命令，如图 2-50 所示。

图 2-49　素材图像

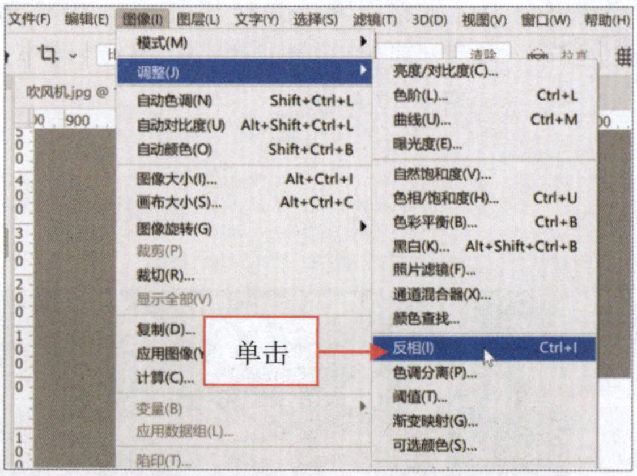

图 2-50　单击“反相”命令

> **▶ 专家指点**
>
> 除了运用上述方法对图像进行反相外，用户还可以按【Ctrl + I】组合键，快速将图像进行反相处理。“反相”命令用于制作类似于照相底片的效果，它可以对图像颜色进行反相，即将黑色转换成白色，或者从扫描的黑白阴片中得到一个阳片。如果是一幅彩色的图像，它能够把每一种颜色都反转成该颜色的互补色。将图像素材反相时，通道中每个像素的亮度值都会被转换为 256 级颜色刻度上相反的值。

Step 03　执行上述操作后，即可反相图像，效果如图 2-51 所示。

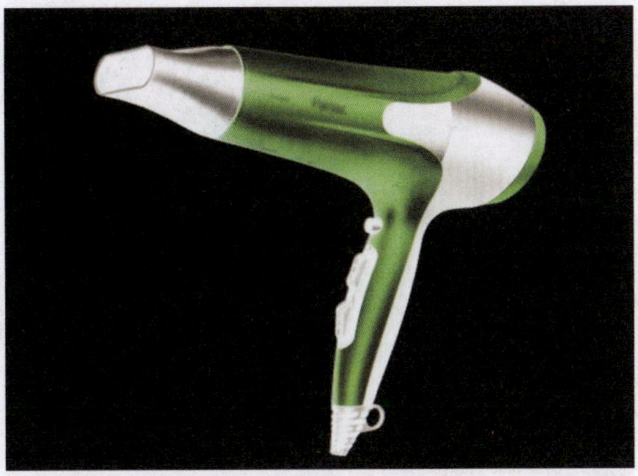

图 2-51　反相图像效果图

2.5.3　运用“阈值”命令调整图像

“阈值”命令可以将灰度或彩色图像转换为高对比度的黑白图像。在转换过程中，被操作图像中比设置的阈值高的像素将会转换为白色。下面介绍运用“阈值”命令调整图像的操作方法。

运用“阈值”命令调整图像

Step 01　打开素材图像（素材\第 2 章\蝴蝶.jpg），如图 2-52 所示。

Step 02　单击“图像”|“调整”|“阈值”命令，如图 2-53 所示。

图 2-52　素材图像

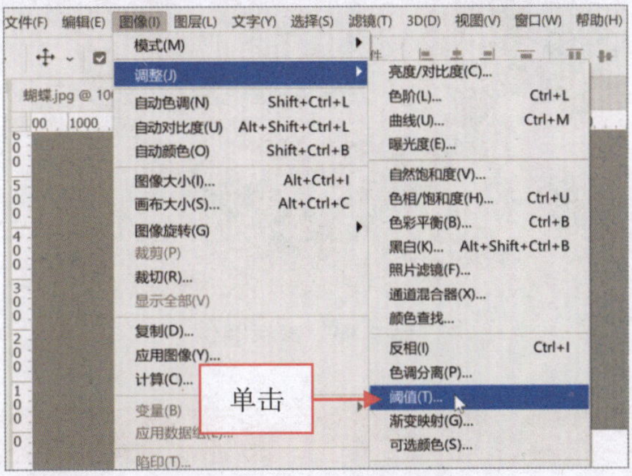

图 2-53　单击“阈值”命令

Step 03　弹出“阈值”对话框，保持默认设置，如图 2-54 所示。

Step 04　单击“确定”按钮，即可制作黑白图像，效果如图 2-55 所示。

> **▶ 专家指点**
>
> 在“阈值”对话框中，可以对“阈值色阶”进行设置，设置后图像中所有的亮度值比其小的像素都将变成黑色，所有亮度值比其大的像素都将变成白色。

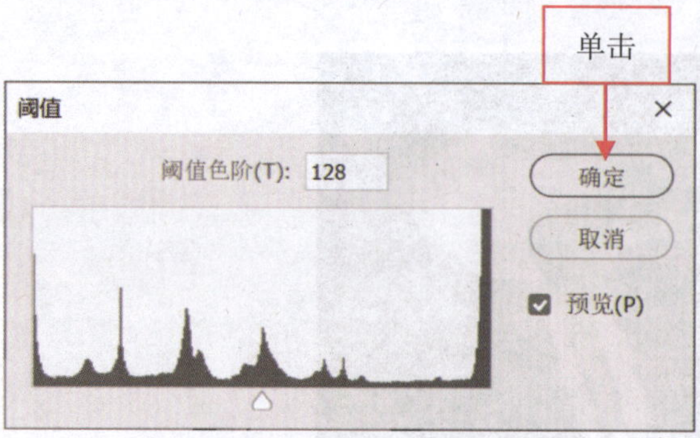

图 2-54　弹出“阈值”对话框

图 2-55　黑白图像效果图

2.5.4　运用“渐变映射”命令调整图像

运用“渐变映射”命令调整图像

“渐变映射”命令的主要功能是将相等图像灰度范围映射到指定的渐变填充色。下面介绍运用“渐变映射”命令调整图像的操作方法。

Step 01　打开素材图像（素材\第 2 章\玫瑰花产品.jpg），如图 2-56 所示。

Step 02　单击“图像”|“调整”|“渐变映射”命令，弹出“渐变映射”对话框，如图 2-57 所示。

图 2-56　素材图像

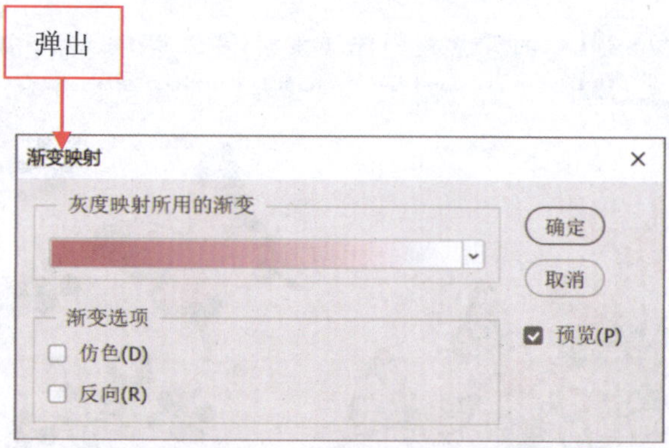

图 2-57　弹出“渐变映射”对话框

> ▶ 专家指点
>
> 在“渐变映射”对话框中，单击渐变颜色条右侧的下拉按钮，在弹出的面板中可以选择一种预设渐变。如果要创建自定义渐变，则可以单击渐变条，打开“渐变编辑器”对话框进行设置。

Step 03　单击“点按可编辑渐变”按钮，即可弹出“渐变编辑器”对话框，设置渐变从洋红（RGB 参数值分别为 202、20、187）到白色，如图 2-58 所示。

Step 04　单击“确定”按钮，返回“渐变映射”对话框，单击“确定”按钮，即可制作彩色渐变效果，如图 2-59 所示。

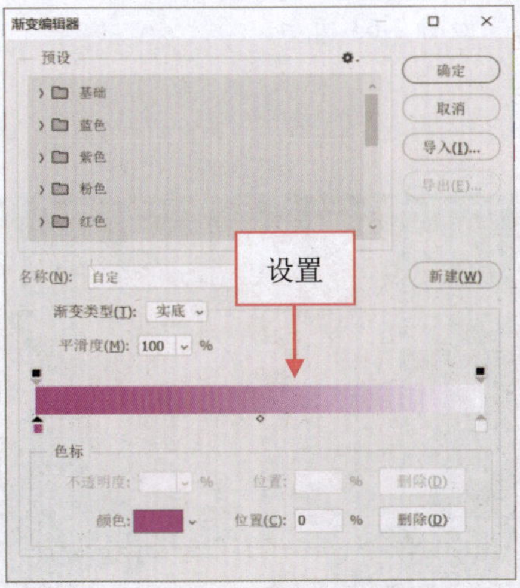

图 2-58　设置渐变色

图 2-59　彩色渐变效果图

2.5.5　运用“可选颜色”命令调整图像

“可选颜色”命令主要对 RGB、黑白灰等主要颜色的组成进行调节，还可以选择性地在某一主色调成分中增加或减少印刷颜色的含量。下面介绍运用“可选颜色”命令调整图像的操作方法。

运用“可选颜色”命令调整图像

Step 01　打开素材图像（素材\第 2 章\产品.jpg），如图 2-60 所示。

Step 02　单击“图像”|“调整”|“可选颜色”命令，弹出“可选颜色”对话框，设置相应参数，如图 2-61 所示。

图 2-60　素材图像

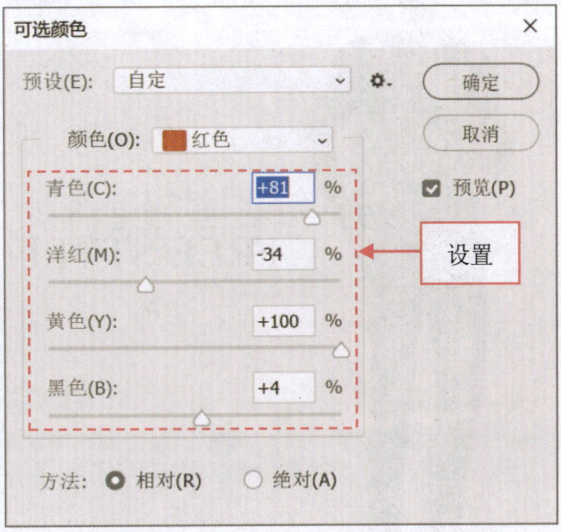

图 2-61　弹出“可选颜色”对话框

Step 03　单击“颜色”右侧的下拉按钮，在弹出的列表框中选择“黄色”选项，设置相应参数，如图 2-62 所示。

Step 04 单击“确定”按钮，即可调整图像的颜色，效果如图 2-63 所示。

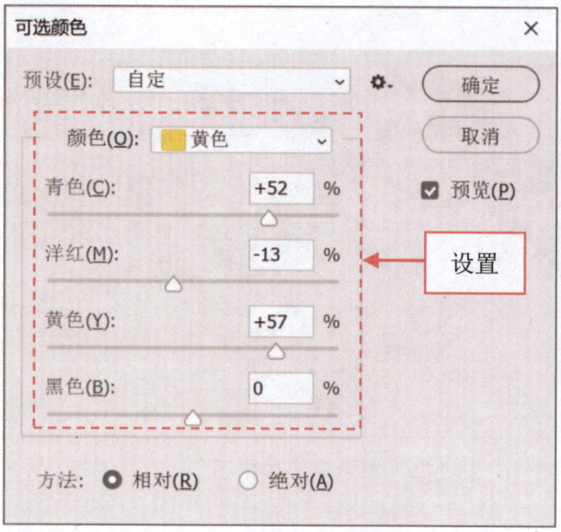

图 2-62 设置相应参数

图 2-63 调整图像颜色的效果图

2.5.6 运用“去色”命令调整图像

运用“去色”命令调整图像

“去色”命令可以将彩色图像转换为灰度图像，同时图像的颜色模式保持不变，从而快速制作黑白图像效果。下面介绍运用“去色”命令调整图像的操作方法。

Step 01 打开素材图像（素材\第 2 章\男装.jpg），如图 2-64 所示。

Step 02 单击“图像”|“调整”|“去色”命令，如图 2-65 所示。

图 2-64 素材图像

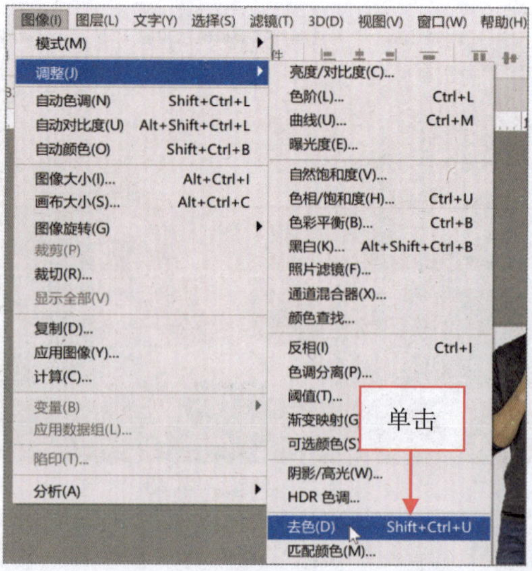

图 2-65 单击“去色”命令

▶ 专家指点

除了运用上述方法对图像进行去色外，用户还可以按【Shift + Ctrl + U】组合键，快速对图像进行去色，制作黑白图像。

Step 03　执行上述操作后，对图像进行去色处理，效果如图 2-66 所示。

图 2-66　去色效果图

2.5.7　运用“色调均化”命令调整图像

运用“色调均化”命令调整图像

“色调均化”命令能够重新分布图像中像素的亮度值，使其更均匀地呈现所有范围的亮度级，使图像更加柔化。下面介绍运用“色调均化”命令调整图像的操作方法。

Step 01　打开素材图像（素材\第 2 章\摆件.jpg），如图 2-67 所示。

Step 02　单击“图像”|“调整”|“色调均化”命令，即可进行色调均化，如图 2-68 所示。

图 2-67　素材图像

图 2-68　色调均化图像

▶ 专家指点

使用该命令时，Photoshop 会将图像中最亮的像素转换为白色，将最暗的像素转换为黑色，尝试对亮度进行色调均化，也就是在整个灰度中均匀分布中间像素值。同时，对其余的像素也将相应地进行调整。

2.5.8 运用“色调分离”命令调整图像

运用“色调分离”命令调整图像

“色调分离”命令能够指定图像中每个通道的色调级（亮度值）的数目，将像素映射为最接近的匹配级别。该命令也可以定义色阶的多少，并在灰色图像中可以减少灰阶数量。下面介绍运用“色调分离”命令调整图像的操作方法。

Step 01 打开素材图像（素材\第 2 章\UI 界面.jpg），如图 2-69 所示。

Step 02 单击“图像”|“调整”|“色调分离”命令，弹出“色调分离”对话框，设置“色阶”为 3，如图 2-70 所示。

图 2-69 素材图像

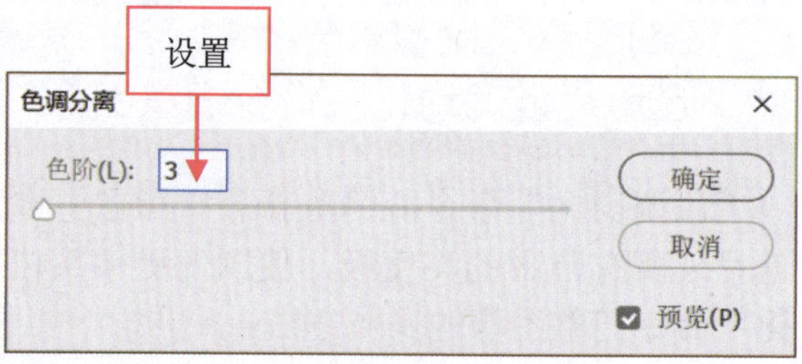

图 2-70 设置“色阶”参数

Step 03 单击“确定”按钮，即可对图像进行色调分离处理，效果如图 2-71 所示。

图 2-71 图像的色调分离处理效果图

2.5.9　运用“替换颜色”命令调整图像

运用“替换颜色”命令调整图像

“替换颜色”命令能够基于特定颜色，通过在图像中创建蒙版来调整色相、饱和度和明度值。“替换颜色”命令能够将整幅图像或者选定区域的颜色用指定的颜色代替。“替换颜色”命令可以为需要替换的颜色创建一个临时蒙版，以选择图像中的特定颜色，然后进行替换。同时，还可以调整替换颜色的色相、饱和度和亮度。

Step 01　打开素材图像（素材\第 2 章\音乐图标.jpg），如图 2-72 所示。

Step 02　单击“图像”|“调整”|“替换颜色”命令，弹出“替换颜色”对话框，单击“添加到取样”按钮，在橘红色区域中重复单击，选中背景，如图 2-73 所示。

图 2-72　素材图像

图 2-73　重复单击选中背景

Step 03　单击“结果”色块，弹出“拾色器（结果颜色）”对话框，设置 RGB 参数值分别为 27、122、8，如图 2-74 所示。

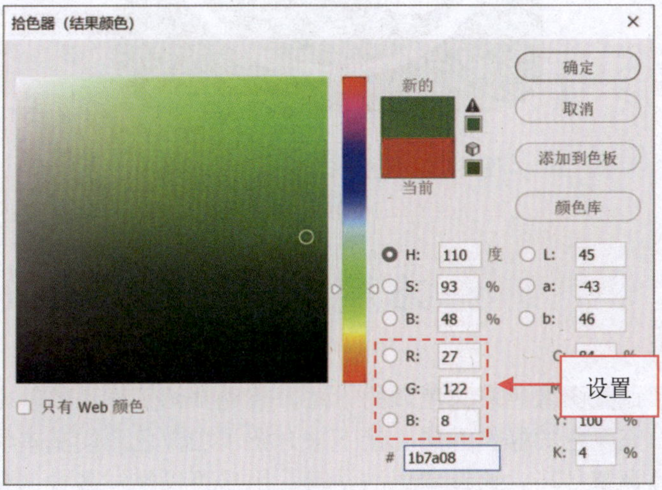

图 2-74　设置 RGB 参数值

Step 04　单击“确定”按钮，返回“替换颜色”对话框，设置“颜色容差”为 100、“色相”为 105、“饱和度”为 11、“明度”为-28，如图 2-75 所示。

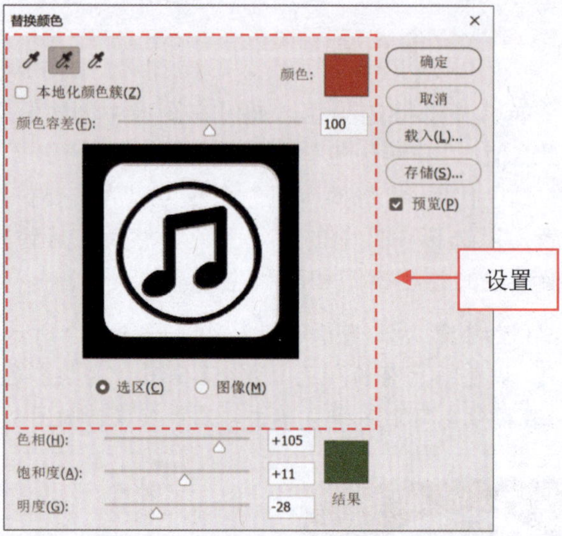

图 2-75　设置替换颜色各参数

Step05　单击“确定”按钮，即可替换图像的颜色，如图 2-76 所示。

图 2-76　替换图像的颜色效果图

本章小结

本章主要介绍了调整图像色彩与色调的方法，首先介绍了颜色的基本属性和设置方法，然后介绍了选取与填充颜色的操作方法，接下来介绍了图像色彩的基本调整技巧，最后介绍了色彩和色调的特殊调整技巧。通过本章的学习，用户可以掌握多种调整图像色彩与色调的方法，还可以结合多种命令或调色功能一起使用。一幅精彩绝伦的平面作品并不是由某一个命令就可以调出来的，而是需要多个命令共同使用，才会形成特殊的画面色彩。

课后习题

鉴于本章知识的重要性，为了帮助读者更好地掌握所学知识，本节将通过上机习题帮助读者进行简单的知识回顾和补充。

课后习题

本习题需要掌握使用“色相/饱和度”命令来调整图像色彩的方法，素材与效果如图 2-77 所示。

图 2-77　素材与效果

第 3 章 修饰图像画面与添加文本

Photoshop 2021 的润色与修饰图像的功能不可小觑，它提供了丰富多样的润色与修饰图像的工具，正确、合理地运用各种工具修饰图像，才能制作出完美的平面广告。在图像设计中，文字的使用是非常广泛的，对文字进行编排与设计，不但能够更加有效地表现设计主题，而且可以对图像起到美化的作用。本章主要介绍修饰图像画面与添加文本的操作方法。

本章重点

- 认识绘图工具
- 运用修复和修补工具
- 运用清除图像工具
- 运用调色工具
- 运用修饰图像工具
- 运用文字设计工具

3.1　认识绘图工具

在 Photoshop 2021 中，常用的绘图工具有画笔工具、铅笔工具和混合器画笔工具。与传统手绘的画笔相比，绘图工具更为灵活，可以随意替换画笔大小和绘图前景色。本节主要讲解多种绘图工具的使用方法。

3.1.1　画笔工具

画笔工具是绘制图形时使用最多的工具之一。利用画笔工具，可以绘制边缘柔和的线条，且画笔的大小、边缘柔和的幅度都可以灵活调节。

选择工具箱中的画笔工具，在画笔工具属性栏中可以设置相关参数，如图 3-1 所示，即可进行绘图操作。画笔工具属性栏上的各个功能介绍，如表 3-1 所示。

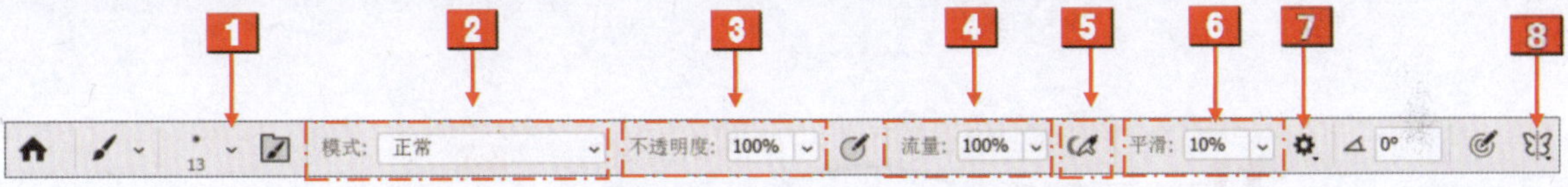

图 3-1　画笔工具属性栏

表 3-1　画笔工具属性栏上的各个功能介绍

标号	名称	介绍
1	点按可打开“画笔预设”选取器	单击该按钮，打开画笔下拉面板，在面板中可以选择画笔样式，设置画笔的大小和硬度
2	模式	在弹出的列表框中，可以选择画笔笔迹颜色与下面像素的混合模式，该功能可以制作出多种风格的画笔特效
3	不透明度	用来设置画笔的不透明度，该值越低，线条的透明度越高
4	流量	用来设置当光标移动到某个区域上方时应用颜色的速率。在某个区域上方涂抹时，如果一直按住鼠标左键，颜色将根据流动的速率增加，直至达到不透明度设置
5	启用喷枪样式的建立效果	单击该按钮，可以启用喷枪功能，Photoshop 会根据鼠标左键的单击程度确定画笔线条的填充数量
6	平滑	在该数值框中输入相应的数值，即可以设置画笔边缘的平滑度。该数值越高，画笔边缘越平滑；数值越低，画笔边缘越抖动
7	设置其他平滑选项	单击该按钮，在弹出的列表框中包含四种平滑选项，用户可根据实际需要选择相应的选项进行操作
8	设置绘画的对称选项	单击该按钮，在弹出的列表框中可以选择绘画的对称选项，包括“垂直”“水平”“双轴”“对角”以及“波纹”等选项

3.1.2 “画笔”面板

在菜单栏中单击“窗口”|“画笔设置”命令，或按【F5】键，即可弹出“画笔设置”面板，如图 3-2 所示。“画笔设置”面板上的各个功能介绍，如表 3-2 所示。

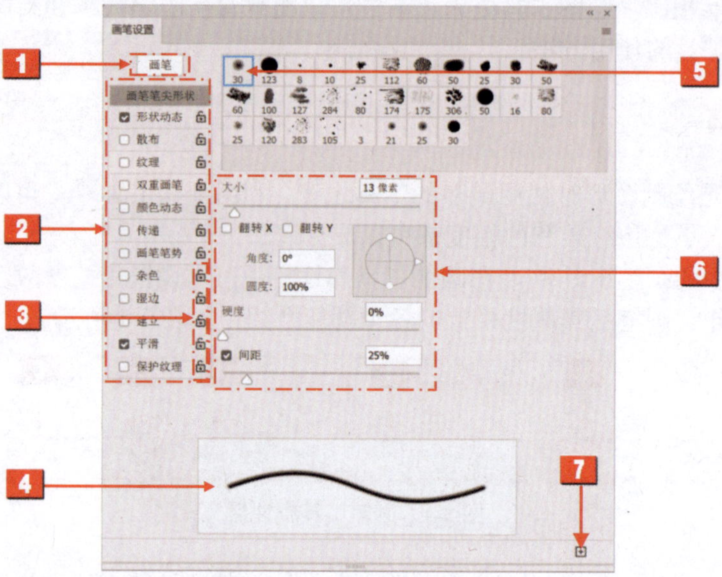

图 3-2 “画笔设置”面板

表 3-2 “画笔设置”面板上的各个功能介绍

标号	名称	介绍
1	画笔	单击该按钮，可以打开“画笔”面板
2	画笔设置	可以改变画笔的样式和效果，为其设置散布、纹理、颜色动态、画笔笔势、湿边以及平滑等效果
3	锁定/未锁定	锁定或未锁定画笔笔尖形状
4	画笔描边预览	可预览选择的画笔笔尖形状
5	选中的画笔笔尖	当前选择的画笔笔尖样式
6	画笔参数选项	在其中可以设置画笔的参数选项，如大小、翻转、角度、圆度、硬度以及间距等属性
7	创建新画笔	对预设画笔进行调整，可以单击该按钮，将其保存为一个新的预设画笔

3.1.3 管理画笔

在 Photoshop 2021 中，画笔工具主要是用“画笔”面板来实现的，用户熟练掌握画笔的应用，将对图像设计大有好处。下面主要向读者介绍重置、保存以及删除画笔的操作方法。

1．重置画笔

在 Photoshop 2021 中，“重置画笔”选项可以清除用户当前所定义的所有画笔类型，并将其恢复到系统默认设置。选取工具箱中的画笔工具，移动鼠标至工具属性栏中，单击“点按可打开‘工具预设’选取器”按钮后弹出相应面板，单击右上角的设置按钮，在弹出的列表框中选择“复位工具”选项，如图 3-3 所示，执行上述操作后，即可将画笔恢复到默认设置。

在图 3-3 所示的列表框中，若选择“复位所有工具”选项，将弹出信息提示框，如图 3-4 所示，单击“确定”按钮，即可将所有工具复位为默认设置。

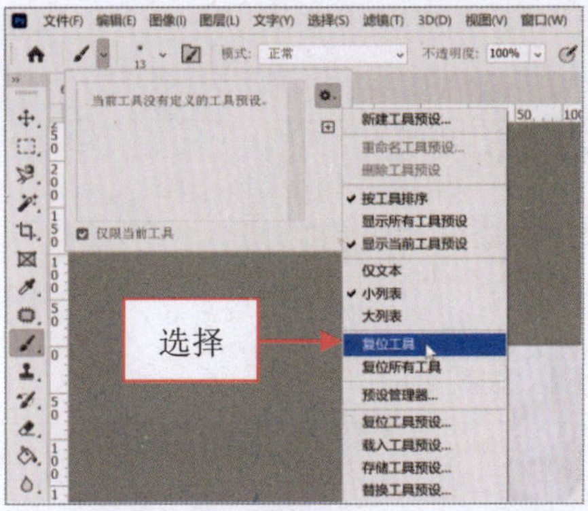

图 3-3　选择“复位工具”选项

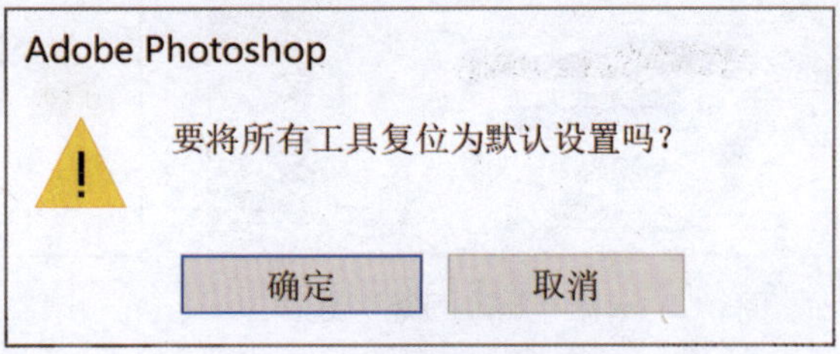

图 3-4　信息提示框

2．保存画笔

保存画笔可以存储当前用户使用的画笔属性及参数，并以文件的方式保存在用户指定的文件夹中，以便用户在其他电脑中快速载入使用。

选取工具箱中的画笔工具，移动鼠标至工具属性栏中，单击“点按可打开‘画笔预设’选取器”按钮后弹出相应面板，单击右上角的设置按钮，在弹出的列表框中选择“导出选中的画笔”选项，如图 3-5 所示。执行上述操作后，弹出“另存为”对话框，在其中设置保存路径和文件名，单击“保存”按钮即可保存画笔，如图 3-6 所示。

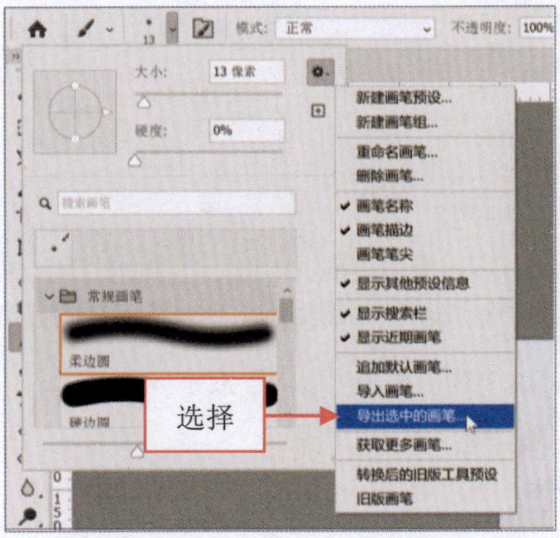

图 3-5　选择“导出选中的画笔”选项

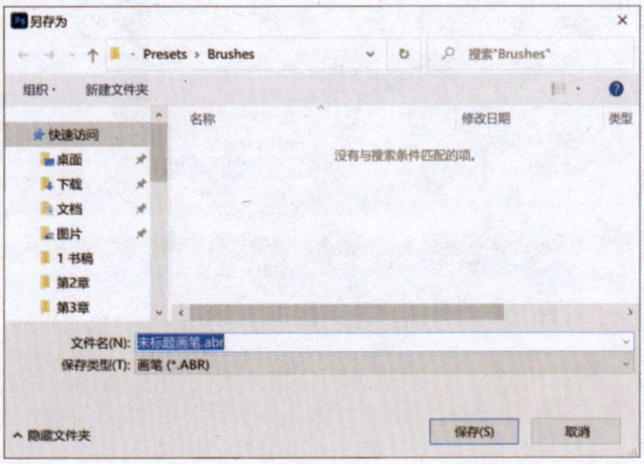

图 3-6　设置保存路径和文件名

3．删除画笔

用户可以根据需要对画笔进行删除操作。选取工具箱中的画笔工具，移动鼠标至工具属性栏中，单击“点按可打开‘画笔预设’选取器”按钮后弹出相应面板，在其中选择一种画笔，单击鼠标右键，在弹出的快捷菜单中选择“删除画笔”选项，如图 3-7 所示；在弹出信息提示框中，单击“确定”按钮，如图 3-8 所示，即可删除画笔。

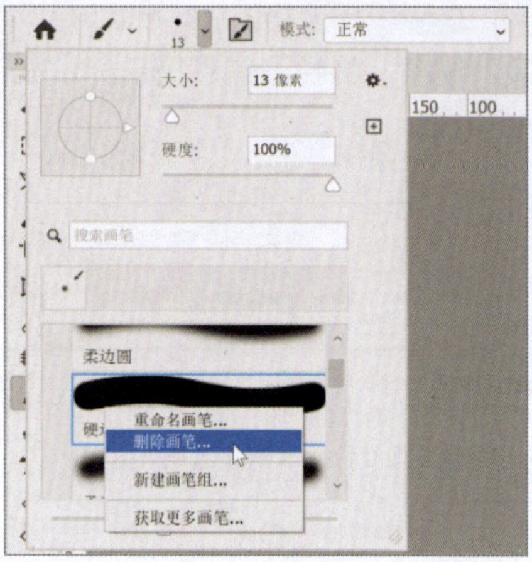

图 3-7　选择“删除画笔”选项

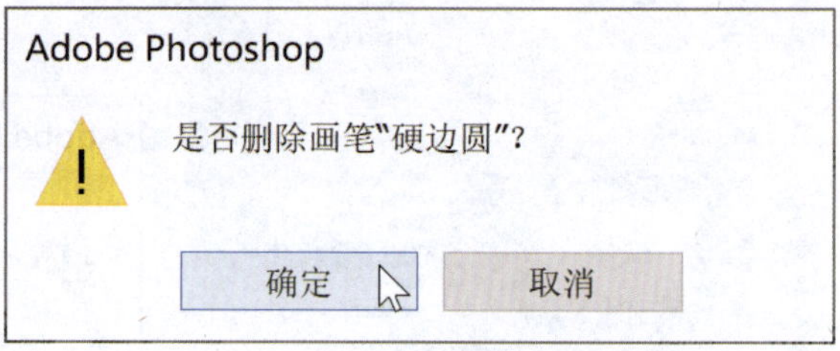

图 3-8　单击“确定”按钮

4．载入画笔

如果“画笔预设”面板中没有需要的画笔，就需要进行画笔载入操作。选取工具箱中的画笔工具，单击“点按可打开‘画笔预设’选取器”按钮，单击右上角的设置按钮，在弹出的列表框中选择“导入画笔”选项，如图 3-9 所示，弹出“载入”对话框，在其中选择合适的画笔样式，单击“载入”按钮，如图 3-10 所示，即可载入画笔。

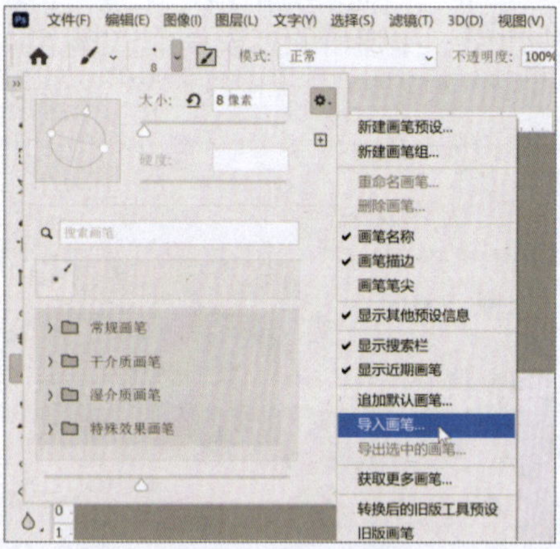

图 3-9　选择“导入画笔”选项

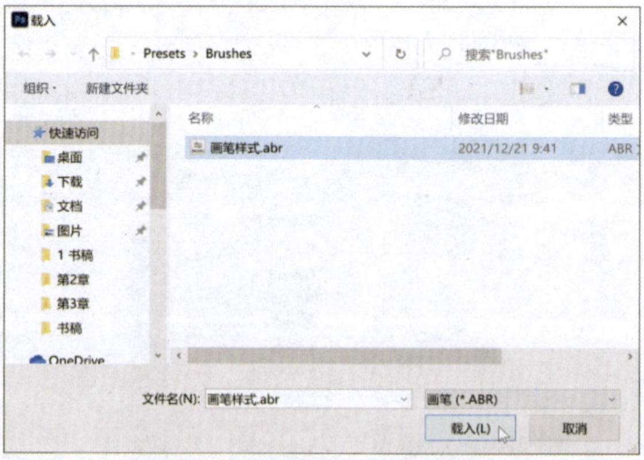

图 3-10　单击“载入”按钮

3.1.4　铅笔工具

铅笔工具也是使用前景色来绘制线条的，与画笔工具的区别是：画笔工具可以绘制带有柔边效果的线条，而铅笔工具只能绘制硬边线条。如图 3-11 所示为铅笔工具的工具属性栏，除了“自动抹除”功能外，其他选项均与画笔工具相同。

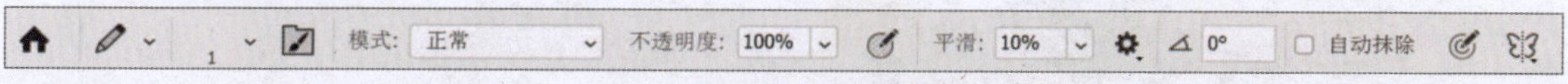

图 3-11　铅笔工具属性栏

> **▶ 专家指点**
>
> 在铅笔工具属性栏中，若选中“自动抹除”复选框，在绘图的过程中拖动鼠标时，如果光标的中心在包含前景色的区域上，则可将该区域涂抹成背景色；如果光标的中心在不包含前景色的区域上，则可以将该区域涂抹成前景色。

3.2　运用修复和修补工具

修复和修补工具组中包括污点修复画笔工具、修复画笔工具、修补工具、内容感知移动工具及红眼工具等。修复和修补工具常用于修复图像中的杂色或污斑。本节主要介绍运用这些工具修复和修补图像画面的操作方法。

3.2.1　运用污点修复画笔工具修复图像

污点修复画笔工具不需要指定采样点，只需要在图像中有杂色或污渍的地方单击鼠标左键，即可修复图像。Photoshop 2021 能够自动分析鼠标单击处及其周围图像的不透明度、颜色与质感，进行采样与修复操作。

选取污点修复画笔工具后，其工具属性栏如图 3-12 所示，各主要选项含义如下。

图 3-12　污点修复画笔工具属性栏

➢ 模式：在该列表框中可以设置修复图像与目标图像之间的混合方式。

➢ 内容识别：选择该类型修复图像时，将根据图像内容识别像素并自动填充。

➢ 创建纹理：选择该类型修复图像时，将根据当前图像周围的纹理自动创建一个相似的纹理，从而在修复瑕疵的同时保证不改变原图像的纹理。

➢ 近似匹配：选择该类型修复图像时，将根据当前图像周围的像素来修复瑕疵。

➢ 对所有图层取样：选中该复选框，可以从所有的可见图层中提取数据。

下面介绍运用污点修复画笔工具修复图像的操作方法。

运用污点修复画笔工具修复图像

Step 01　打开素材图像（素材\第 3 章\个人写真.jpg），如图 3-13 所示。

Step 02　选取工具箱中的污点修复画笔工具，如图 3-14 所示。

图 3-13　素材图像

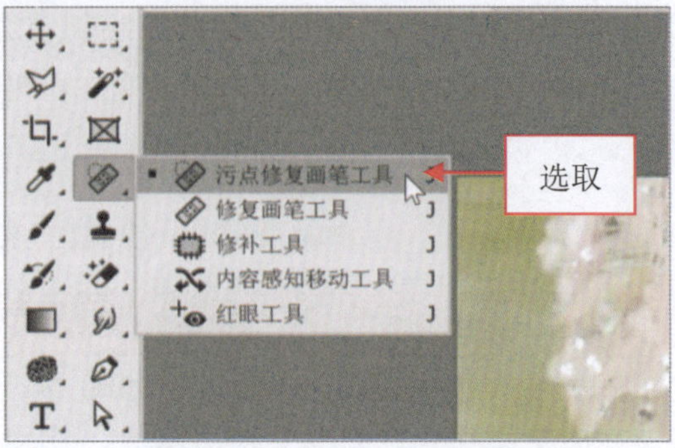

图 3-14　选取污点修复画笔工具

Step 03 在工具属性栏中设置画笔“大小”为 80 像素，移动鼠标至图像中人物胸前有痣位置，按住鼠标左键并拖曳进行涂抹，鼠标涂抹过的区域呈黑色，如图 3-15 所示。

Step 04 释放鼠标左键，即可使用污点修复画笔工具修复图像，效果如图 3-16 所示。

图 3-15　涂抹图像

图 3-16　修复图像后的效果图

3.2.2　运用修复画笔工具修复图像

修复画笔工具在修饰小部分图像时会经常用到。在使用修复画笔工具时，应先取样，然后将选取的图像填充到要修复的目标区域，使修复的区域和周围的图像相融合，还可以将所选择的图案应用到要修复的图像区域中。

选取修复画笔工具，其工具属性栏如图 3-17 所示，各主要选项含义如下。

图 3-17　修复画笔工具属性栏

➢ 模式：在该列表框中可以设置修复图像与目标图像之间的混合模式。

➢ 源：设置用于修复像素的源。单击“取样”按钮，可以从图像的像素上取样；单击“图案”按钮，可以在图案列表框中选择一个图案作为取样，效果类似于使用图案图章绘制图案。

➢ 对齐：选中该复选框，可以对像素进行连续取样。在修复过程中，取样点随修复位置的移动而变化；取消选中该复选框，则在修复过程中始终以一个取样点为起始点。

➢ 样本：用来从指定的图层中进行数据取样；如果要从当前图层及其下方的可见图层

中取样，可以选择“当前和下方图层”选项；如果仅从当前图层中取样，可以选择“当前图层”选项；如果要从所有可见图层中取样，可选择“所有图层”选项。

运用修复画笔工具修复图像

下面介绍运用修复画笔工具修复图像的操作方法。

Step 01　打开素材图像（素材\第 3 章\女孩.jpg），如图 3-18 所示。

Step 02　选取工具箱中的修复画笔工具，如图 3-19 所示。

图 3-18　素材图像

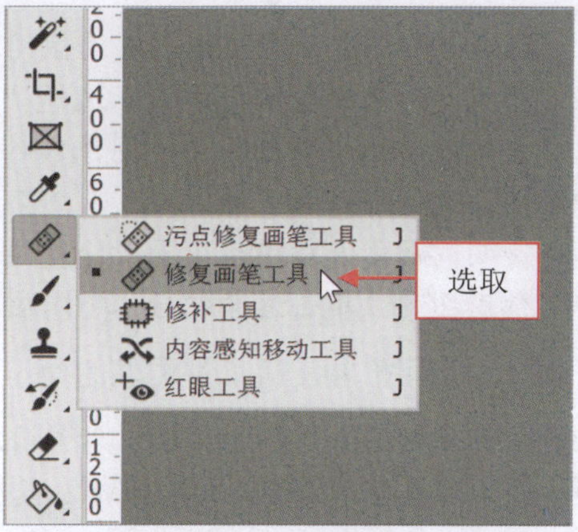

图 3-19　选取修复画笔工具

Step 03　将鼠标指针移至图像窗口中人脸处，首先按住【Alt】键的同时单击鼠标左键进行取样，然后释放鼠标左键，接着将鼠标指针移至人脸瑕疵处，按住鼠标左键并拖曳至合适位置后释放鼠标，即可修复图像，效果如图 3-20 所示。

图 3-20　修复图像后的效果图

▶ 专家指点

污点修复画笔工具比修复画笔工具的操作更加简单，实用性更强。在使用污点修复画笔工具时，不需要定义原点，只需要确定修复的图像位置，调整好画笔大小，移动鼠标就可以在确定需要修复的位置自动匹配。

3.2.3 运用修补工具修补图像

修补工具可以用其他区域或图案中的像素来修复选区内的图像。修补工具属性栏如图 3-21 所示，各主要选项含义如下。

图 3-21 修补工具属性栏

➢ 运算按钮：是针对应用创建选区的工具进行的操作，可以对选区进行添加等操作。

➢ 修补：用来设置修补方式。选择“源”类型，当将选区拖曳至要修补的区域以后，释放鼠标左键就会用当前选区中的图像修补原来选中的内容；若选择“目标”类型，则会将选区中的图像复制到目标区域。

➢ 透明：该复选框用于设置所修复图像的透明度。

➢ 使用图案：单击该按钮后，可以应用图案对所选区域进行修复。

运用修补工具修补图像

下面介绍运用修补工具修补图像的操作方法。

Step 01 打开素材图像（素材\第 3 章\背景墙.jpg），如图 3-22 所示。

Step 02 选取工具箱中的修补工具，如图 3-23 所示。

图 3-22 素材图像

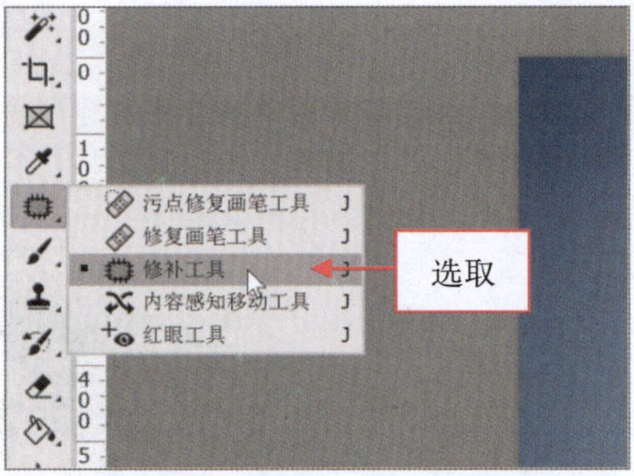

图 3-23 选取修补工具

Step 03 移动鼠标至图像编辑窗口，在需要修补的位置按住鼠标左键并拖曳，创建一个选区，如图 3-24 所示。

Step 04 在选区内，按住鼠标左键并拖曳选区至图像颜色相近的位置，如图 3-25 所示，以与相近区域的像素进行匹配。

Step 05 释放鼠标左键，即可完成修补操作，单击“选择”|“取消选择”命令，取消选区，效果如图 3-26 所示。

> ▶ 专家指点
>
> 使用修补工具可以用其他区域或图案中的像素来修复选内的图像，与修复画笔工具相同，修补工具会将样本像素的纹理、光照和阴影与源像素进行匹配，还可以仿制图像的隔离区域。

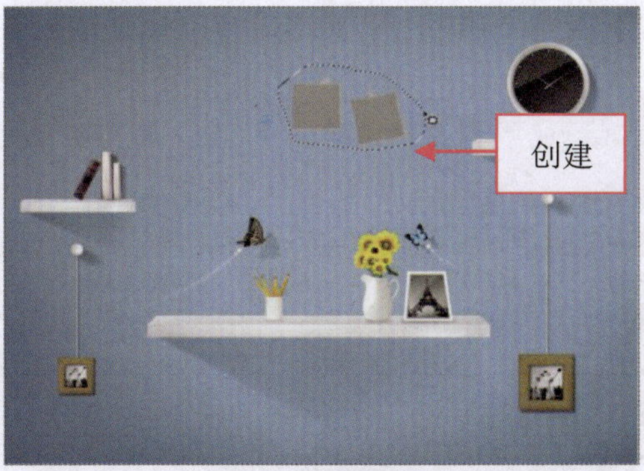

图 3-24　创建选区

图 3-25　按住鼠标左键并拖曳

图 3-26　修补图像效果图

3.2.4　运用内容感知移动工具移动对象

运用内容感知移动工具移动对象

在 Photoshop 2021 中，用户可以使用内容感知移动工具对图像进行编辑和移动操作，或者拷贝图像中的某个素材。下面介绍运用内容感知移动工具移动图像的操作方法。

Step 01　打开素材图像（素材\第 3 章\田野背影.jpg），如图 3-27 所示。

Step 02　选取工具箱中的内容感知移动工具，如图 3-28 所示。

图 3-27　素材图像

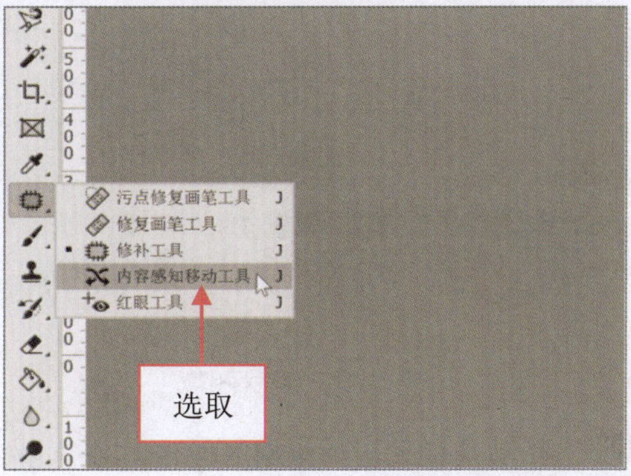

图 3-28　选取内容感知移动工具

Step 03 移动鼠标至图像编辑窗口中，在合适位置处按住鼠标左键并拖曳，建立选区，如图 3-29 所示。

Step 04 在选区上按住鼠标左键并拖曳至合适位置，释放鼠标左键，单击【Ctrl + D】组合键取消选区，效果如图 3-30 所示。

图 3-29　建立选区

图 3-30　拖曳至合适位置

3.2.5　运用红眼工具去除人物红眼

运用红眼工具去除人物红眼

红眼工具是一个专门用于修饰数码照片的工具，在 Photoshop 中常用于去除人物照片中的红眼。下面介绍运用红眼工具去除人物红眼的操作方法。

Step 01 打开素材图像（素材\第 3 章\漂亮女人.jpg），如图 3-31 所示。

Step 02 选取工具箱中的红眼工具，如图 3-32 所示。

图 3-31　素材图像

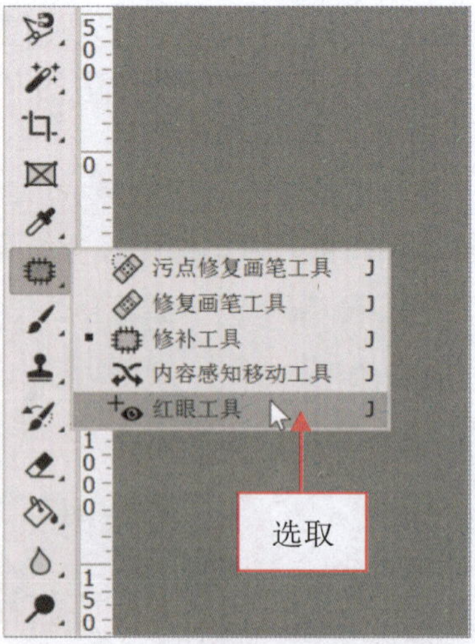

图 3-32　选取红眼工具

Step 03 移动鼠标至图像编辑窗口中，在人物的眼睛上单击鼠标左键，即可去除红眼，如图 3-33 所示。

Step 04　用上述同样的方法，在眼睛部位单击鼠标左键，修正另一只眼睛，效果如图 3-34 所示。

图 3-33　去除红眼

图 3-34　去除另一只红眼

> ▶ 专家指点
>
> 红眼工具是专门为去除照片中的红眼而设置的，但需要注意的是，这并不代表该工具仅能对照片中的红眼进行处理，对于其他较为细小的东西，用户同样可以使用该工具来修改色彩。

3.3　运用清除图像工具

清除图像工具有三种，分别是橡皮擦工具、背景橡皮擦工具、魔术橡皮擦工具。橡皮擦工具和魔术橡皮擦工具可以将图像区域擦除为透明或用背景色填充；背景橡皮擦工具可以将图层擦除为透明的图层。本节主要介绍使用清除图像工具清除画面中多余对象的方法。

3.3.1　运用橡皮擦工具擦除图像

橡皮擦工具可以擦除图像。如果处理的是“背景”图层或锁定了透明区域的图层，涂抹区域会显示为背景色；处理其他图层时，可以擦除涂抹区域的像素。

选取橡皮擦工具后，其工具属性栏如图 3-35 所示，各主要选项含义如下。

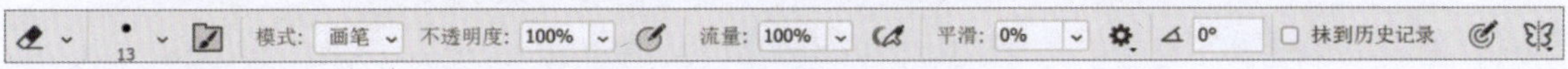

图 3-35　橡皮擦工具属性栏

➢　模式：可以选择橡皮擦的种类。选择“画笔”选项，可以创建柔边擦除效果；选择“铅笔”选项，可以创建硬边擦除效果；选择“块”选项，擦除的效果为块状。

➢　不透明度：设置工具的擦除强度，100%的不透明度可以完全擦除像素，较低的不透明度将部分擦除像素。

➢ 流量：用来控制工具的涂抹速度。

➢ 启用喷枪样式的建立效果：选取工具属性栏中的喷枪工具，将以喷枪工具的作图模式进行擦除。

➢ 抹到历史记录：选中该复选框后，橡皮擦工具就具有了历史记录画笔的功能。

运用橡皮擦工具擦除图像

下面介绍运用橡皮擦工具擦除图像的操作方法。

Step 01 打开素材图像（素材\第 3 章\产品广告.jpg），如图 3-36 所示。

Step 02 选取工具箱中的橡皮擦工具，单击背景色色块，弹出“拾色器（背景色）”对话框，设置颜色为白色，如图 3-37 所示。

图 3-36　素材图像

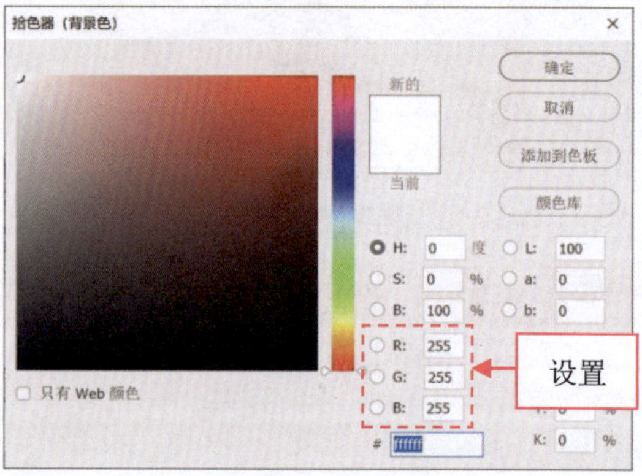

图 3-37　设置背景色

Step 03 单击“确定”按钮，即可设置背景色，将鼠标移动至图像编辑窗口中需要擦除的文字区域，按住鼠标左键并拖曳，即可擦除文字，被擦除的区域以白色填充，效果如图 3-38 所示。

图 3-38　擦除图像效果

3.3.2　运用背景橡皮擦工具擦除图像

背景橡皮擦工具主要用于擦除图像的背景区域，被擦除的图像以透明效果显示，其擦除功能非常灵活。

选取背景橡皮擦工具后，其工具属性栏如图 3-39 所示，各主要选项含义如下。

图 3-39　背景橡皮擦工具属性栏

运用背景橡皮擦工具擦除图像

➢ 取样：用来设置取样方式。

➢ 限制：定义擦除时的限制模式。选择“不连续”选项，可以擦除出现在光标下任何位置的样本颜色；选择“连续”选项，只擦除包含样本颜色并且互相连接的区域；选择“查找边缘”选项，可擦除包含样本颜色的连续区域，同时更好地保留性状边缘的锐化程度。

➢ 容差：用来设置颜色的容差范围。低容差仅限于擦除与样本颜色非常相似的区域，高容差可擦除范围更广的区域。

➢ 保护前景色：选中该复选框后，可以防止擦除与前景色匹配的区域。

下面介绍运用背景橡皮擦工具擦除图像的操作方法。

Step 01　打开素材图像（素材\第 3 章\卡通图标.jpg），如图 3-40 所示。

Step 02　选取工具箱中的背景橡皮擦工具，如图 3-41 所示。

图 3-40　素材图像

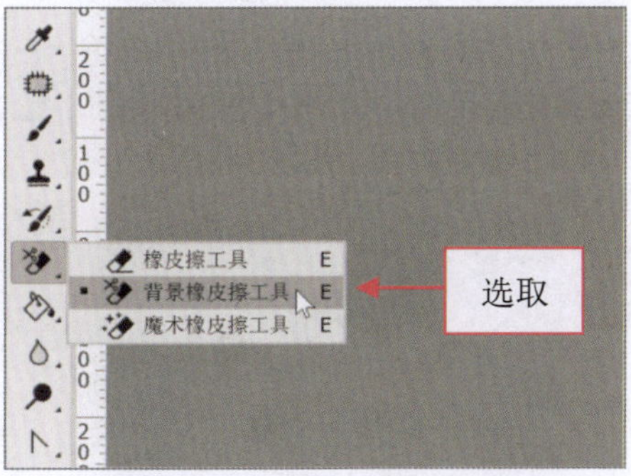

图 3-41　选取背景橡皮擦工具

Step 03　在图像编辑窗口中，按住鼠标左键并拖曳，即可涂抹图像，如图 3-42 所示。

Step 04　用与上述同样的方法，涂抹图像，即可擦除背景，效果如图 3-43 所示。

图 3-42　涂抹图像

图 3-43　擦除背景的效果图

3.3.3 运用魔术橡皮擦工具擦除图像

魔术橡皮擦工具可以自动擦除当前图层中与选区颜色相近的像素。选取魔术橡皮擦工具后，其工具属性栏如图 3-44 所示，各主要选项含义如下。

图 3-44　魔术橡皮擦工具属性栏

- 容差：该文本框中的数值越大，代表可擦除的范围越广。
- 消除锯齿：选中该复选框，可以使擦除后图像的边缘保持平滑。
- 连续：选中该复选框，可以一次性擦除“容差”数值范围内的相同或相邻的颜色。
- 对所有图层取样：该复选框与 Photoshop 中的图层有关。当选中此复选框后，所使用的工具对所有的图层都起作用，而不是只针对当前操作的图层有效。
- 不透明度：该数值用于指定擦除的强度，数值为 100%时将完全抹除像素。

运用魔术橡皮擦工具擦除图像

下面介绍运用魔术橡皮擦工具擦除图像的操作方法。

Step 01　打开素材图像（素材\第 3 章\小猫.jpg），如图 3-45 所示。

Step 02　选取工具箱中的魔术橡皮擦工具，在图像编辑窗口中单击鼠标左键，即可擦除图像，如图 3-46 所示。

图 3-45　素材图像

图 3-46　擦除图像的效果

3.4 运用调色工具

调色工具包括减淡工具、加深工具和海绵工具三种。其中，减淡工具和加深工具是用于调节图像特定区域的传统工具，海绵工具可以精确地更改图像的色彩饱和度。本节主要介绍运用调色工具调整图像的方法。

3.4.1　运用减淡工具加亮图像

素材图像颜色过深时，可以使用减淡工具来加亮图像，其工具属性栏如图 3-47 所示，各主要选项含义如下。

图 3-47　减淡工具属性栏

➢　范围：可以选择要修改的色调。选择“阴影”选项，可以处理图像的暗色调；选择“中间调”选项，可以处理图像的中间调；选择“高光”选项，可以处理图像的亮部色调。

➢　曝光度：可以为减淡工具或加深工具指定曝光。该值越高，效果越明显。

➢　保护色调：如果希望操作后图像的色调不发生变化，选中该复选框即可。

运用减淡工具加亮图像

下面介绍运用减淡工具加亮图像的操作方法。

Step 01　打开素材图像（素材\第 3 章\茶道.jpg），如图 3-48 所示。

Step 02　选取工具箱中的减淡工具，如图 3-49 所示。

图 3-48　素材图像

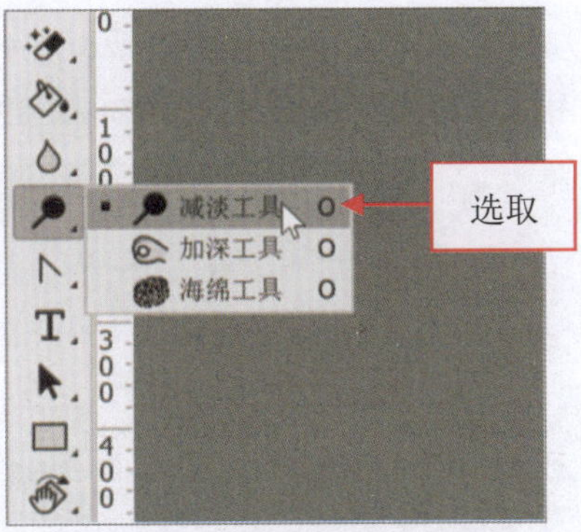

图 3-49　选取减淡工具

Step 03　在减淡工具属性栏中，设置“曝光度”为 80%，如图 3-50 所示。

Step 04　在图像编辑窗口中涂抹，即可减淡图像，效果如图 3-51 所示。

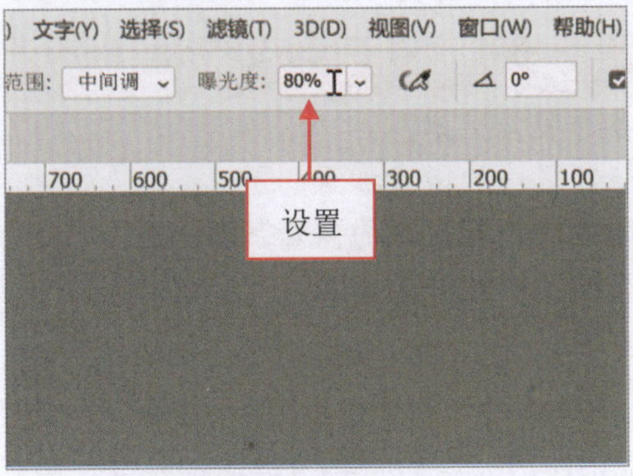

图 3-50　设置“曝光度”为 80%

图 3-51　减淡图像效果图

3.4.2　运用加深工具调暗图像

运用加深工具调暗图像

加深工具与减淡工具的功能恰恰相反。加深工具可使图像中被操作的区域变暗，其工具属性栏及操作方法与减淡工具相同。下面介绍运用加深工具调暗图像的操作方法。

Step 01　打开素材图像（素材\第 3 章\汽车.jpg），如图 3-52 所示。

Step 02　选取工具箱中的加深工具，如图 3-53 所示。

图 3-52　素材图像

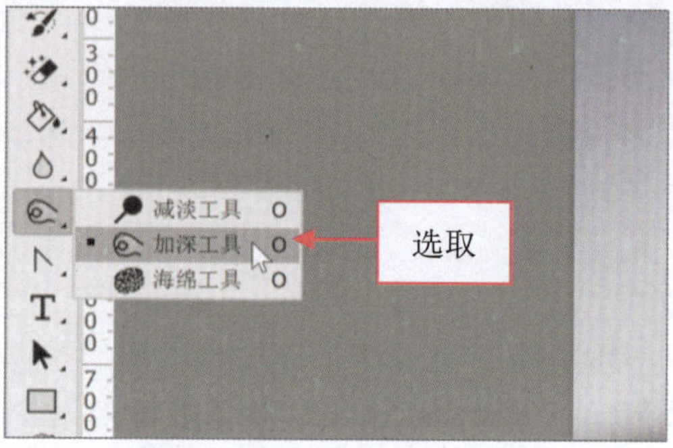

图 3-53　选取加深工具

Step 03　在加深工具属性栏中，设置“曝光度”为 100%，如图 3-54 所示。

Step 04　在图像编辑窗口中涂抹，即可调暗图像，效果如图 3-55 所示。

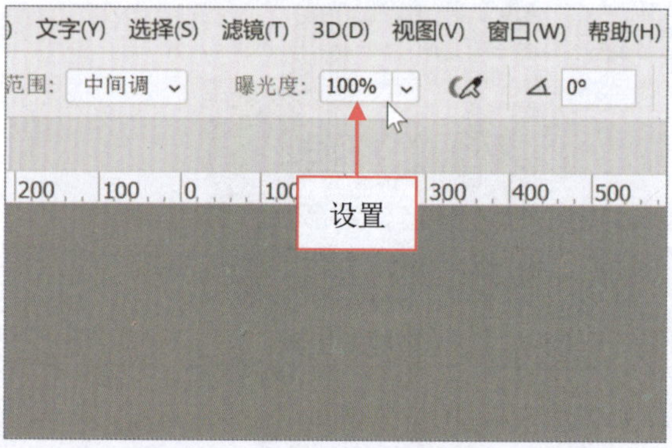

图 3-54　设置“曝光度”为 100%

图 3-55　调暗图像效果图

> **▶ 专家指点**
>
> 在工具属性栏的“范围”列表框中，各选项含义如下。
>
> ➢ 阴影：选择该选项，表示对图像暗部区域的像素加深。
>
> ➢ 中间调：选择该选项，表示对图像中间色调区域的像素加深。
>
> ➢ 高光：选择该选项，表示对图像亮度区域的像素加深。

3.4.3　运用海绵工具调整图像

海绵工具是一种色彩饱和度调整工具。使用海绵工具可以精确地更改选区图像的色彩饱和度，其“模式”有两种：“去色”与“加色”。选取海绵工具后，其工具属性栏如图 3-56 所示，各主要选项含义如下。

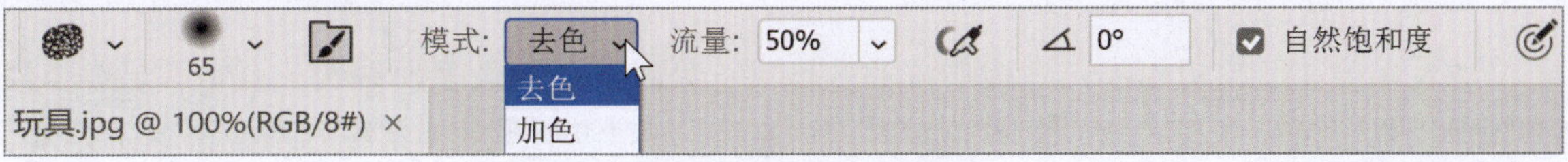

图 3-56　海绵工具属性栏

- 模式：用于设置去色或者加色。
- 流量：用于设置海绵工具的作用强度。
- 自然饱和度：选中该复选框后可以得到最自然的加色或去色效果。

下面介绍运用海绵工具调整图像的操作方法。

运用海绵工具调整图像

Step 01　打开素材图像（素材\第 3 章\玩具.jpg），如图 3-57 所示。

Step 02　选取工具箱中的海绵工具，如图 3-58 所示。

图 3-57　素材图像

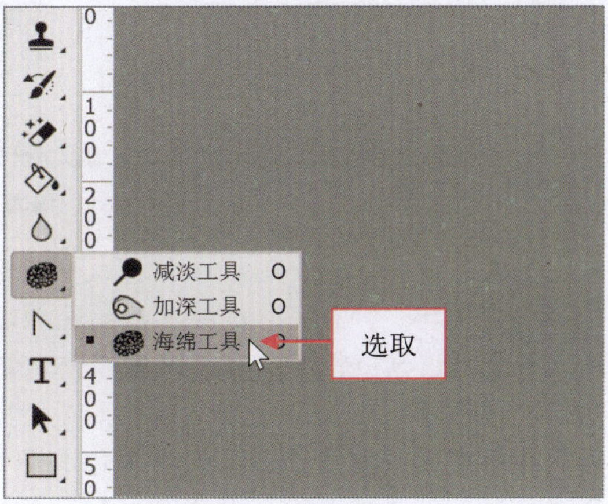

图 3-58　选取海绵工具

Step 03　在海绵工具属性栏中，设置“模式”为“加色”、“流量”为 70%，如图 3-59 所示。

Step 04　在图像编辑窗口中涂抹，即可调整图像，效果如图 3-60 所示。

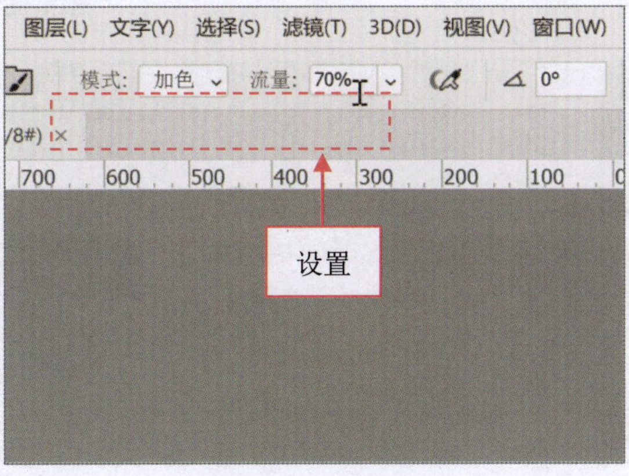

图 3-59　设置参数值

图 3-60　调整图像效果图

3.5 运用修饰图像工具

修饰图像工具可以对有污点或瑕疵的图像进行处理，使图像更加自然、真实、美观。修饰图像工具包括模糊工具、锐化工具、涂抹工具、仿制图章工具和图案图章工具。本节主要介绍使用各种修饰图像工具修饰图像的操作方法。

3.5.1 运用模糊工具模糊图像

使用模糊工具对图像进行适当的修饰，可以使图像主体更加突出、清晰，从而使画面富有层次感。选取模糊工具后，其工具属性栏如图 3-61 所示，各主要选项含义如下。

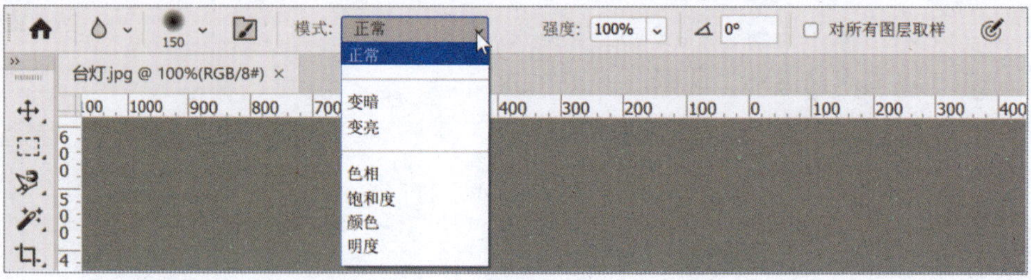

图 3-61 模糊工具属性栏

➢ 模式：该列表框中包含七种模式可供选择，如“正常”“变暗”“变亮”“色相”“饱和度”“颜色”以及“明度”。选择相应的选项，可以调整模糊效果的混合模式。

➢ 强度：该数值框可以用来设置模糊工具操作时的强度，数值越大，模糊效果越明显；数值越低，模糊效果越淡。

➢ 对所有图层取样：如果文档中包含多个图层，选中该复选框，可以对使用中所有可见图层中的数据进行处理；取消选中该复选框，则只处理当前图层中的数据。

运用模糊工具模糊图像

下面介绍运用模糊工具模糊图像的操作方法。

Step 01 打开素材图像（素材\第 3 章\台灯.jpg），如图 3-62 所示。

Step 02 选取工具箱中的模糊工具，如图 3-63 所示。

图 3-62 素材图像

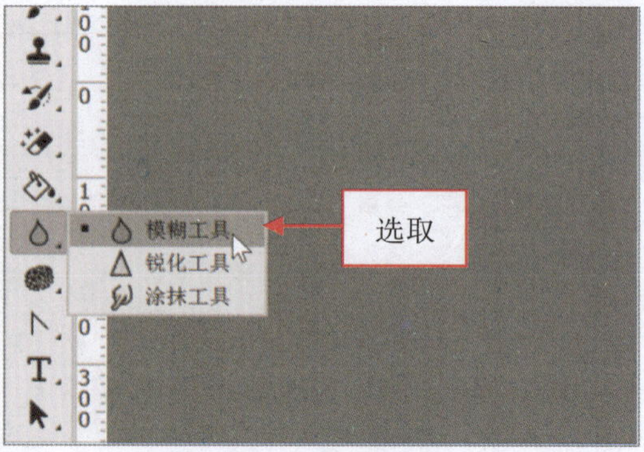

图 3-63 选取模糊工具

Step 03 在工具属性栏中设置画笔“大小”为 150 像素、“强度”为 100%，如图 3-64 所示。

Step 04 将鼠标指针移至素材图像上，单击鼠标左键进行涂抹，即可模糊图像，使主体对象更加突出，效果如图 3-65 所示。

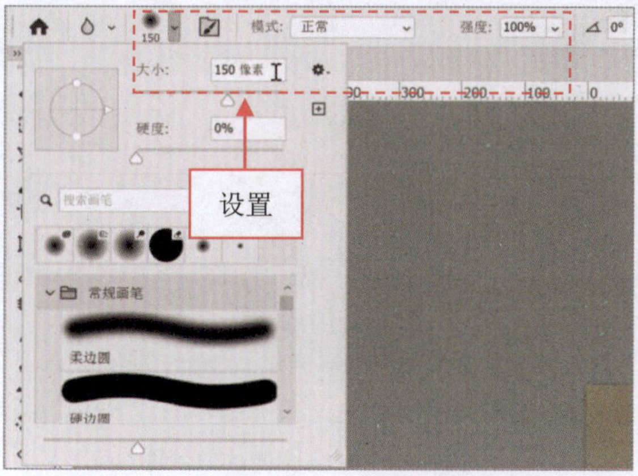

图 3-64　设置参数值

图 3-65　模糊图像效果

3.5.2　运用锐化工具清晰图像

锐化工具△与模糊工具的功能刚好相反。锐化工具用于锐化图像的部分像素，使被编辑的图像更加清晰。下面介绍运用锐化工具清晰图像的操作方法。

运用锐化工具清晰图像

Step 01 打开素材图像（素材\第 3 章\摆件.jpg），如图 3-66 所示。

Step 02 选取工具箱中的锐化工具△，如图 3-67 所示。

图 3-66　素材图像

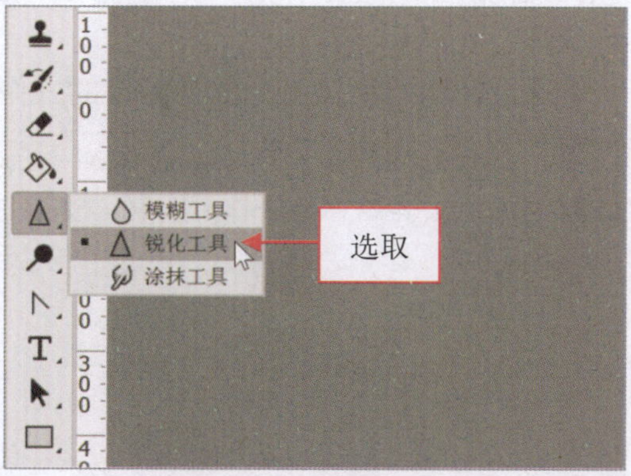

图 3-67　选取锐化工具

> ▶ 专家指点
>
> 锐化工具可增加相邻像素的对比度，将较软的边缘明显化，使图像聚焦。此工具不适合过渡使用，因为它将导致图像严重失真。

Step 03 在工具属性栏中设置画笔“大小”为 130 像素、“强度”为 100%，如图 3-68 所示。

Step 04 将鼠标指针移至素材图像上，单击鼠标左键在图像上进行涂抹，即可锐化图像，效果如图 3-69 所示。

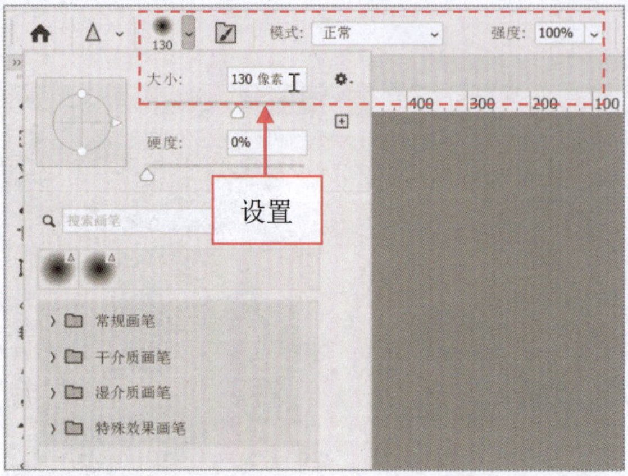

图 3-68 设置参数值

图 3-69 锐化图像的效果图

3.5.3 运用涂抹工具混合图像

涂抹工具可以用来混合图像颜色。使用涂抹工具，可以从单击处开始，将它与鼠标指针经过处的颜色混合。选取涂抹工具后，其工具属性栏如图 3-70 所示。

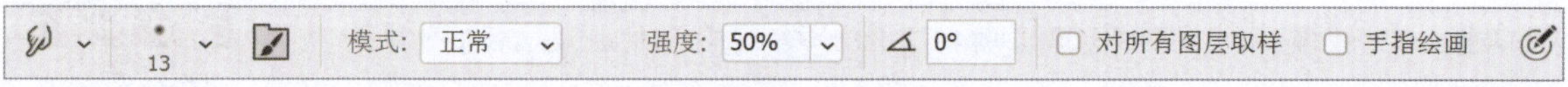

图 3-70 涂抹工具属性栏

在工具属性栏中，选中“手指绘画”复选框后，可以在涂抹时添加前景色；取消选中该复选框后，则使用每个描边起点处光标所在位置的颜色进行涂抹。

下面介绍运用涂抹工具混合图像的操作方法。

运用涂抹工具
混合图像

Step 01 打开素材图像（素材\第 3 章\口红.jpg），如图 3-71 所示。

Step 02 选取工具箱中的涂抹工具，如图 3-72 所示。

图 3-71 素材图像

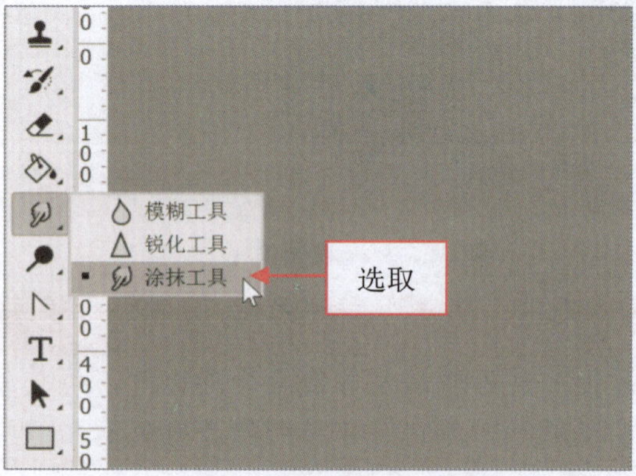

图 3-72 选取涂抹工具

Step03　在涂抹工具属性栏中，设置画笔“大小”为 130 像素、“强度”为 50%，如图 3-73 所示。

Step04　将鼠标指针移至素材图像上，单击鼠标左键在图像上进行涂抹，即可混合图像颜色，效果如图 3-74 所示。

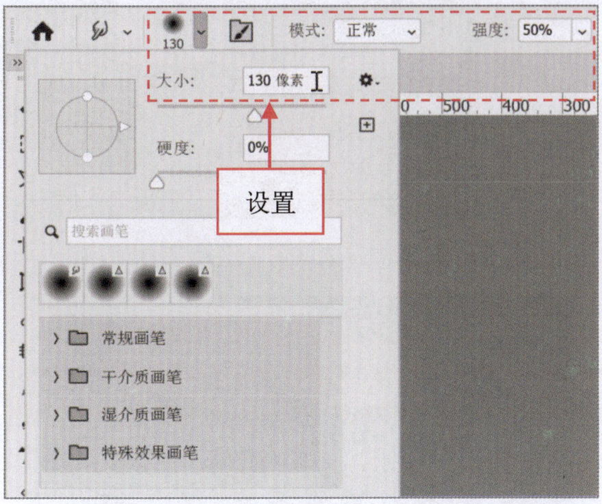

图 3-73　设置参数值

图 3-74　混合图像效果图

3.5.4　运用仿制图章工具复制图像

仿制图章工具可以将图像中的指定区域按原样复制到同一幅图像或其他图像中。选取仿制图章工具后，其工具属性栏如图 3-75 所示，各主要选项含义如下。

图 3-75　仿制图章工具属性栏

➢ 不透明度：用于设置应用仿制图章工具时的不透明度。

➢ 流量：用于设置扩散速度。

➢ 对齐：选中该复选框后，可以在使用仿制图章工具时应用对齐功能，对图像进行规则复制。

➢ 样本：在此下拉列表中，可以选择定义源图像时所取的图层范围，包括“当前图层”“当前和下方图层”及“所有图层”三个选项。

下面介绍运用仿制图章工具复制图像的操作方法。

运用仿制图章工具复制图像

Step01　打开素材图像（素材\第 3 章\风景.jpg），如图 3-76 所示。

Step02　选取工具箱中的仿制图章工具，如图 3-77 所示。

Step03　将鼠标指针移至图像窗口中的适当位置，按住【Alt】键的同时单击鼠标左键进行取样，如图 3-78 所示。

Step04　释放【Alt】键，将鼠标指针移至图像窗口左侧，按住鼠标左键并拖曳，即可对样本对象进行复制，效果如图 3-79 所示。

图 3-76　素材图像

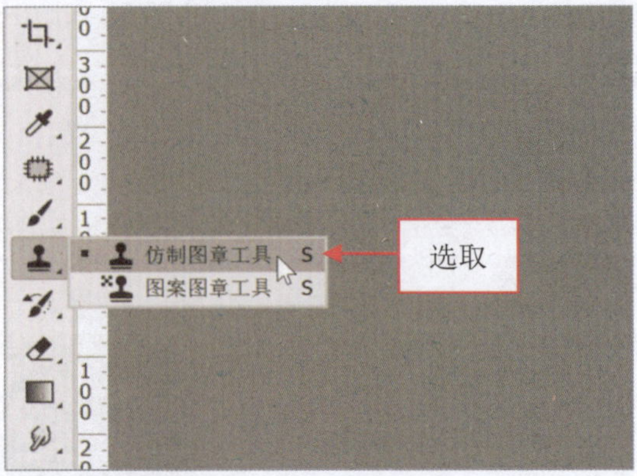

图 3-77　选取仿制图章工具

图 3-78　进行取样

图 3-79　复制图像效果图

3.5.5　运用图案图章工具修饰图像

图案图章工具可以用定义好的图案来复制图像，能在目标图像上连续绘制出选定区域的图像。图案图章工具与仿制图章工具不同的是，图案图章工具只对当前图层起作用。选取图案图章工具后，其工具属性栏如图 3-80 所示，各主要选项含义如下。

图 3-80　图案图章工具属性栏

➢　对齐：选中该复选框后，可以保持图案与原始起点的连续性，即使多次单击鼠标也不例外；取消选中该复选框后，则每次单击鼠标都重新应用图案。

➢　印象派效果：选中该复选框，则对绘画选取的图像产生模糊、朦胧化的印象派效果。

运用图案图章工具修饰图像

下面介绍运用图案图章工具修饰图像的操作方法。

Step 01　打开两幅素材图像（素材\第 3 章\月亮.jpg、装饰.psd），如图 3-81 所示。

Step 02　确认“装饰.psd”图像为当前窗口，单击“编辑”|“定义图案”命令，在弹出的“图案名称”对话框中，设置“名称”为“装饰.psd”，如图 3-82 所示。

（a）　　　　　　　　（b）

图 3-81　两幅素材图像

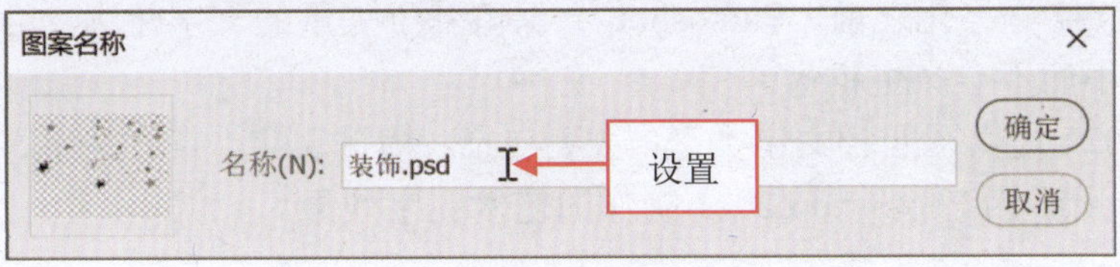

图 3-82　设置“名称”为“装饰.psd”

Step 03　单击“确定”按钮，切换“月亮.jpg”图像为当前窗口，选取图案图章工具，在工具属性栏中设置“模式”为“滤色”、“图案”为“装饰”，如图 3-83 所示。

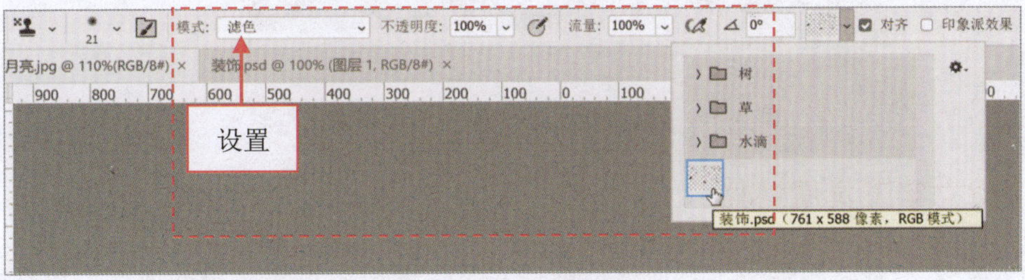

图 3-83　设置各选项

Step 04　执行上述操作后，在图像编辑窗口中按住鼠标左键并拖曳，即可复制图像，效果如图 3-84 所示。

图 3-84　复制图像的效果

3.6 运用文字设计工具

Photoshop 2021 提供了多种输入文字的工具，包括横排文字工具T、直排文字工具↓T、横排文字蒙版工具T等。利用不同的文字工具可以创建不同的文字效果。本节主要介绍运用文字工具设计文字效果的操作方法。

3.6.1 了解文字的类型

对文字进行艺术化处理是 Photoshop 的强项。Photoshop 中的文字是以数学方式定义的形状组成的，在将文字栅格化之前，Photoshop 会保留基于矢量的文字轮廓，可以任意缩放文字或者调整文字大小而不会产生锯齿。

Photoshop 2021 提供了四种文字类型，主要包括：横排文字、直排文字、段落文字和选区文字。如图 3-85 所示为 Photoshop 2021 制作的艺术文字效果。

图 3-85　Photoshop 2021 制作的艺术文字效果

3.6.2 了解文字工具属性栏

在输入文字之前，需要在工具属性栏或“字符”面板中设置字符的属性，包括字体、大小以及文字颜色等。选取工具箱中的文字工具后，其工具属性栏如图 3-86 所示。

图 3-86　文字工具属性栏

在文字工具属性栏中，各主要选项含义如下。

- 切换文本取向↓T：如果当前文字为横排文字，单击该按钮即可将其转换为直排文字；如果文字为直排文字，即可将其转换为横排文字，如图 3-87 所示。
- 设置字体：在该选项列表框中，用户可以根据需要选择不同字体。
- 字体样式：为字符设置样式，包括字距调整、Regular（规则的）、Ltalic（斜体）、Bold（粗体）和 Bold Ltalic（粗斜体），该选项只对部分英文字体有效。如图 3-88 所示为设置文本字体样式后的效果。
- 字体大小T：可以选择字体的大小，或者直接输入数值调整字体的大小。
- 消除锯齿的方法aa：可以为文字消除锯齿选择一种方法。Photoshop 2021 会通过部分填充边缘像素来产生边缘平滑的文字，使文字的边缘混合到背景中而看不出锯齿。

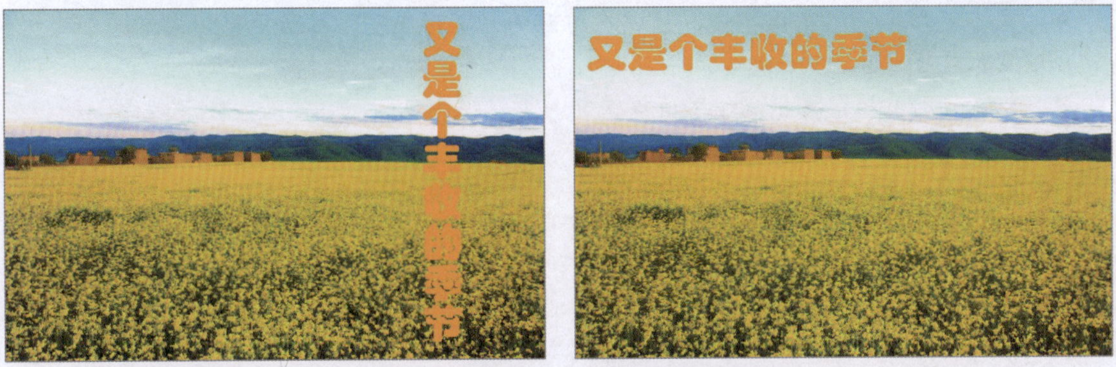

图 3-87　直排与横排的文字效果图

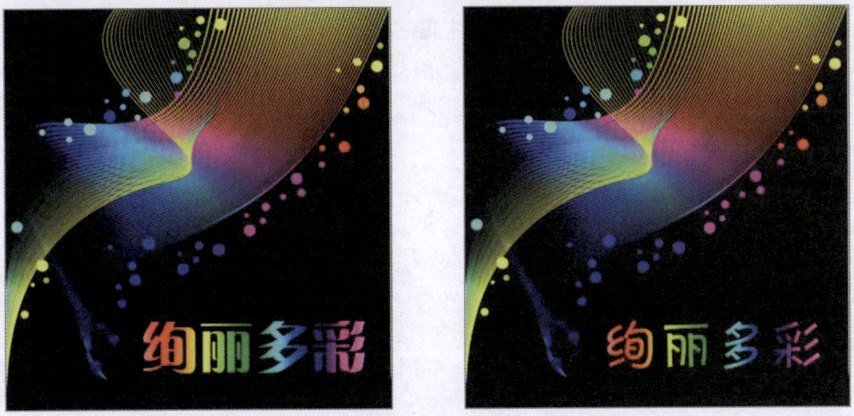

图 3-88　设置文本字体样式后的效果图

➢　文本对齐：根据输入文字时光标的位置来设置文本的对齐方式，包括左对齐文本、居中对齐文本和右对齐文本。

➢　文本颜色：单击颜色色块，可以在弹出的“拾色器”对话框中设置文字的颜色。如图 3-89 所示为设置文字颜色后的效果。

图 3-89　设置文字的颜色后的效果图

> ➢ 文本变形：单击该按钮，可以在打开的“变形文字”对话框中为文本添加变形样式，创建变形文字。
>
> ➢ 切换字符和段落面板：单击该按钮，可以显示或隐藏“字符”或“段落”面板。

3.6.3 运用横排文字工具输入文字

运用横排文字工具输入文字

输入横排文字的方法很简单，使用工具箱中的横排文字工具T，即可在图像编辑窗口中输入横排文字。下面介绍运用横排文字工具输入文字的操作方法。

Step 01 打开素材图像（素材\第 3 章\陶瓷.jpg），如图 3-90 所示。

Step 02 选取工具箱中的横排文字工具T，如图 3-91 所示。

图 3-90 素材图像

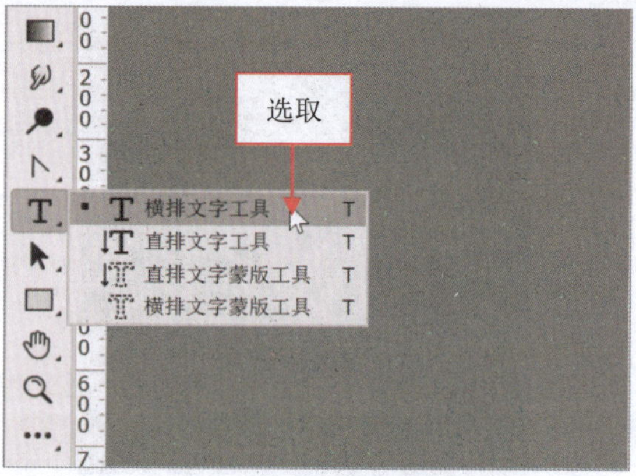

图 3-91 选取横排文字工具

Step 03 将鼠标指针移至适当位置，并确定文字的插入点，在“字符”面板中设置“字体”为“黑体”、“字体大小”为 25 点、“字距”为 80、“颜色”为黑色，如图 3-92 所示。

Step 04 选择一种合适的输入法，在图像上输入相应文字，按【Ctrl + Enter】组合键确认，即可完成横排文字的输入操作，效果如图 3-93 所示。

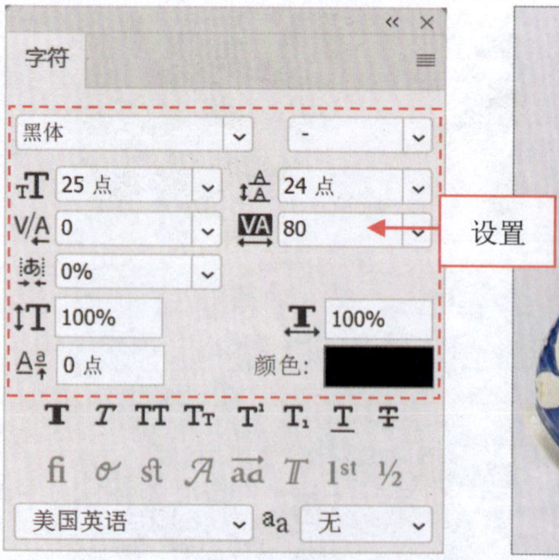

图 3-92 设置字体样式

图 3-93 输入横排文字效果图

3.6.4　运用直排文字工具输入文字

运用直排文字工具输入文字

选取工具箱中的直排文字工具或直排文字蒙版工具，将鼠标指针移动到图像编辑窗口中，单击鼠标左键确定插入点，图像中出现闪烁的光标之后，即可输入文字。下面介绍运用直排文字工具输入文字的操作方法。

Step 01　打开素材图像（素材\第 3 章\艺术台灯.jpg），如图 3-94 所示。

Step 02　选取工具箱中的直排文字工具，如图 3-95 所示。

图 3-94　素材图像

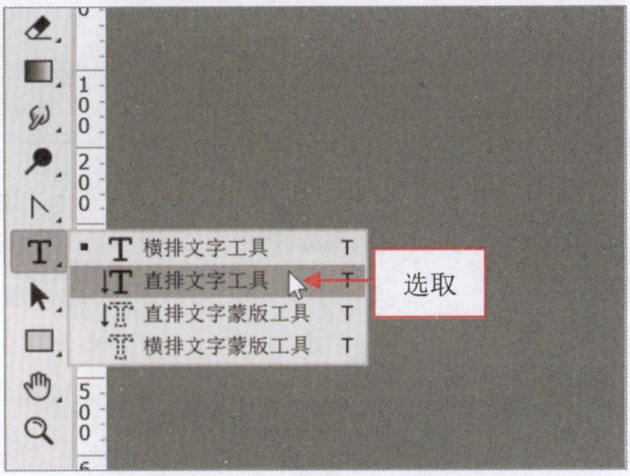

图 3-95　选取直排文字工具

Step 03　将鼠标指针移至适当位置，并确定文字的插入点，在“字符”面板中设置“字体”为“黑体”“字体大小”为 35 点、“字距”为 80、“颜色”为黑色，如图 3-96 所示。

Step 04　选择一种合适的输入法，在图像上输入相应文字，按【Ctrl + Enter】组合键确认，即可完成直排文字的输入操作，效果如图 3-97 所示。

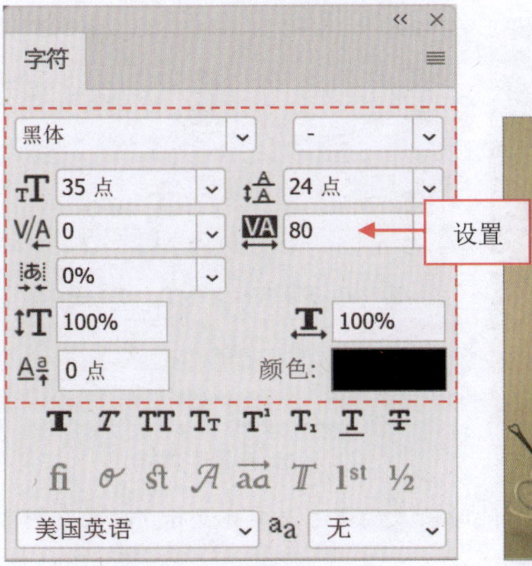

图 3-96　设置字体样式

图 3-97　输入直排文字效果图

3.6.5　运用横排文字蒙版工具输入文字

运用横排文字蒙版工具输入文字

在一些广告上经常会看到特殊排列的文字，既新颖又很好地体现了视觉效果。下面介绍运用横排文字蒙版工具输入文字的操作方法。

Step 01 打开素材图像（素材\第 3 章\女鞋广告），如图 3-98 所示。

Step 02 选取工具箱中的横排文字蒙版工具，如图 3-99 所示。

图 3-98　素材图像

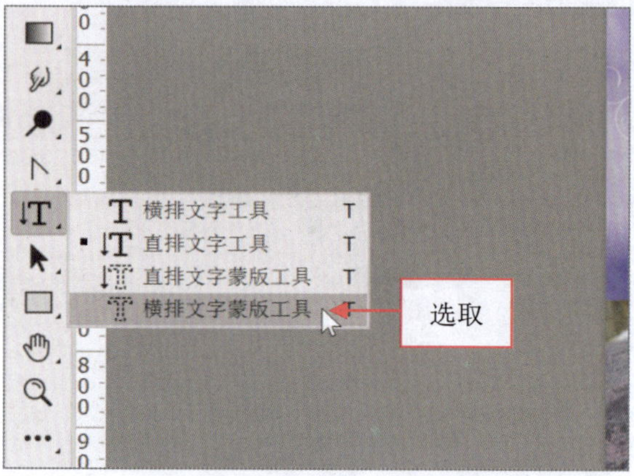

图 3-99　选取横排文字蒙版工具

Step 03 将鼠标指针移至图像编辑窗口中的合适位置，单击鼠标左键确认文本输入点，此时图像背景呈淡红色显示，如图 3-100 所示。

Step 04 在“字符”面板中，设置“字体”为“黑体”“字体大小”为 32 点，如图 3-101 所示。

图 3-100　确认文本输入点

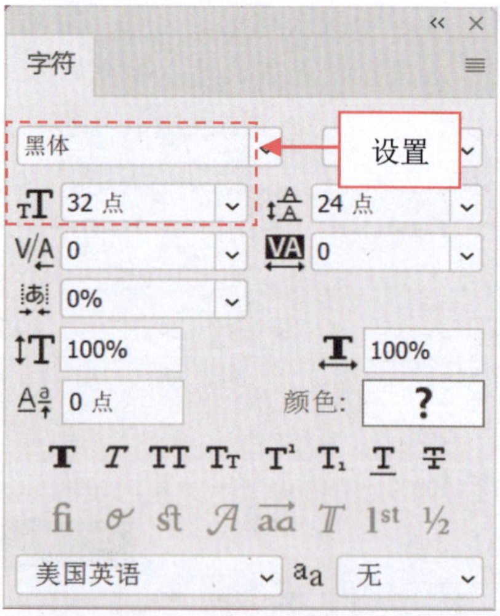

图 3-101　设置字体样式

Step 05 执行上述操作后，输入“精品女鞋”文字，此时输入的文字呈实体显示，效果如图 3-102 所示。

Step 06 按【Ctrl + Enter】组合键确认输入，即可创建文字选区，如图 3-103 所示。

图 3-102　输入相应文字

图 3-103　创建文字选区

Step 07 新建“图层 1”图层，在工具箱中设置前景色为黄色（RGB 参数值分别为 255、216、0），设置背景色为橘红色（RGB 参数值分别为 208、64、0），如图 3-104 所示。

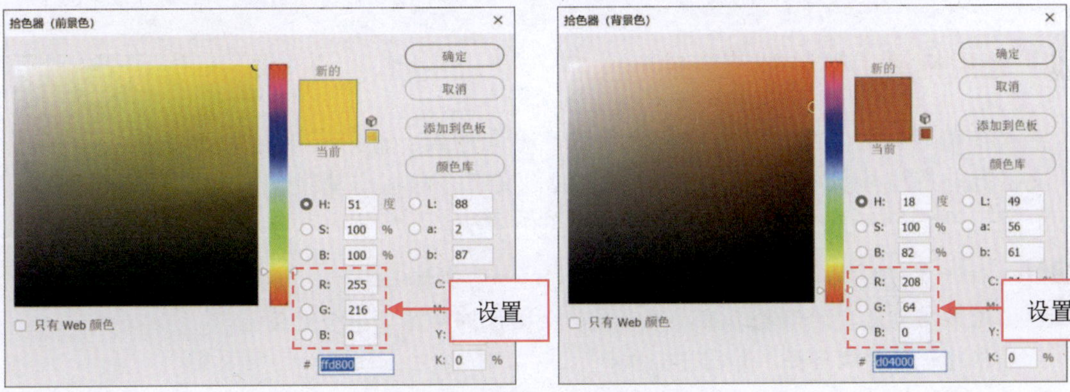

图 3-104　设置前景色与背景色

Step 08 选取工具箱中的渐变工具，在文字选区上按住鼠标左键并从左向右拖曳，至合适位置后释放鼠标左键，即可为文字填充渐变色，如图 3-105 所示。

Step 09 按【Ctrl + D】组合键，取消选区，单击“图层”|“图层样式”|“投影”命令，如图 3-106 所示。

图 3-105　为文字填充渐变色

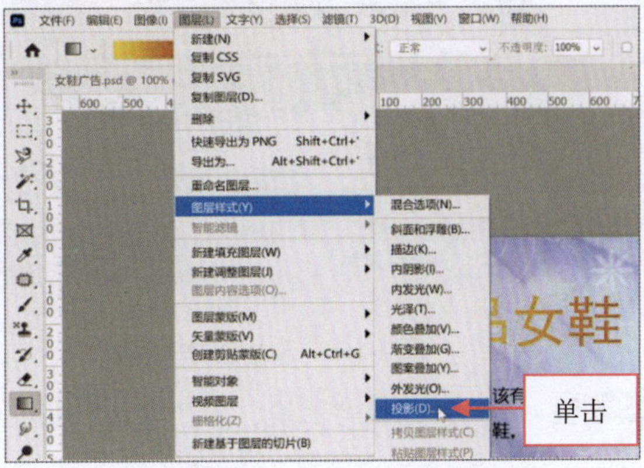

图 3-106　单击“投影”命令

Step 10 弹出“图层样式”对话框，在“投影”选项卡中设置“距离”为 7、“扩展”为 16、“大小”为 5，设置投影属性，如图 3-107 所示。

Step 11 单击“确定”按钮，即可制作文字的特殊效果，如图 3-108 所示。

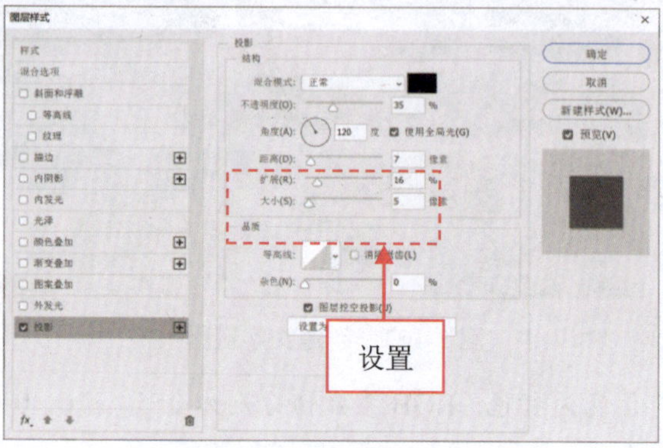

图 3-107　设置投影属性

图 3-108　制作文字的特殊效果图

3.6.6　运用钢笔工具绘制路径输入文字

运用钢笔工具绘制路径输入文字

沿路径输入相应文字时，文字将沿着锚点方向输入，输入横排文字时，文字方向将与基线垂直；输入直排文字时，文字方向将与基线平行。下面介绍运用钢笔工具绘制路径输入文字的操作方法。

Step 01 打开素材图像（素材\第 3 章\色彩.jpg），如图 3-109 所示。

Step 02 选取工具箱中的钢笔工具，移动鼠标至图像编辑窗口中合适位置，创建一条曲线路径，如图 3-110 所示。

图 3-109　素材图像

图 3-110　创建路径

Step 03 选取横排文字工具，在“字符”面板中设置字体样式与颜色属性（RGB 参数值分别为 219、69、20），如图 3-111 所示。

Step 04 移动鼠标指针至图像编辑窗口中的曲线路径上，单击鼠标左键确定插入点并输入相应文字，按【Ctrl + Enter】组合键确认，效果如图 3-112 所示。

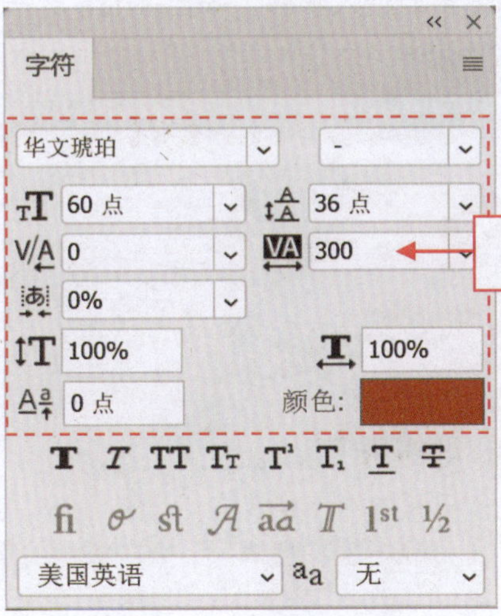

图 3-111　设置字体样式

图 3-112　输入相应文字后效果图

3.6.7　运用文字变形命令创建文字

平时看到的文字广告，很多都采用了变形文字的效果，因此显得更美观，很容易就会引起人们的注意。在 Photoshop 2021 中，通过“文字变形”对话框可以对选定的文字进行多种变形操作，使文字更加富有灵动感。下面介绍运用文字变形命令创建文字的操作方法。

运用文字变形命令创建文字

Step 01 打开素材图像（素材\第 3 章\美甲广告.jpg），如图 3-113 所示。

Step 02 选取横排文字工具，在“字符”面板中设置字体样式与颜色属性（RGB 参数值分别为 219、69、20），如图 3-114 所示。

图 3-113　素材图像

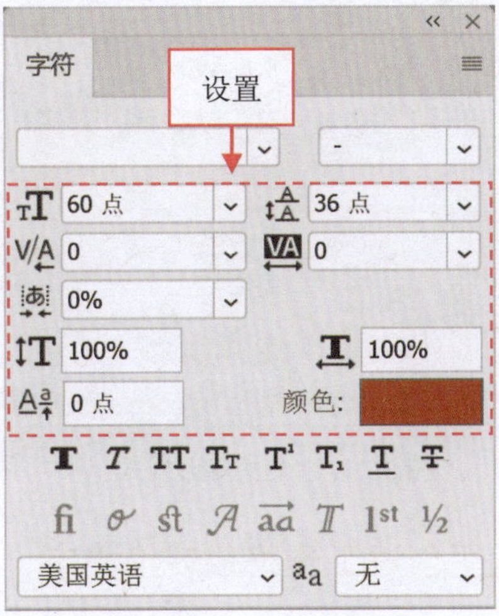

图 3-114　设置字体样式

Step03 移动鼠标指针至图像编辑窗口中合适位置，单击鼠标左键确定插入点，并输入相应文字内容，如图 3-115 所示。

Step04 按【Ctrl + Enter】组合键确认，即可完成横排文字的输入操作，如图 3-116 所示。

图 3-115 输入相应文字

图 3-116 确认输入操作

Step05 在菜单栏中，单击“文字”|“文字变形”命令，即可弹出“变形文字”对话框，设置“样式”为“旗帜”，如图 3-117 所示。

Step06 单击“确定”按钮，即可制作文字旗帜效果，如图 3-118 所示。

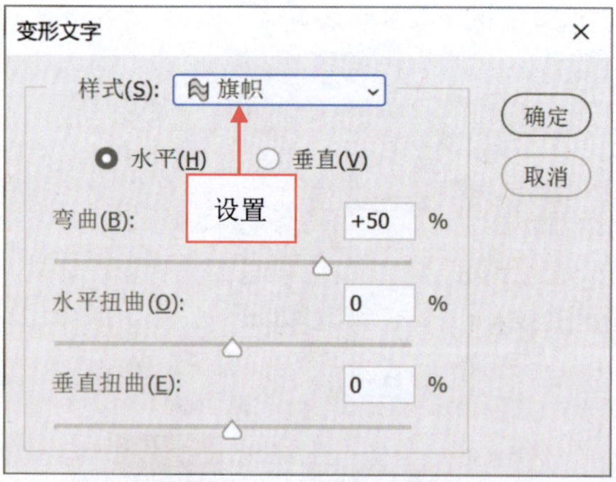

图 3-117 设置变形样式

图 3-118 制作文字旗帜效果图

3.6.8 运用创建工作路径转换文字

在 Photoshop 2021 中，可以直接将文字转换为路径，从而可以直接通过此路径进行描边、填充等操作，制作出特殊的文字效果。下面介绍运用“创建工作路径”转换文字的操作方法。

运用创建工作路径转换文字

Step 01　打开素材图像（素材\第 3 章\鞋子广告），如图 3-119 所示。

Step 02　选取工具箱中的横排文字工具，在“字符”面板中设置字体样式与颜色属性（RGB 参数值分别为 254、0、0），如图 3-120 所示。

图 3-119　素材图像

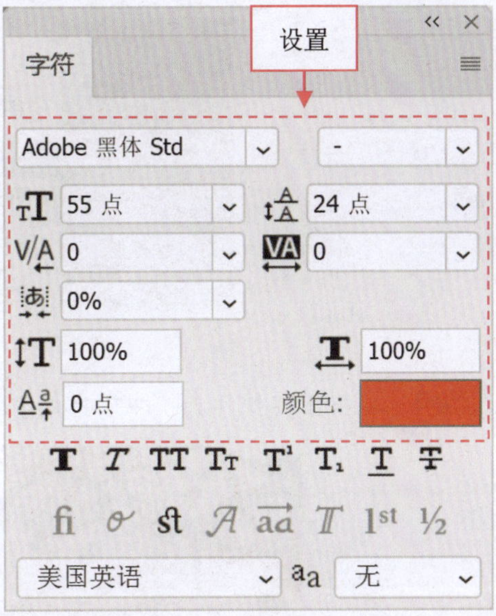

图 3-120　设置字体样式

▶ 专家指点

选取横排文字工具后，在工具属性栏中也可以设置字体样式与颜色属性。

Step 03　移动鼠标指针至图像编辑窗口中合适位置，单击鼠标左键确定插入点，并输入相应文字，如图 3-121 所示。

Step 04　按【Ctrl + Enter】组合键确认，文字效果如图 3-122 所示。

图 3-121　输入相应文字

图 3-122　确认输入操作

Step 05 在菜单栏中，单击“文字”|“创建工作路径”命令，如图 3-123 所示。

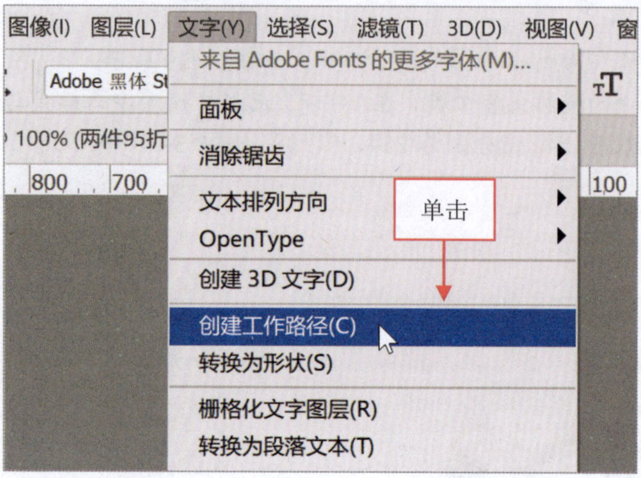

图 3-123 单击“创建工作路径”命令

Step 06 执行上述操作后，即可将文字转换为路径，效果如图 3-124 所示。

图 3-124 将文字转换为路径

本章小结

本章主要介绍了修饰图像画面与添加文本的操作方法，首先介绍了相关的绘图工具，然后介绍了应用修复和修补工具、清除图像工具、调色工具以及修饰图像工具的操作方法，最后介绍了应用文字设计工具的操作方法，学会这些常用工具的操作技巧，可以帮助读者更好的设计图像，并制作出极具吸引力的平面设计作品。

课后习题

课后习题

鉴于本章知识的重要性，为了帮助读者更好地掌握所学知识，本节将通过上机习题帮助读者进行简单的知识回顾和补充。

本习题需要掌握使用“文字变形”命令制作文字变形效果，素材与效果如图 3-125 所示。

图 3-125　素材与效果

第 4 章 运用工具和命令进行抠图

4

魔棒工具、矩形选框工具以及套索工具都是很常用的抠图工具，通常运用魔棒工具可以对一些简单背景的图像进行抠图，而稍微复杂的抠图时，则可以用到“色彩范围”和“选取相似”等命令进行抠图操作。还有更加高级的抠图方法，如使用钢笔工具抠图等。本章主要讲解运用工具和命令进行抠图的方法，希望读者熟练掌握本章内容。

本章重点

- 运用魔棒工具与命令抠图
- 运用选框与路径工具抠图
- 运用钢笔工具抠图

4.1　运用魔棒工具与命令抠图

魔棒工具是建立选区的工具之一，其作用是在一定的容差值范围内（默认值为 32），将颜色相同的区域同时选中，建立选区以达到抠取图像的目的。除了运用魔棒工具进行快速创建选区抠图外，还可以用各种命令进行抠图，比如“反选”命令、“色彩范围”命令以及“选取相似”命令等。本节主要介绍运用魔棒工具与命令抠图的技巧。

4.1.1　运用单一选取抠图

单一选取就是只每次单击魔棒工具，只能选择一个区域，再次进行单击选取时，则前面选择的区域将自动取消选择。魔棒工具是用来创建与图像颜色相近或相同的像素选区，在颜色相近的图像上单击鼠标左键，即可选取到相近颜色范围。

魔棒工具属性栏如图 4-1 所示，各主要选项含义如下。

图 4-1　魔棒工具属性栏

➢ 容差：用来控制创建选区范围的大小，数值越小，所要求的颜色越相近；数值越大，则颜色相差越大。

➢ 消除锯齿：用来模糊羽化边缘的像素，使其与背景像素产生颜色的过渡，从而消除边缘明显的锯齿。

➢ 连续：选中该复选框后，只选取与鼠标单击处相连接中的相近颜色。

➢ 对所有图层取样：用于有多个图层的文件，选中该复选框后，能选区文件中所有图层中相近颜色的区域；不选中时，只选取当前图层中相近颜色的区域。

下面介绍运用单一选取抠图的操作方法。

运用单一选取抠图

Step 01　打开素材图像（素材\第 4 章\鼠标.jpg），如图 4-2 所示。

Step 02　选取工具箱中的魔棒工具，移动鼠标至图像编辑窗口中，在粉红色区域上单击鼠标左键，即可选中粉红色区域，如图 4-3 所示。

图 4-2　素材图像

图 4-3　选中粉红色区域

Step 03 单击“选择”|“反选”命令，进行反向选取，如图 4-4 所示。

Step 04 按【Ctrl + J】组合键，得到“图层 1”图层，单击“背景”图层前面的“指示图层可见性”图标，隐藏“背景”图层，效果如图 4-5 所示。

图 4-4 进行反向选取

图 4-5 抠图效果

4.1.2 运用连续选取抠图

在使用魔棒工具选择图像时，在工具属性栏中选中“连续”复选框，则只选取与单击处相邻的、容差范围内的颜色区域。下面介绍运用连续选取抠图的操作方法。

运用连续选取抠图

Step 01 打开素材图像（素材\第 4 章\铅笔.jpg），如图 4-6 所示。

Step 02 选取工具箱中的魔棒工具，在工具属性栏中设置“容差”为 10，选中“连续”复选框，单击白色区域时，只选取相邻区域，如图 4-7 所示。

图 4-6 素材图像

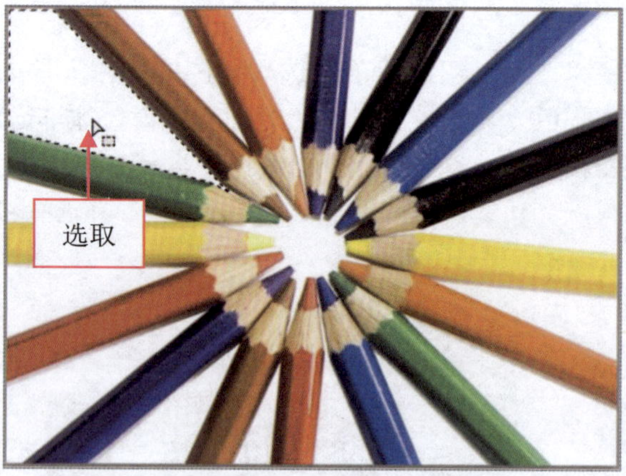

图 4-7 选取相邻区域

Step 03 在工具属性栏中取消选中“连续”复选框，此时再单击白色区域时，即可选取所有白色区域，如图 4-8 所示。

Step 04 单击“选择”|“反选”命令，进行反向选取，按【Ctrl + J】组合键拷贝一个新图层，并隐藏“背景”图层，效果如图 4-9 所示。

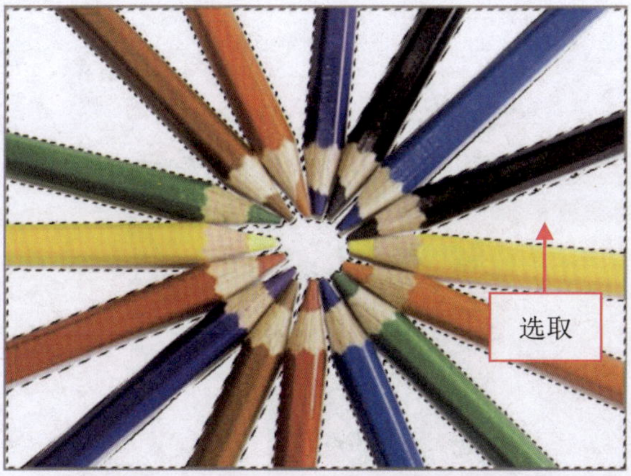

图 4-8　选取所有白色区域

图 4-9　抠图效果

> ▶ 专家指点
>
> 在进行选择多个不连续但是性质相同的区域时，可以应用该方法，从而不必一个一个去单击拾取，在抠图过程中可以节省很多时间。

4.1.3　运用添加选区抠图

在魔棒工具属性栏中单击“添加到选区”按钮，可以在原有选区的基础上添加新选区，将新建的选区与原来的选区合并成为新的选区。下面介绍运用添加选区抠图的操作方法。

运用添加选区抠图

Step 01 打开素材图像（素材\第 4 章\杯子.jpg），如图 4-10 所示。

Step 02 选取工具箱中的魔棒工具，在工具属性栏中选中“连续”复选框，在图像编辑窗口中单击绿色背景区域，如图 4-11 所示。

图 4-10　素材图像

图 4-11　单击绿色区域

Step 03 在工具属性栏中单击“添加到选区”按钮，然后在其他绿色背景区域单击，使背景全部被选中，如图 4-12 所示。

Step 04 单击“选择”|“反选”命令，进行反向选取，按【Ctrl + J】组合键拷贝一个新图层，并隐藏“背景”图层，效果如图 4-13 所示。

图 4-12　选中全部绿色背景

图 4-13　抠图效果

▶ 专家指点

在“新选区”□状态下，按住【Shift】键的同时，单击相应区域，可以快速切换到“添加到选区”状态。

4.1.4　运用减选选区抠图

运用减选选区抠图

在魔棒工具属性栏中单击“从选区减去”按钮，可以从原有选区中减去不需要的部分，从而得到新的选区。下面介绍运用减选选区抠图的操作方法。

Step 01　打开素材图像（素材\第 4 章\数字广告.jpg），如图 4-14 所示。

Step 02　选取工具箱中的魔棒工具，在工具属性栏中取消选中“连续”复选框，在图像编辑窗口中单击白色区域，如图 4-15 所示。

图 4-14　素材图像

图 4-15　单击白色区域

Step 03　在工具属性栏中单击“从选区减去”按钮，并选中“连续”复选框，单击变形零白色区域，减选选区，如图 4-16 所示。

Step 04　设置前景色为黄色（RGB 参数分别为 255、255、0），按【Alt + Delete】组合键，填充选区，按【Ctrl + D】组合键，取消选区，效果如图 4-17 所示。

图 4-16　减选选区

图 4-17　填充选区

> ▶ 专家指点
>
> 在“新选区”□状态下，按住【Alt】键的同时，单击相应区域，可以快速切换到“从选区减去”状态。

4.1.5　运用“反选”命令抠图

在选取图像时，不但要根据不同的图像类型选择不同的选取工具，还要根据不同的图像类型进行选择不同的选取方式，“反选”命令是比较常用的方式之一。下面介绍运用“反选”命令抠图的操作方法。

运用“反选”命令抠图

Step 01　打开素材图像（素材\第 4 章\盘子.jpg），如图 4-18 所示。

Step 02　选取工具箱中的魔棒工具，在工具属性栏中设置“容差”为 32，在白色背景位置单击鼠标左键，如图 4-19 所示。

图 4-18　素材图像

图 4-19　单击鼠标左键

Step 03　单击“选择”|“反选”命令，反选选区，如图 4-20 所示。

Step 04　按【Ctrl + J】组合键拷贝一个新图层，隐藏“背景”图层，效果如图 4-21 所示。

图 4-20　反选选区

图 4-21　抠图效果

▶ 专家指点

按【Ctrl + Shift + I】组合键，也可以快速反选选区。

4.1.6　运用“色彩范围”命令抠图

使用“色彩范围”命令快速创建选区，其选取原理是以颜色作为依据，类似于魔棒工具，但是其功能比魔棒工具更加强大。下面介绍运用“色彩范围”命令抠图的操作方法。

运用“色彩范围”命令抠图

Step 01　打开素材图像（素材\第 4 章\素描.jpg），如图 4-22 所示。

Step 02　单击“选择”|“色彩范围”命令，弹出“色彩范围”对话框，将光标移至图像中，在黑色人物上单击鼠标左键，如图 4-23 所示。

图 4-22　素材图像

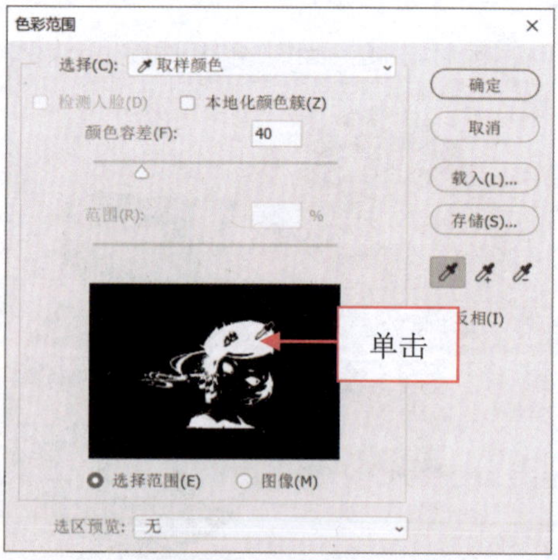

图 4-23　单击黑色人物区域

Step 03　设置“颜色容差”为 50，单击“确定”按钮，即可创建选区，如图 4-24 所示。

Step 04　按【Ctrl + J】组合键拷贝一个新图层，隐藏“背景”图层，效果如图 4-25 所示。

图 4-24　创建选区

图 4-25　抠图效果

> ▶ 专家指点
>
> 应用“色彩范围”命令指定颜色范围时，可以调整所需按区域的预览方式。通过“选区预览”选项可以设置预览方式，包括“灰色”“黑色杂边”“白色杂边”和“快速蒙版”4 种预览方式。

4.1.7　运用“选取相似”命令抠图

运用“选取相似”命令抠图

“选取相似”命令可以根据现有的选区及包含的容差值，自动将图像中颜色相似的所有图像选中，使选区在整个图像中进行不连续的扩展。下面介绍运用“选取相似”命令抠图的操作方法。

Step 01 打开素材图像（素材\第 4 章\图形.jpg），如图 4-26 所示。

Step 02 选取工具箱中的魔棒工具，在工具属性栏中设置“容差”为 80，在红色方块图像上单击鼠标左键，如图 4-27 所示。

图 4-26　素材图像

图 4-27　单击鼠标左键

Step 03 单击“选择”|“选取相似”命令，选取相似颜色区域，如图 4-28 所示。

Step 04 按【Ctrl + J】组合键拷贝一个新图层，隐藏“背景”图层，效果如图 4-29 所示。

图 4-28　选取相似颜色区域

图 4-29　抠图效果

▶ 专家指点

按【Alt + S + R】组合键，也可以创建相似选区。

4.2　运用选框与路径工具抠图

在 Photoshop 2021 中，使用工具箱中的多种选框工具可以绘制出不同形状的选区，达到抠取图像的目的，还可以使用工具箱中的矢量图形工具绘制不同形状的路径来抠取图像。本节主要介绍运用选框与路径工具抠图的技巧。

4.2.1　运用矩形选框工具抠图

矩形选框工具主要用于创建矩形或正方形选区，用户还可以在工具属性栏上进行相应选项的设置。在 Photoshop 2021 中，矩形选框工具是区域选择工具中最基本、最常用的工具，矩形选框工具属性栏如图 4-30 所示。

图 4-30　矩形选框工具属性栏

在矩形选框工具属性栏中，各主要选项含义如下。

➢ 羽化：用户用来设置选区的羽化范围。

➢ 样式：用户用来设置创建选区的方法。选择“正常”选项，可以通过拖动鼠标创建任意大小的选区；选择“固定比例”选项，可以在右侧设置比例数值；选择“固定大小”选项，可以在右侧设置大小数值。单击按钮，可以切换“宽度”和“高度”数值框。

➢ 选择并遮住：用来对选区进行平滑、羽化等处理。

下面介绍运用矩形选框工具抠图的操作方法。

运用矩形选框工具抠图

Step 01 打开素材图像（素材\第 4 章\零食.jpg），如图 4-31 所示。

Step 02 选取工具箱中的矩形选框工具，在编辑窗口中的合适位置按住鼠标左键并向右下方拖曳，创建一个矩形选区，如图 4-32 所示。

图 4-31　素材图像

图 4-32　创建矩形选区

Step 03 按【Ctrl + J】组合键，拷贝选区内的图像，建立一个新图层，并隐藏“背景”图层，效果如图 4-33 所示。

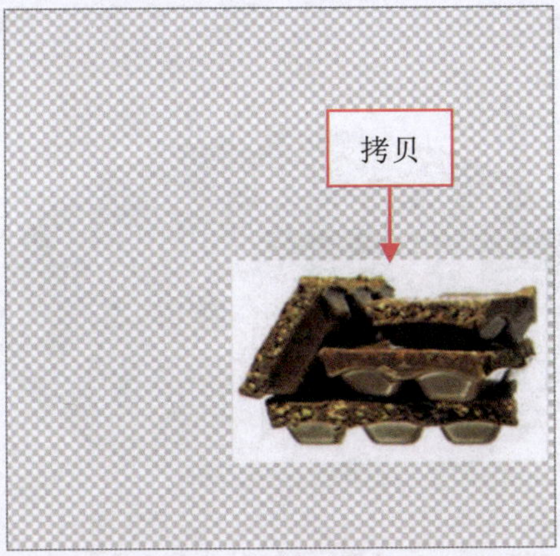

图 4-33　抠图效果

▶ 专家指点

与创建矩形选框有关的技巧如下。

➢ 按【M】键，可快速选取矩形选框工具。

➢ 按【Shift】键，可创建正方形选区。

➢ 按【Alt】键，可创建以起点为中心的矩形选区。

➢ 按【Alt + Shift】组合键，可创建以起点为中心的正方形。

4.2.2 运用椭圆选框工具抠图

运用椭圆选框工具抠图

椭圆选框工具◯主要用于创建椭圆或正圆选区，用户还可以在工具属性栏上进行相应选项的设置。下面介绍运用椭圆选框工具抠图的操作方法。

Step 01 打开素材图像（素材\第 4 章\戒指.jpg），如图 4-34 所示。

Step 02 选择工具箱中的椭圆选框工具◯，在编辑窗口中的合适位置按住鼠标左键并拖曳，创建一个椭圆选区，如图 4-35 所示。

图 4-34 素材图像

图 4-35 创建椭圆选区

Step 03 按【Ctrl + J】组合键，拷贝选区内的图像，建立一个新图层，并隐藏“背景”图层，效果如图 4-36 所示。

图 4-36 抠图效果

> **专家指点**
>
> 与创建椭圆选区有关的技巧如下。
>
> - 按【Shift + M】组合键，可快速选取椭圆选框工具。
> - 按【Shift】键，可创建正圆选区。
> - 按【Alt】键，可创建以起点为中心的椭圆选区。
> - 按【Alt + Shift】组合键，可创建以起点为中心的正圆选区。

4.2.3　运用套索工具抠图

在 Photoshop 2021 中，运用套索工具可以在图像编辑窗口中创建任意形状的选区，通常处理创建不太精确的选区。下面介绍运用套索工具抠图的操作方法。

运用套索工具抠图

Step 01　打开素材图像（素材\第 4 章\键盘.jpg），如图 4-37 所示。

Step 02　选取工具箱中的套索工具，在编辑窗口中的合适位置建立一个选区，如图 4-38 所示。

图 4-37　素材图像

图 4-38　创建选区

Step 03　按【Ctrl + J】组合键，拷贝选区内的图像，建立一个新图层，并隐藏“背景”图层，效果如图 4-39 所示。

图 4-39　抠图效果

4.2.4　运用多边形套索工具抠图

运用多边形套索工具绘制多边形选区时，单击鼠标左键绘制直线，对于抠取多边形的图形比较方便。下面介绍运用多边形套索工具抠图的操作方法。

运用多边形套索工具抠图

Step 01　打开素材图像（素材\第 4 章\火柴盒.jpg），如图 4-40 所示。

Step 02　选取工具箱中的多边形套索工具，如图 4-41 所示。

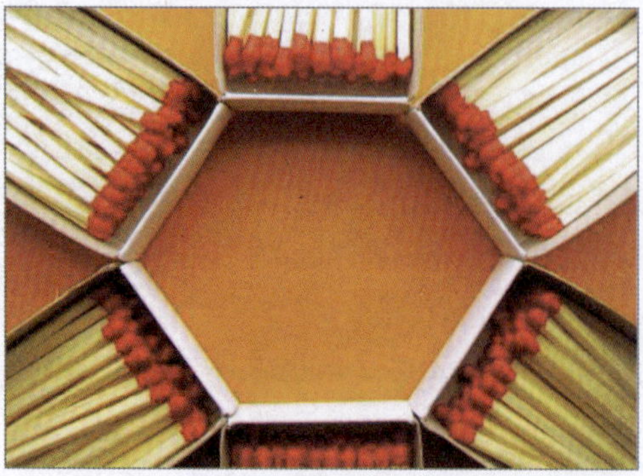

图 4-40　素材图像

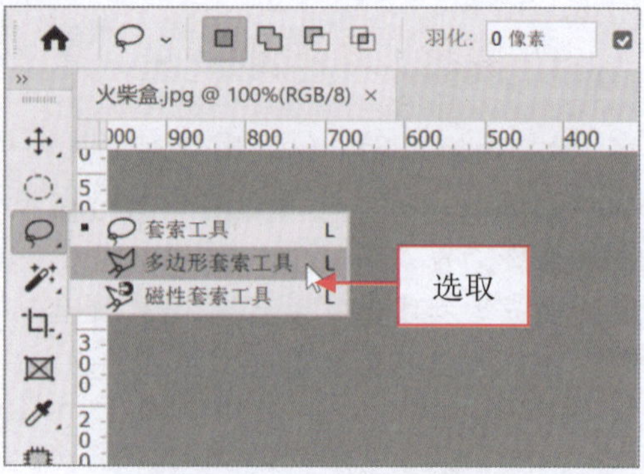

图 4-41　选取多边形套索工具

Step03　移动鼠标至合适位置，单击鼠标左键，建立第一个点，然后在合适位置再次单击鼠标左键，建立第二个点，如图 4-42 所示。

Step04　用与上同样的操作方法，建立多边形选区，如图 4-43 所示。

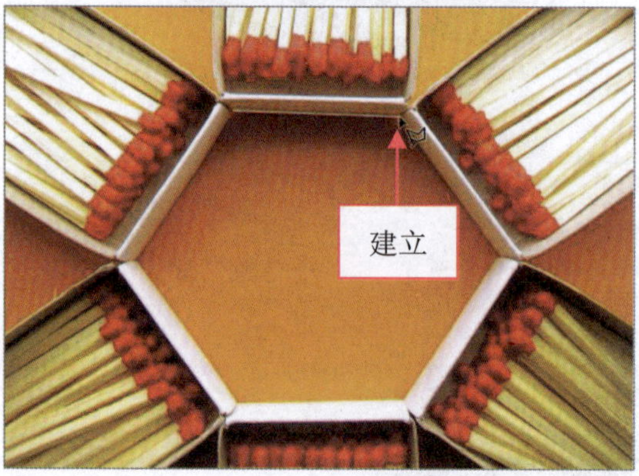

图 4-42　建立第二个点

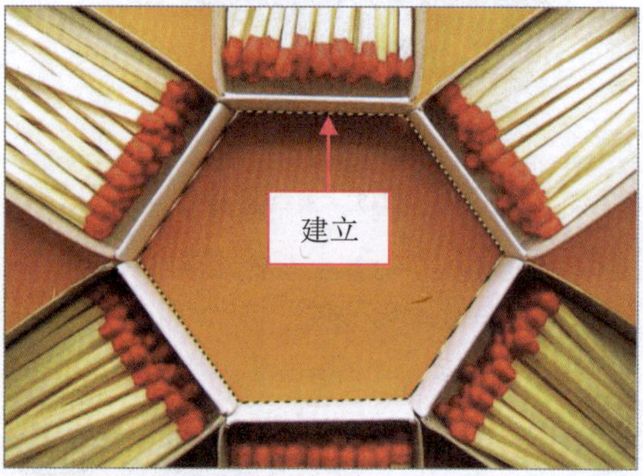

图 4-43　建立多边形选区

Step05　单击“选择”|“反选”命令，反选选区，按【Ctrl + J】组合键，拷贝选区内的图像，建立一个新图层，并隐藏“背景”图层，效果如图 4-44 所示。

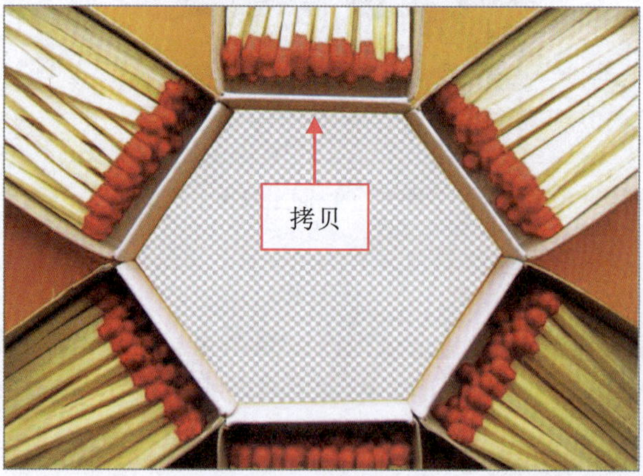

图 4-44　抠图效果

> ▶ 专家指点
>
> 运用多边形套索工具创建选区时，按住【Shift】键的同时单击鼠标左键，可以沿水平、垂直或 45 度角方向创建选区。

4.2.5　运用磁性套索工具抠图

在 Photoshop 中，磁性套索工具用于快速选择与背景对比强烈并且边缘复杂的对象，可以沿着图像的边缘生成选区。磁性套索工具属性栏如图 4-45 所示。

图 4-45　磁性套索工具属性栏

在磁性套索工具属性栏中，各主要选项含义如下。

➢ 宽度：以光标中心为准，其周围有多少个像素能够被工具检测到，如果对象的边界不是特别清晰，需要使用较小的宽度值。

➢ 对比度：用来设置工作感应图像边缘的灵敏度。如果图像的边缘清晰，可将该数值设置的高一些；反之，将值设置的低一些。

➢ 频率：用来设置创建选区时生成锚点的数量。

➢ 使用绘图板压力以更改钢笔宽度：在计算机配置有数位板和压感笔时，单击此按钮，Photoshop 会根据压感笔的压力自动调整工具的检测范围。

运用磁性套索工具抠图

下面介绍运用磁性套索工具抠图的操作方法。

Step 01 打开素材图像（素材\第 4 章\显示屏广告.jpg），如图 4-46 所示。

Step 02 选取工具箱中的磁性套索工具，如图 4-47 所示。

图 4-46　素材图像

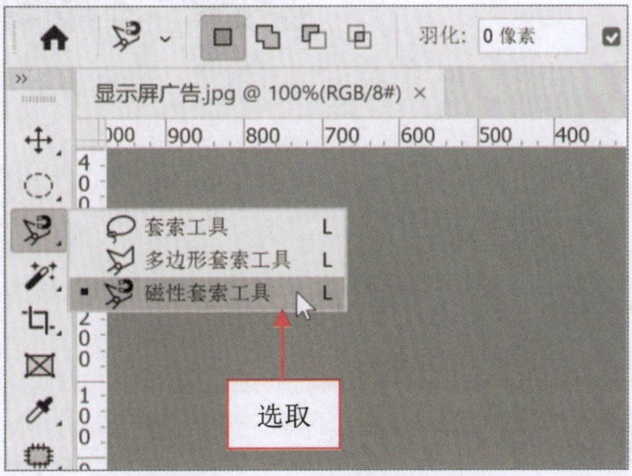

图 4-47　选取磁性套索工具

Step 03 在编辑窗口中的合适位置单击鼠标左键，沿显示屏的边缘进行绘制，鼠标经过的地方会自动生成路径，如图 4-48 所示。

Step 04 选取需要抠取的部分，在开始路径的锚点上单击鼠标左键，即可建立选区，如图 4-49 所示。

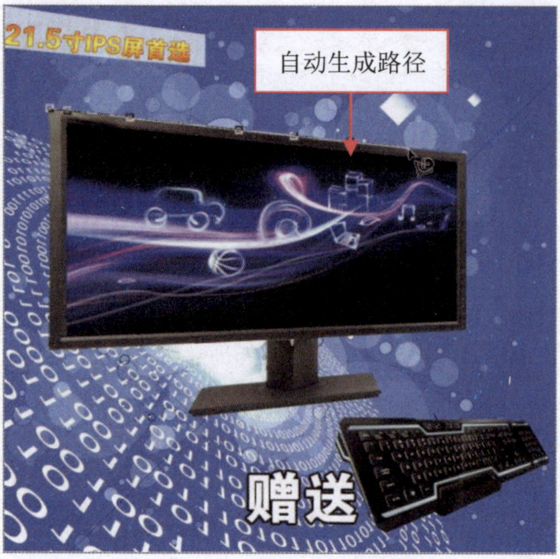

图 4-48　生成路径

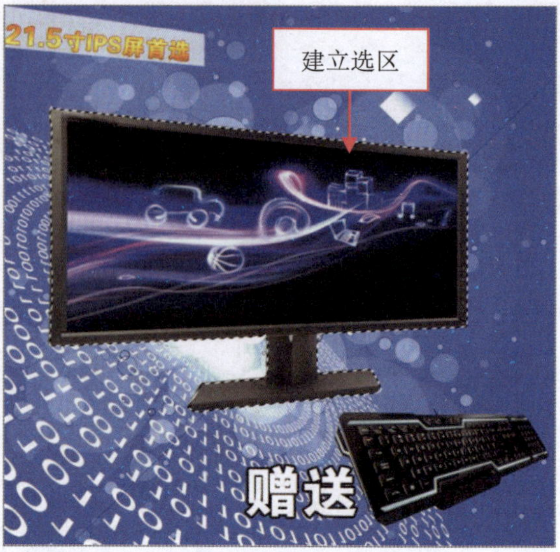

图 4-49　建立选区

Step 05　按【Ctrl + J】组合键，拷贝选区内的图像，建立一个新图层，并隐藏“背景”图层，效果如图 4-50 所示。

图 4-50　抠图效果

4.2.6　运用矩形工具抠图

矩形工具主要用于创建矩形或正方形图形，用户可以在工具属性栏上设置矩形的尺寸和固定宽高比例等，其工具属性栏如图 4-51 所示。

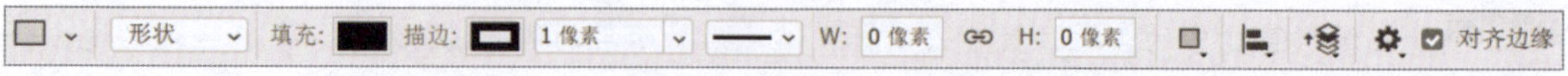

图 4-51　矩形工具属性栏

在矩形工具属性栏中，各主要选项含义如下。

- 选择工具模式 形状 ：该列表框中包含“形状”“路径”和“像素”三个选项，可以创建不同的矩形路径。
- 填充：单击该按钮，在弹出的下拉面板中，可以设置填充颜色。
- 描边：在该选项区中，可以设置创建的路径形状的边缘颜色和宽度等。
- 宽度：用于设置矩形路径形状的宽度。
- 高度：用于设置矩形路径形状的高度。

下面介绍运用矩形工具抠图的操作方法。

运用矩形工具抠图

Step 01 打开素材图像（素材\第 4 章\求婚.jpg），如图 4-52 所示。

Step 02 选择工具箱中的矩形工具，设置工具模式为“路径”，在图像编辑窗口的左上角按住鼠标左键并向右下方拖曳，创建一个矩形路径，如图 4-53 所示。

图 4-52　素材图像

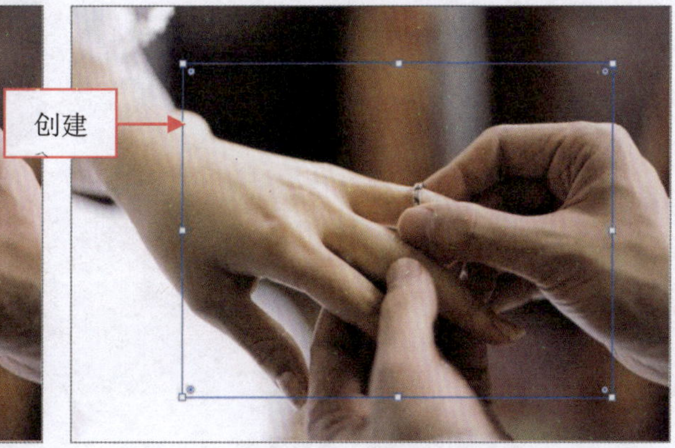

图 4-53　创建矩形路径

Step 03 按【Ctrl + Enter】组合键，将路径转换为选区，如图 4-54 所示。

Step 04 按【Ctrl + J】组合键，拷贝选区内的图像，建立一个新图层，并隐藏“背景”图层，如图 4-55 所示。

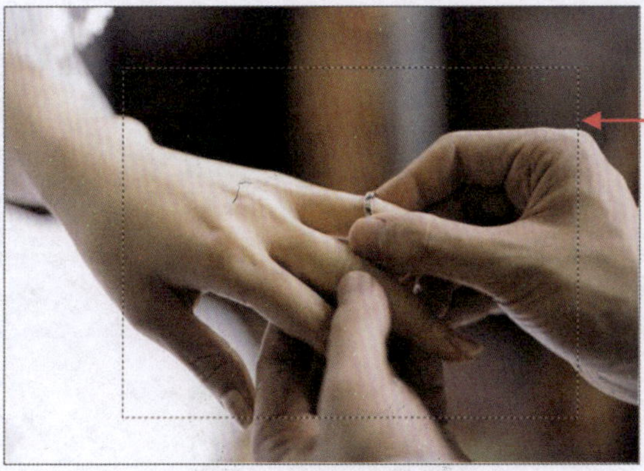

图 4-54　将路径转换为选区

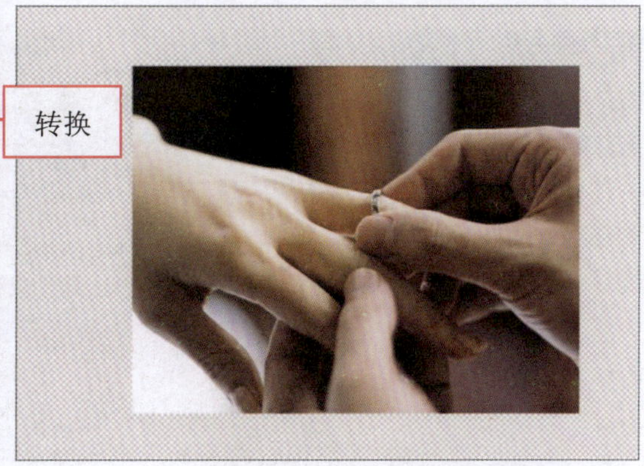

图 4-55　抠图效果

▶ 专家指点

矩形工具主要用来绘制矩形和正方形。选择该工具后，按住并拖动鼠标可以创建矩形；按住【Shift】键拖动则可以创建正方形；按住【Alt】键拖动则会以单击点为中心向外创建矩形；按住【Shift + Alt】键会以单击点为中心向外创建正方形。

4.2.7 运用圆角矩形工具抠图

运用圆角矩形工具抠图

圆角矩形工具▢主要用来绘制圆角矩形。选取工具箱中的圆角矩形工具▢，在工具属性栏的“半径”文本框中可以设置圆角半径。下面介绍运用圆角矩形工具抠图的操作方法。

Step 01 打开素材图像（素材\第 4 章\画框.psd），如图 4-56 所示。

Step 02 选择“图层 1”图层，选取工具箱中的圆角矩形工具▢，在相应位置创建一个圆角矩形路径，如图 4-57 所示。

图 4-56　素材图像

图 4-57　创建圆角矩形路径

Step 03 按【Ctrl + T】组合键，对圆角矩形路径进行适当旋转和调整，如图 4-58 所示，按【Enter】键确认调整。

Step 04 按【Ctrl + Enter】组合键，将路径转换为选区，按【Delete】键删除选区内的图像，并取消选区，抠取图像，如图 4-59 所示。

图 4-58　调整圆角矩形路径

图 4-59　抠取图像

> **▶ 专家指点**
>
> 在运用圆角矩形工具绘制路径时，按住【Shift】键的同时，在图像编辑窗口中按住鼠标左键并拖曳，可绘制一个正圆角矩形；如果按住【Alt】键的同时，在窗口中按住鼠标左键并拖曳，可绘制以起点为中心的圆角矩形。

4.2.8　运用椭圆工具抠图

运用椭圆工具◯可以绘制椭圆和正圆路径，在转换为选区进行抠图，其使用方法与矩形工具一样，不同之处是几何选项略有区别。下面介绍运用椭圆工具抠图的操作方法。

运用椭圆工具抠图

Step 01 打开素材图像（素材\第 4 章\宠物狗.jpg），如图 4-60 所示。

Step 02 选取工具箱的椭圆工具◯，在相应位置按住鼠标左键并拖曳，创建一个椭圆路径，如图 4-61 所示。

图 4-60　素材图像

图 4-61　创建椭圆路径

Step 03 拖曳路径四周的控制柄，调整路径的大小，如图 4-62 所示。

Step 04 按【Ctrl + Enter】组合键，将路径转换为选区，按【Ctrl + J】组合键，拷贝选区内的图像，建立一个新图层，并隐藏“背景”图层，如图 4-63 所示。

图 4-62　调整路径的大小

图 4-63　抠图效果

4.2.9 运用多边形工具抠图

运用多边形工具绘制路径形状时，始终会以鼠标单击位置为中心点，并且随着鼠标移动而改变多边形的大小。下面介绍运用多边形工具抠图的操作方法。

运用多边形工具抠图

Step 01 打开素材图像（素材\第 4 章\鲜花.jpg），如图 4-64 所示。

Step 02 选取工具箱中的多边形工具，在工具属性栏中单击“路径选项”按钮，在弹出的面板中设置“星形比例”为 50%，选中“从中心”复选框，如图 4-65 所示。

图 4-64 素材图像

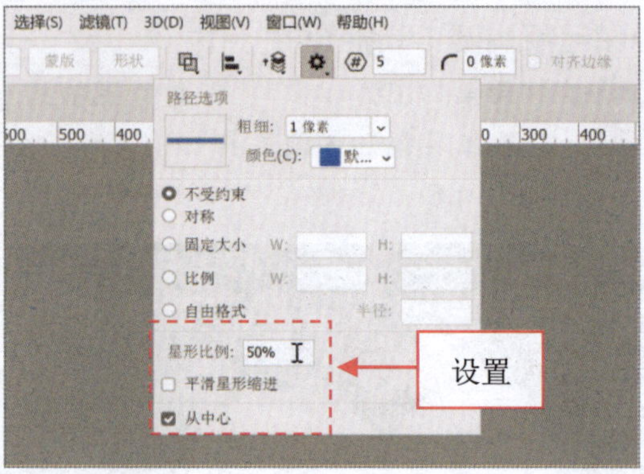

图 4-65 设置各参数

Step 03 依次在相应位置按住并拖曳鼠标，创建多个多边形路径，如图 4-66 所示。

Step 04 按【Ctrl + Enter】组合键，将路径转换为选区，按【Ctrl + J】组合键，拷贝选区内的图像，建立一个新图层，并隐藏“背景”图层，抠取图像，如图 4-67 所示。

图 4-66 创建多个多边形路径

图 4-67 抠图效果

4.3 运用钢笔工具抠图

除了上述介绍的多种抠图工具与命令外，还可以使用钢笔工具进行抠图。钢笔工具可以创建直线和平滑流畅的曲线，形状的轮廓称为路径，通过编辑路径的锚点，可以很方便地改变路径的形状。通过绘制出来的路径对象，可以对图像进行抠图操作。

4.3.1　运用钢笔工具绘制直线路径抠图

运用钢笔工具绘制直线路径抠图

钢笔工具可以绘制多种路径，包括直线路径和曲线路径，还可以绘制直线和曲线相结合的混合路径。本实例介绍使用钢笔工具绘制直线路径抠图的方法。

Step 01　打开两幅素材图像（素材\第 4 章\美女相框(1).jpg、美女相框(2).jpg），如图 4-68 所示。

图 4-68　素材图像

Step 02　在工具箱中选取钢笔工具，在“美女相框(2)”图像编辑窗口中，按住【Shift】键的同时，单击鼠标左键，创建一条直线路径，如图 4-69 所示。

Step 03　用与上述同样的方法，按住【Shift】键的同时，依次单击鼠标左键，创建其他的路径，如图 4-70 所示。

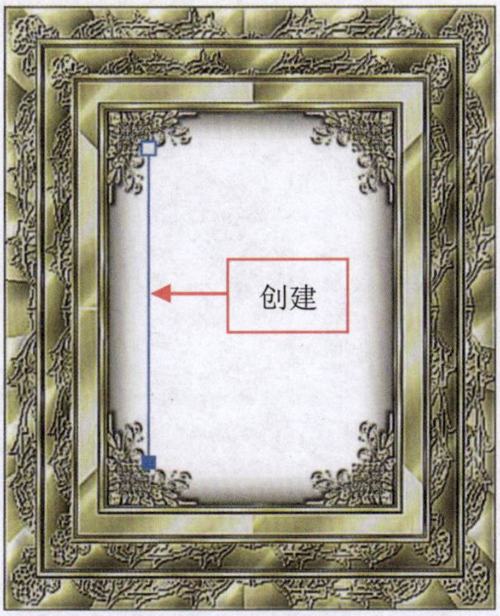

图 4-69　创建路径

图 4-70　创建其他路径

Step 04 单击“窗口”|“路径”命令，展开“路径”面板，单击“将路径作为选区载入”按钮⬚，如图 4-71 所示，转换选区。

Step 05 选择“美女相框(1)”图像为当前图像编辑窗口，选取矩形选框工具，在图像编辑窗口中创建选区，如图 4-72 所示。

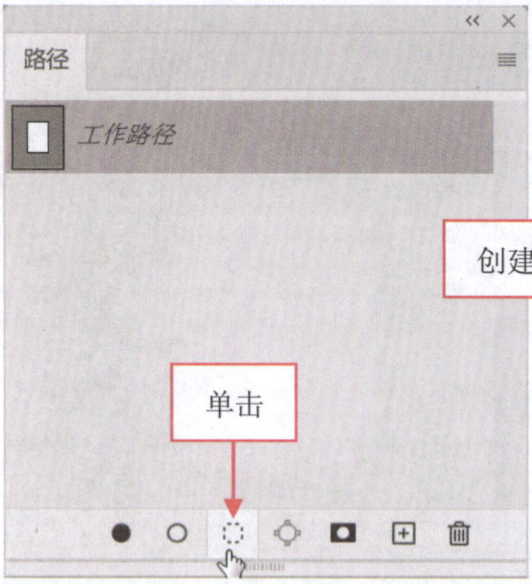

图 4-71 单击相应按钮

图 4-72 创建选区

Step 06 单击“编辑”|“拷贝”命令，复制选区，在“美女相框(2)”图像窗口中，单击“编辑”|“选择性粘贴”|“贴入”命令，如图 4-73 所示。

Step 07 执行上述操作后，即可将复制的图像粘贴至选区中，按【Ctrl + T】组合键，调整图像的大小和位置，效果如图 4-74 所示。

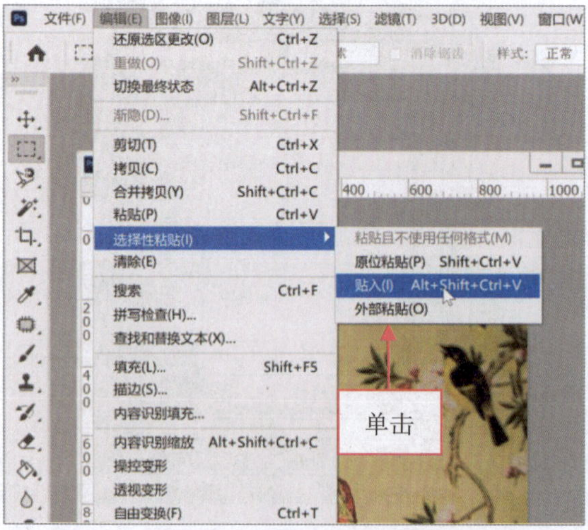

图 4-73 单击“贴入”命令

图 4-74 粘贴图像到选区

4.3.2　运用钢笔工具绘制闭合路径抠图

运用钢笔工具绘制闭合路径抠图

钢笔工具绘制闭合的曲线路径是非常实用的一种功能，可以抠出任意想要的图像区域。下面介绍运用钢笔工具绘制闭合路径抠图的操作方法。

Step 01　打开素材图像（素材\第 4 章\柠檬.jpg），如图 4-75 所示。

Step 02　选取工具箱中的钢笔工具，将鼠标指针移至图像编辑窗口的合适位置，单击鼠标左键，绘制路径的第一个点，如图 4-76 所示。

图 4-75　素材图像

图 4-76　绘制路径的第一个点

Step 03　将鼠标移至另一位置，按住鼠标左键并拖曳，至适当位置后释放鼠标，绘制路径的第二个点，如图 4-77 所示。

Step 04　按住【Alt】键，单击第二个描点，再次将鼠标移至合适位置，按住鼠标左键并拖曳至合适位置，释放鼠标左键，绘制路径的第三个点，如图 4-78 所示。

图 4-77　绘制路径的第二个点

图 4-78　绘制路径的第三个点

Step 05 用与上述同样的方法，依次单击鼠标左键，创建其他路径，效果如图 4-79 所示。

Step 06 按【Ctrl + Enter】组合键，将路径转换为选区，按【Ctrl + J】组合键，拷贝选区内的图像，建立一个新图层，并隐藏“背景”图层，抠取图像，如图 4-80 所示。

图 4-79　创建其他路径

图 4-80　抠取图像

4.3.3　运用自由钢笔工具绘制曲线路径抠图

运用自由钢笔工具绘制曲线路径抠图

自由钢笔工具可以随意绘图，不需要像使用钢笔工具那样通过锚点来创建路径。下面介绍运用自由钢笔工具绘制曲线路径抠图的操作方法。

Step 01 打开素材图像（素材\第 4 章\卷尺.jpg），如图 4-81 所示。

Step 02 选取工具箱中的自由钢笔工具，在工具属性栏中选中“磁性的”复选框，移动鼠标至图像编辑窗口中，单击鼠标左键，确定起始位置，如图 4-82 所示。

图 4-81　素材图像

图 4-82　确定起始位置

Step 03 沿边缘拖曳鼠标，至起始点处，单击鼠标左键，创建闭合路径，选取直接选择工具对路径进行调整，如图 4-83 所示。

Step 04 按【Ctrl + Enter】组合键，将路径转换为选区，如图 4-84 所示。

图 4-83　对路径进行调整

图 4-84　将路径转换为选区

Step 05　按【Ctrl + J】组合键，拷贝选区内的图像，建立一个新图层，并隐藏“背景”图层，抠取图像，如图 4-85 所示。

图 4-85　抠取图像

▶ 专家指点

选取自由钢笔工具后，其工具属性栏中各主要选项含义如下。

➢ 路径：该列表框中包括“形状”“路径”和“像素”三个选项。

➢ 建立：该选项区中包括“选区”“蒙板”和“形状”三个按钮，单击相应的按钮可以创建选区、蒙板和形状。

➢ “路径操作”按钮：单击该按钮，在弹出的列表框中，有“新建图层”“合并形状”“减去顶层形状”“与形状区域相加”“排除重叠形状”以及“合并形状组建六种路径操作选项，可以选择相应的选项对路径进行相应操作。

➢ “路径对齐方式”按钮：单击该按钮，在弹出的列表框中选择相应的选项，可以设置路径的对齐方式。

➢ “路径排列方式”按钮：单击该按钮，在弹出的列表框中，有“将形状置为顶层”“将形状前移一层”“将形状后移一层”以及“将形状置为底层”四种排列方式，可以选择相应的选项排列路径。

本章小结

本章主要介绍了平面设计中的各种抠图技巧。首先介绍了运用魔棒工具与命令抠图，如“反选”命令、“色彩范围”命令以及“选取相似”命令等；然后介绍了运用选框与路径工具抠图，主要包括矩形选框工具、椭圆选框工具、套索工具、矩形工具以及多边形工具等；最后介绍了钢笔工具的抠图技巧，如绘制直线路径抠图、绘制闭合路径抠图以及绘制曲线路径抠图等。通过本章的学习，读者可以掌握一系列的抠图技巧，快速对图像进行合成操作，制作出丰富多彩的平面设计效果。

课后习题

课后习题

鉴于本章知识的重要性，为了帮助读者更好地掌握所学知识，本节将通过上机习题帮助读者进行简单的知识回顾和补充。

本习题需要掌握使用魔棒工具抠图的操作方法，素材与效果如图 4-86 所示。

图 4-86　素材与效果

第 5 章
运用通道与蒙版抠图合成

在 Photoshop 2021 中，通道是选区的一个载体，将选区转换成为可见的黑白图像，从而更易于用户对其进行编辑，能让用户创作出更加丰富的平面设计效果。使用图层蒙版则可以很好地控制图层区域的显示或隐藏，可以在不破坏图像的情况下反复编辑图像，因此图层蒙版是进行图像合成最常用的方法。本章主要介绍应用通道和蒙版进行抠图与合成的操作方法。

本章重点

- 认识通道
- 创建通道的方法
- 掌握通道的基本操作
- 运用通道进行抠图与合成
- 运用蒙版进行抠图与合成

5.1 认识通道

在 Photoshop 2021 中，通道被用来存放图像的颜色信息及自定义的选区，不仅可以使用通道得到非常特殊的选区，还可以通过改变通道中存放的颜色信息来调整图像的色调。用户使用通道进行抠图与合成图像之前，首先需要掌握通道的基础知识。

5.1.1 了解通道的作用

通道是一种很重要的图像处理方法，主要用来存储图像的色彩信息和图层中的选择信息。使用通道可以复原扫描失真严重的图像，从而创作出一些意想不到的效果。

由于不同的原色通道所保存着图像的不同颜色信息，且这些信息包含着像素的存在和像素颜色的深浅度。正是由于原色通道的存在，所以当原色通道合成在一起时，形成了具有丰富色彩效果的图像，若缺少了其中某一原色通道，则图像将出现偏色现象。

5.1.2 认识“通道”面板

“通道”面板是存储、创建和编辑通道的主要场所，默认情况下，“通道”面板显示的均为原色通道。当图像的色彩模式为 CMYK 模式时，面板中将有四个原色通道，即“青”通道、“洋红”通道、“黄”通道和“黑”通道，每个通道都包含着对应的颜色信息。

当图像的色彩模式为 RGB 色彩模式时，面板中将有三个原色通道，即“红”通道、“绿”通道和“蓝”通道，还有一个合成通道，即 RGB 通道。

在 Photoshop 2021 界面中，单击“窗口”|“通道”命令，即可弹出“通道”面板，如图 5-1 所示，在此面板中列出了图像中所有的通道。

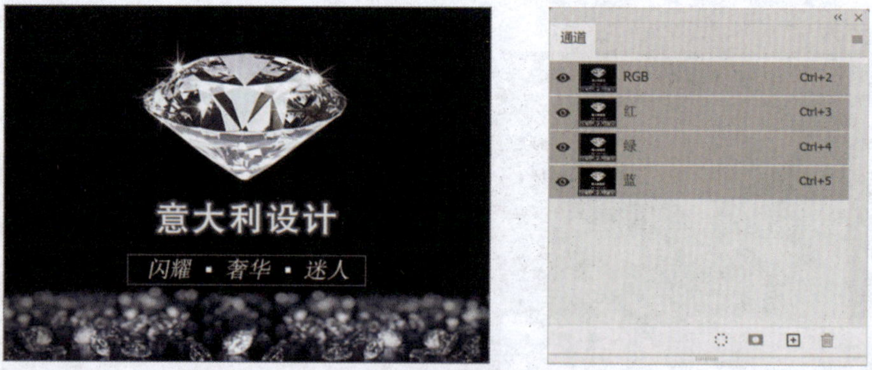

图 5-1 认识“通道”面板

在“通道”面板中，各主要按钮含义如下。

- 将通道作为选区载入：单击该按钮，可以调出当前通道所保存的选区。
- 将选区存储为通道：单击该按钮，可以将当前选区保存为 Alpha 通道。
- 创建新通道：单击该按钮，可以创建一个新的 Alpha 通道。
- 删除当前通道：单击该按钮，可以删除当前选择的通道。

5.2　创建通道的方法

在 Photoshop 2021 中，用户可以创建 Alpha 通道、颜色通道、复合通道、单色通道以及专色通道等，本节主要向读者讲解创建各种通道的操作方法。

5.2.1　新建 Alpha 通道

新建 Alpha 通道

Alpha 通道除了可以保存颜色信息外，还可以保存选区的信息，此类通道被称为 Alpha 通道。使用 Alpha 通道保存选区的优点在于可以用绘图的方式对通道进行编辑，从而获得使用其他方法无法获得的选区，而且可以长久地保存选区。下面介绍新建 Alpha 通道的方法。

Step 01　打开素材图像（素材\第 5 章\沙发.jpg），如图 5-2 所示。

Step 02　展开“通道”面板，单击右上角的三角形按钮，在弹出的面板菜单中选择“新建通道”选项，弹出“新建通道”对话框，如图 5-3 所示。

图 5-2　素材图像

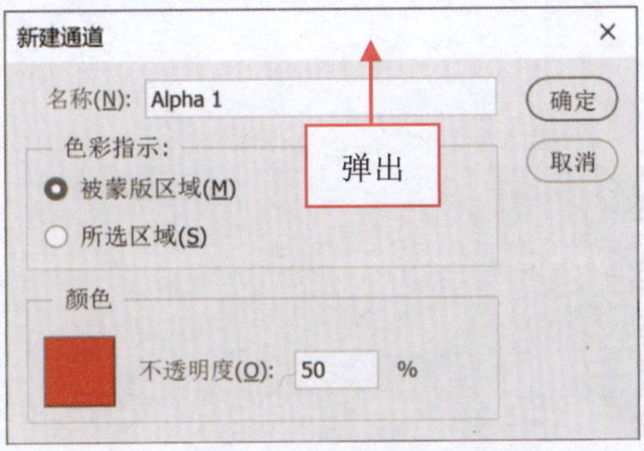

图 5-3　弹出“新建通道”对话框

Step 03　单击“确定”按钮，即可创建一个 Alpha 通道，单击面板中“Alpha 1”通道左侧的“指示通道可见性”图标，如图 5-4 所示。

Step 04　执行上述操作后，即可显示“Alpha 1”通道，隐藏“通道”面板，返回图像编辑窗口，效果如图 5-5 所示。

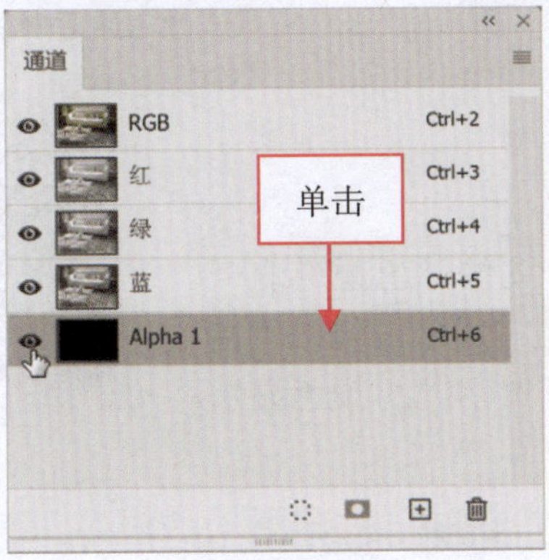

图 5-4　单击“指示通道可见性”图标

图 5-5　显示“Alpha 1”通道

▶ 专家指点

创建 Alpha 通道的操作方法还有以下两种。

- 按钮：单击“通道”底部的“创建新通道”按钮，可创建空白通道。
- 快捷键：按住【Alt】键的同时单击“通道”面板底部的“创建新通道”按钮即可。

5.2.2　新建颜色通道

新建颜色通道

颜色通道又称为原色通道，主要用于存储图像的颜色数据。下面介绍新建颜色通道的操作方法，具体操作步骤如下。

Step 01　打开素材图像（素材\第 5 章\巧克力.jpg），调出“通道”面板，RGB 图像有 3 个颜色通道，即“红”“绿”“蓝”，如图 5-6 所示。

Step 02　单击“图像”|“模式”|“CMYK 颜色”命令，将其转换为 CMYK 格式图像，CMYK 图像有 4 个颜色通道，即“青色”“洋红”“黄色”和“黑色”，如图 5-7 所示，它们包含了所有将被打印或显示的颜色。

图 5-6　RGB 模式颜色通道

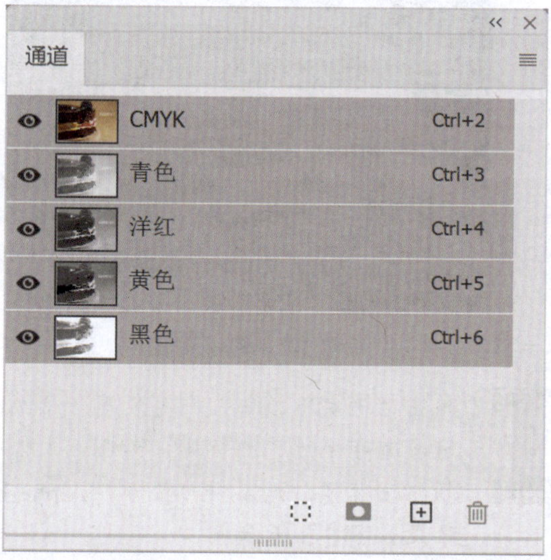

图 5-7　CMYK 模式颜色通道

5.2.3　新建复合通道

新建复合通道

复合通道始终以彩色显示，是用于预览并编辑整个图像颜色通道的一个快捷方式，分别单击“青色”“洋红”“黄色”或“黑色”通道左侧的“指示通道可见性”图标，都可以复合其他三个通道，得到不同的颜色显示效果。下面介绍新建复合通道的操作方法。

Step 01　打开素材图像（素材\第 5 章\酸奶产品.jpg），如图 5-8 所示。

Step 02　在菜单栏中单击“窗口”|“通道”命令，即可展开“通道”面板，如图 5-9 所示。

Step03　单击“蓝”通道左侧的“指示通道可见性”图标，即可隐藏“蓝”通道，如图 5-10 所示。

Step04　执行上述操作后，即可创建复合通道，图像效果如图 5-11 所示。

图 5-8　素材图像

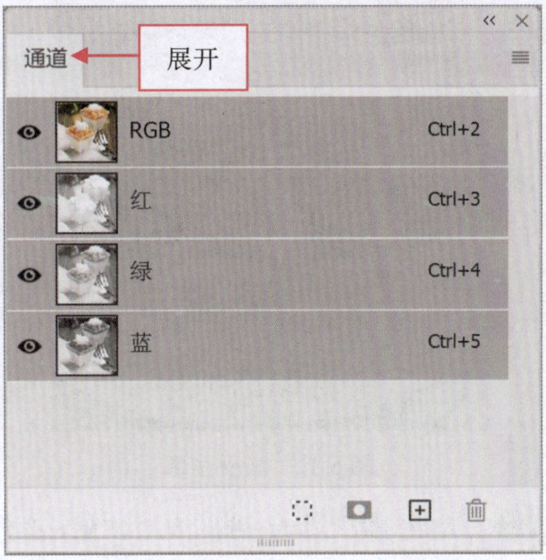

图 5-9　展开“通道”面板

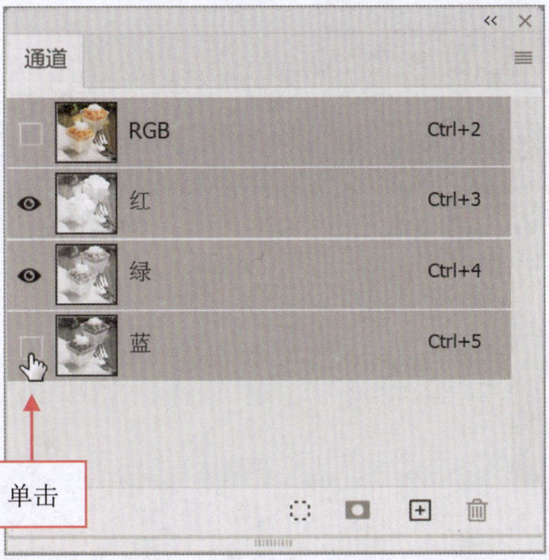

图 5-10　单击“指示通道可见性”图标

图 5-11　创建复合通道的效果

5.2.4　新建单色通道

新建单色通道

如果将某一种颜色通道删除，则混合通道及该颜色通道都将被删除，而图像将自动转换为单色通道模式。下面介绍新建单色通道的操作方法。

Step01　打开素材图像（素材\第 5 章\简餐.jpg），如图 5-12 所示。

Step02　单击“窗口”|“通道”命令，即可展开“通道”面板，如图 5-13 所示。

图 5-12 素材图像

图 5-13 展开“通道”面板

Step 03 选择“蓝”通道，单击鼠标右键，在弹出的快捷菜单中选择“删除通道”选项，如图 5-14 所示。

Step 04 执行上述操作后，即可创建单色通道，如图 5-15 所示。

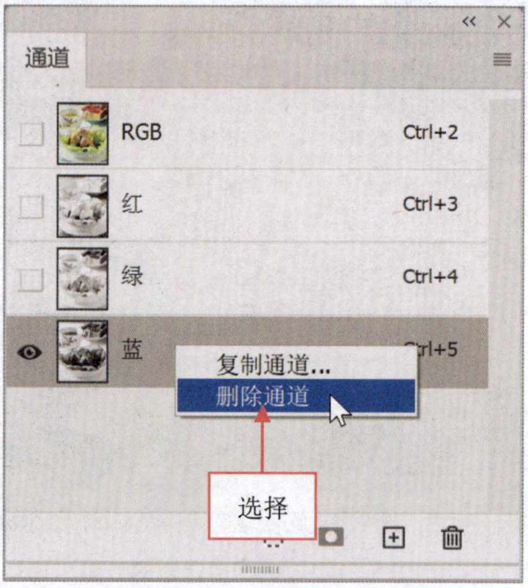

图 5-14 选择“删除通道”选项

图 5-15 创建单色通道

Step 05 创建单色通道后，其图像显示效果如图 5-16 所示。

▶ 专家指点

在“通道”面板中随意删除其中一个通道，所有通道都会变成黑白的，原有彩色通道即使不删除也会变成灰度的。

图 5-16　单色通道的图像显示

5.2.5　新建专色通道

新建专色通道

在 Photoshop 2021 中，专色通道应用于印刷领域，当需要在印刷物上添加一种特殊的颜色（如金色、银色），就可以创建专色通道，以存放专色油墨的浓度、印刷范围等信息。下面介绍新建专色通道的操作方法。

Step 01　打开素材图像（素材\第 5 章\拖把.jpg），如图 5-17 所示。

Step 02　选取魔棒工具，在图像中创建一个选区，如图 5-18 所示。

图 5-17　素材图像

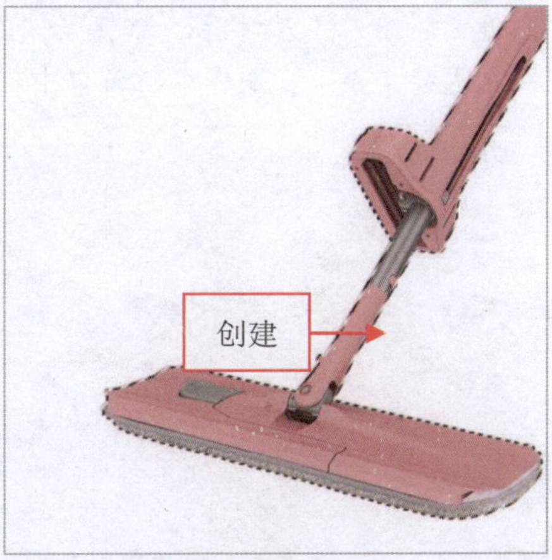

图 5-18　创建选区

Step 03　展开“通道”面板，单击面板右上角的三角形按钮，在弹出的面板菜单中选择“新建专色通道”选项，弹出“新建专色通道”对话框，设置“颜色”为紫色（RGB 参数值分别为 157、102、255），如图 5-19 所示。

Step 04　单击“确定”按钮，即可创建专色通道，在“通道”面板中自动生成一个专色通道，此时图像编辑窗口中的图像效果如图 5-20 所示。

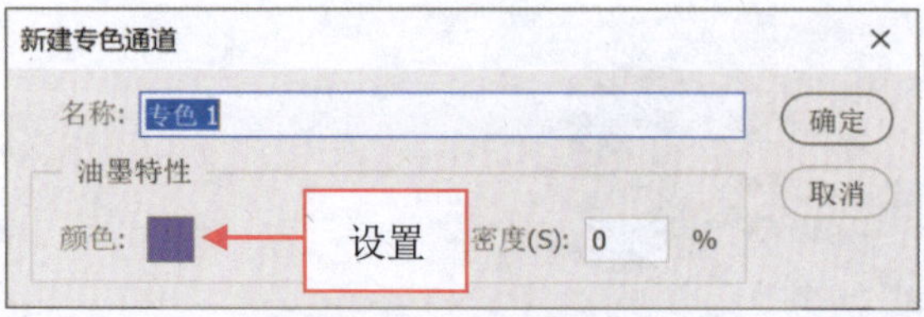

图 5-19　新建专色通道

图 5-20　预览图像效果

5.3　掌握通道的基本操作

本节主要介绍通道的基本操作，如保存选区至通道、复制通道、删除通道、分离通道以及合并通道等内容，熟练掌握这些通道的操作技巧，才能更好的使用通道进行抠图操作。

5.3.1　保存选区至通道

保存选区至通道

在编辑图像时，若将新建的选区保存到通道，可方便用户对图像的多次编辑和修改。

Step 01　打开素材图像（素材\第 5 章\百合花.jpg），如图 5-21 所示。

Step 02　运用魔棒工具，在图像编辑窗口中创建选区，效果如图 5-22 所示。

图 5-21　素材图像

图 5-22　创建选区

Step 03　单击“选择”|“存储选区”命令，弹出“存储选区”对话框，在其中设置各选项，如图 5-23 所示。

Step 04　单击“确定”按钮，即可将创建的选区保存至通道，如图 5-24 所示。

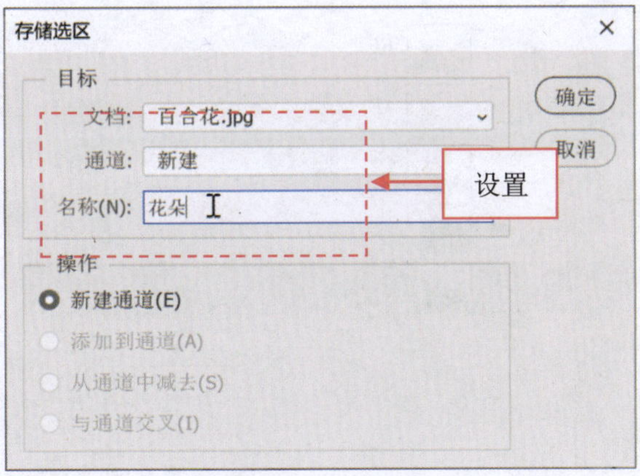

图 5-23　设置各选项

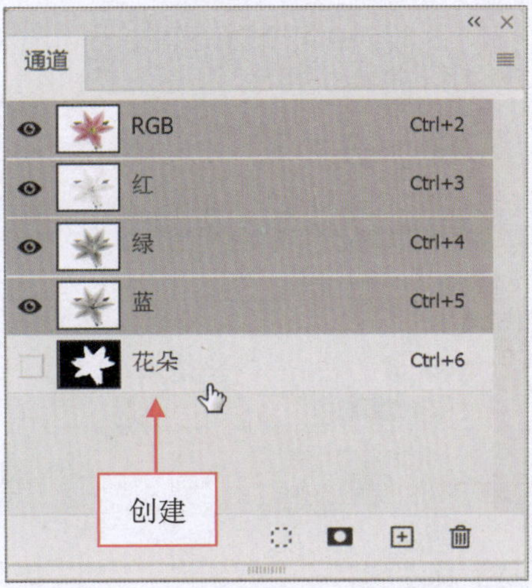

图 5-24　将创建的选区保存至通道

5.3.2　复制通道

复制通道

在“通道”面板中，用户可以对某一通道进行复制操作，制作出相应的效果。下面介绍复制通道的操作方法。

Step 01　打开素材图像（素材\第 5 章\蝴蝶飞舞.jpg），如图 5-25 所示。

Step 02　在“通道”面板中，选择“蓝”通道，如图 5-26 所示。

图 5-25　素材图像

图 5-26　选择“蓝”通道

Step 03　单击鼠标右键，在弹出的快捷菜单中选择“复制通道”选项，弹出“复制通道”对话框，如图 5-27 所示。

Step 04　单击“确定”按钮，即可复制一个名为“蓝 拷贝”的通道，如图 5-28 所示。

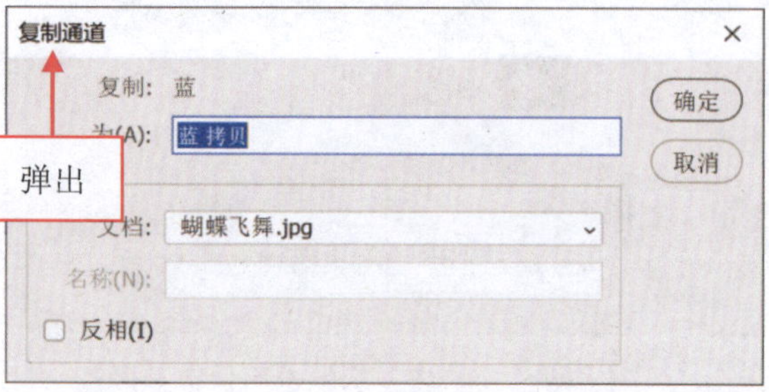

图 5-27　弹出“复制通道”对话框

图 5-28　复制通道

> ▶ 专家指点
>
> 选择需要复制的通道，单击“通道”面板右上角的三角形按钮，弹出面板菜单，在其中选择“复制通道”选项，也可以快速复制通道。

5.3.3　删除通道

删除通道的操作与删除图层的操作非常相似，通过删除通道可以制作出不同的图像效果。下面介绍删除通道的操作方法。

删除通道

Step 01　打开素材图像（素材\第 5 章\碗.jpg），如图 5-29 所示。

Step 02　在“通道”面板中，选择“绿”通道，单击“通道”面板底部的“删除通道”按钮，如图 5-30 所示。

图 5-29　素材图像

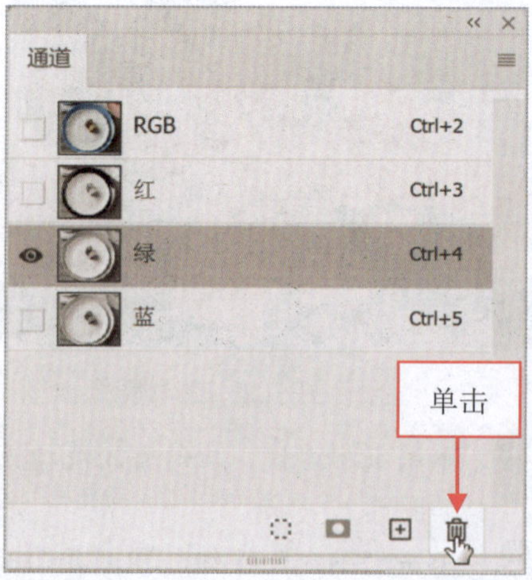

图 5-30　单击“删除通道”按钮

Step 03 执行上述操作后，弹出信息提示框，单击“是”按钮，图像将自动转换至单色通道模式，图像编辑窗口中的图像效果如图 5-31 所示。

图 5-31　删除通道后的图像

> ▶ 专家指点
>
> 在“通道”面板中，单击面板右上角的三角形按钮，在弹出的面板菜单中选择“删除通道”选项，也可以快速删除通道。

5.3.4　分离通道

为了便于图像的编辑处理，用户可以通过“分离”命令将图像文件中的通道分离出来，使各自成为一个单独的文件。下面介绍分离通道的操作方法。

删除通道

Step 01 打开素材图像（素材\第 5 章\化妆图片.jpg），如图 5-32 所示。

Step 02 在“通道”面板中，单击面板右上角的三角形按钮，在弹出的面板菜单中选择“分离通道”选项，如图 5-33 所示。

图 5-32　素材图像

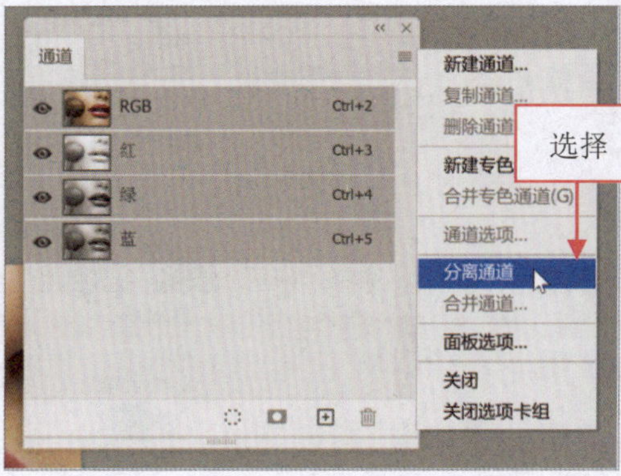

图 5-33　选择“分离通道”选项

Step 03 将 RGB 模式图像的通道分离为 3 幅灰色图像，效果如图 5-34 所示。

图 5-34　分离通道后的 3 幅灰色图像

5.3.5　合并通道

使用“合并通道”命令可以将多个大小相同的灰度图像合并成一幅彩色图像。合并通道时注意图像的大小和分辨率必须是相同的，否则无法合并。

合并通道

Step 01　打开 3 幅素材图像（素材\第 5 章\美妆(a) ~ 美妆(c).jpg），如图 5-35 所示。

图 5-35　素材图像

Step 02　展开“通道”面板，单击面板右上角的三角形按钮，在弹出的面板菜单中选择“合并通道”选项，如图 5-36 所示。

Step 03　弹出“合并通道”对话框，在其中设置“模式”为“RGB 颜色”、“通道”为 3，如图 5-37 所示。

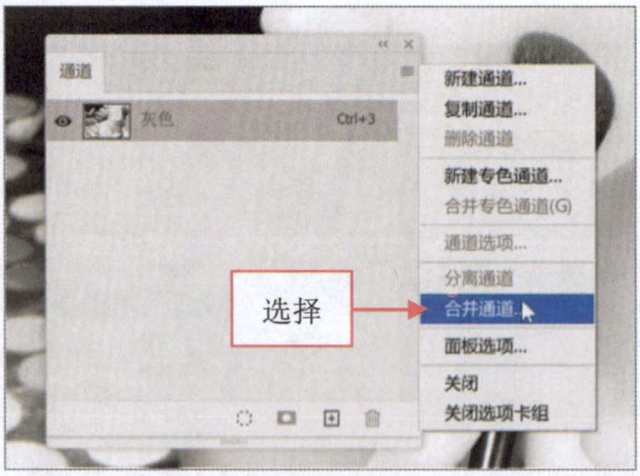

图 5-36　选择“合并通道”选项

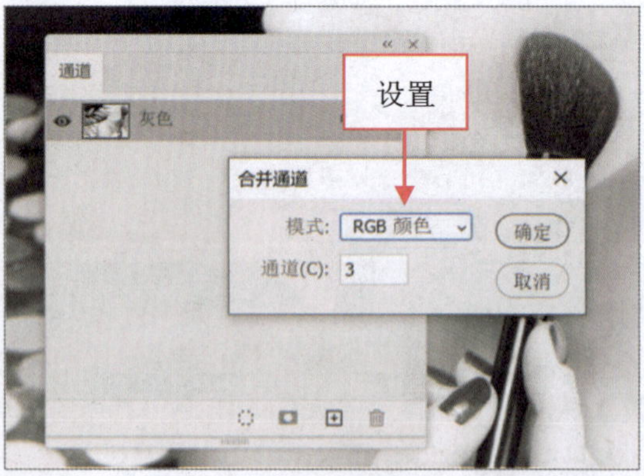

图 5-37　“合并通道”对话框

Step 04　单击“确定”按钮，即可弹出“合并 RGB 通道”对话框，在其中设置各选项，如图 5-38 所示。

Step 05　单击“确定”按钮，即可合并图像，效果如图 5-39 所示。

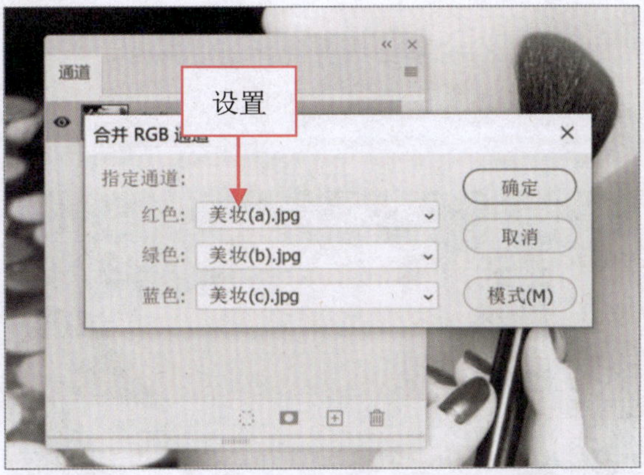

图 5-38　设置各选项

图 5-39　合并图像

5.4　运用通道进行抠图与合成

通道的功能很强大，在制作特殊的图像特效时，都离不开通道的协助，一般的图片都是由 RGB 三个通道构成的，因此可以利用通道进行快速抠图。本节主要讲解使用通道进行抠图的多种操作方法，希望读者熟练掌握本节内容。

5.4.1　通过调整通道对比抠图

在进行抠图时，有些图像与背景过于相近，从而抠图不是那么方便，此时可以利用“通道”面板，结合其他命令对图像进行抠图操作。

通过调整通道对比抠图

Step 01　打开素材图像（素材\第 5 章\荷花.jpg），如图 5-40 所示。

Step 02　展开“通道”面板，分别单击来查看通道显示效果，拖动“红”通道至面板底部的“创建新通道”按钮⊞上，复制一个通道，如图 5-41 所示。

图 5-40　素材图像

图 5-41　复制通道

Step 03 单击“图像”|“调整”|“亮度/对比度”命令，弹出“亮度/对比度”对话框，设置各参数，如图 5-42 所示，单击“确定”按钮。

Step 04 选取快速选择工具，设置画笔“大小”为 80，在花朵上拖动鼠标创建选区，如果有多余的部分，可以单击工具属性栏中的“从选区减去”按钮，将画笔调小，减去多余的部分，如图 5-43 所示。

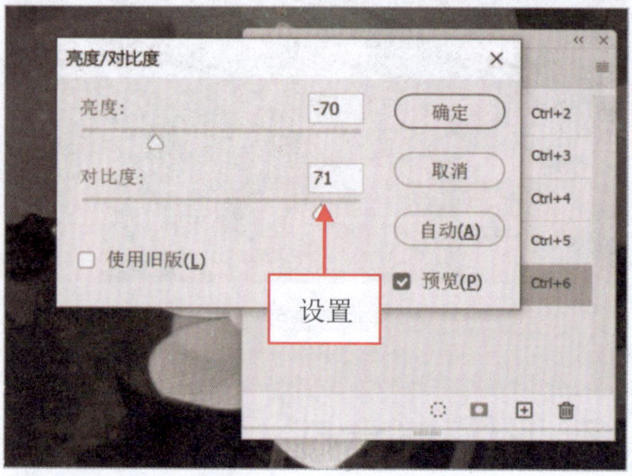

图 5-42　设置各参数

图 5-43　创建选区

Step 05 在“通道”面板中单击 RGB 通道，返回到 RGB 模式，如图 5-44 所示。

Step 06 按【Ctrl + J】组合键拷贝一个新图层，并隐藏“背景”图层，效果如图 5-45 所示。

图 5-44　返回 RGB 模式

图 5-45　拷贝新图层并隐藏“背景”图层

5.4.2　运用通道差异性抠图

有一些图像在通道中的不同颜色模式下显示的颜色深浅会有所不同，利用通道的差异性可以快速选择图像，从而进行抠图。

运用通道差异性抠图

Step 01 打开素材图像（素材\第 5 章\小红花.jpg），如图 5-46 所示。

Step 02 选择“蓝”通道，选取快速选择工具，设置画笔“大小”为 40，在花朵上拖动鼠标创建选区，如图 5-47 所示。

图 5-46　素材图像

图 5-47　拖动创建选区

Step 03　选择“红”通道，设置画笔“大小”为 10，在花茎的区域创建选区，如图 5-48 所示。

Step 04　返回 RGB 模式，按【Ctrl + J】组合键，拷贝一个新图层，并隐藏“背景”图层，效果如图 5-49 所示。

图 5-48　拖动鼠标创建选区

图 5-49　拷贝新图层并隐藏“背景”图层

5.4.3　钢笔工具配合通道抠图

钢笔工具配合通道抠图

抠图并不局限于一种工具或命令，有时还需要集合多种命令或工具进行抠图，一般常用于比较复杂的图像。下面介绍使用钢笔工具配合通道进行抠图的操作方法。

Step 01　打开素材图像（素材\第 5 章\奔跑.jpg），如图 5-50 所示。

Step 02　选取自由钢笔工具，沿人物边缘拖动鼠标，将人物部分选中，如图 5-51 所示。

Step 03　打开“图层”面板，拖动“背景”图层到面板底部的“创建新图层”按钮上，复制一个“背景 拷贝”图层，如图 5-52 所示。

Step 04　选择创建的工作路径，在“图层”面板中选择“背景 拷贝”图层，按住【Ctrl + Alt】组合键的同时，单击“添加图层蒙版”按钮，创建矢量蒙版，如图 5-53 所示。

图 5-50　素材图像

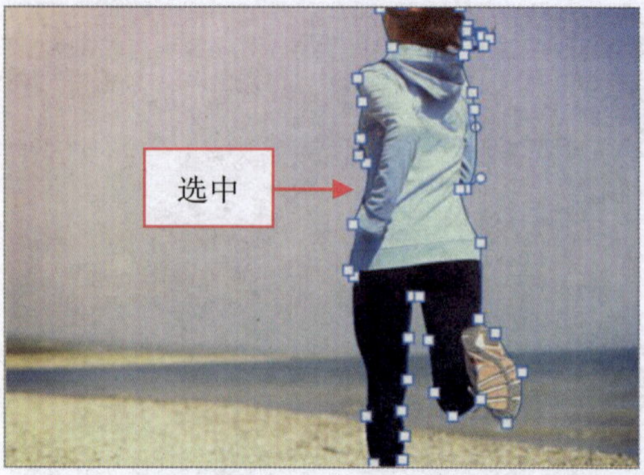

图 5-51　选中人物边缘

图 5-52　复制背景图层

图 5-53　创建矢量蒙版

Step 05 打开“通道”面板，分别单击通道查看头发部分显示明显的通道，这里选择“绿”通道，将“绿”通道拖到“创建新通道”按钮⊞上，复制通道，如图 5-54 所示。

Step 06 单击“图像”|“调整”|“色阶”命令，弹出“色阶”对话框，设置相应的参数，如图 5-55 所示，使人物头发部分变成全黑，单击“确定”按钮，完成调整。

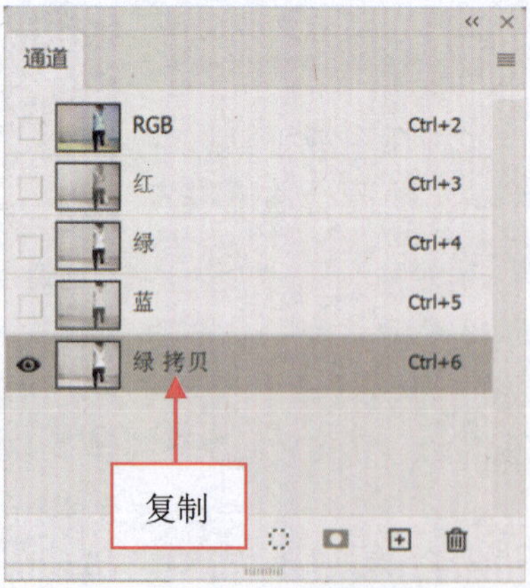

图 5-54　复制通道

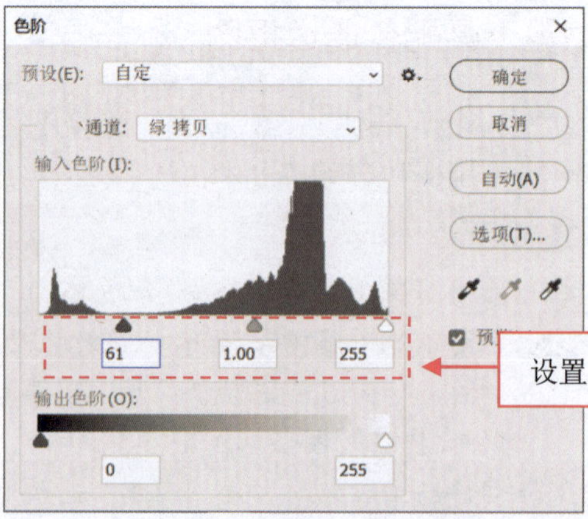

图 5-55　设置相应的参数

▶ 专家指点

在“色阶”对话框中设置色阶参数时，用户一边调整参数，还要一边观察图像的亮度变化，是否达到了我们的操作需求，是否方便对图像进行抠图。

Step 07 选取快速选择工具，设置画笔“大小”为 10，在人物身上拖动鼠标创建选区，如图 5-56 所示。

Step 08 在“通道”面板中单击 RGB 通道，返回 RGB 通道，选择“背景”图层，按【Ctrl + J】组合键拷贝一个新图层，并隐藏“背景”和“背景 拷贝”图层，如图 5-57 所示。

图 5-56　在人物身上拖动鼠标创建选区

图 5-57　拷贝新图层并隐藏“背景”图层

5.4.4　运用通道对透明物体抠图

运用通道对透明物体抠图

在“通道”面板中，显示为白色的统称为选区部分，黑色为非选区部分。抠出图像后，介于黑色和白色之间的灰色，即为半透明部分。下面介绍用通道对透明物体进行抠图的方法。

Step 01 打开素材图像（素材\第 5 章\蜻蜓.jpg），如图 5-58 所示。

Step 02 打开“通道”面板，拖动“蓝”通道至面板底部的“创建新通道”按钮上，复制“蓝”通道，如图 5-59 所示。

图 5-58　素材图像

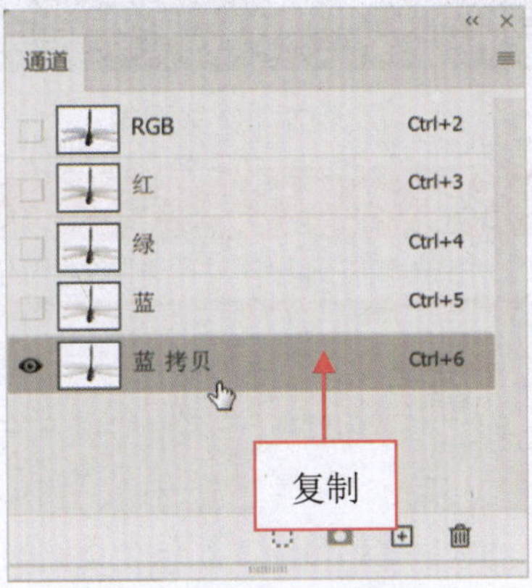

图 5-59　复制通道

Step 03 单击“图像”|“调整”|“反相”命令，将图像反相，如图 5-60 所示。

Step 04 单击“图像”|“调整”|“色阶”命令，调出“色阶”对话框，设置相应的参数，如图 5-61 所示，单击“在图像中取样以设置黑场”按钮，在背景上单击鼠标设置黑场。

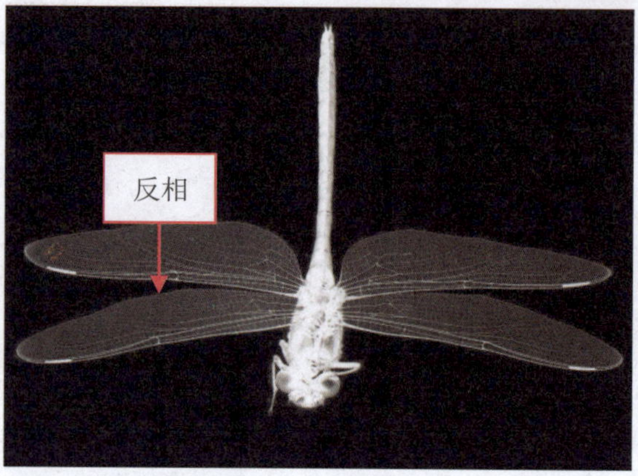

图 5-60　反相图像

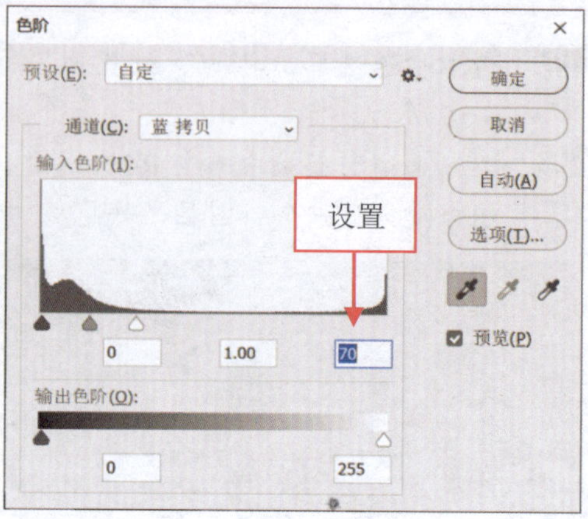

图 5-61　设置相应的参数

Step 05 单击“确定”按钮，选取画笔工具，在工具属性栏中设置画笔“大小”为 40、“不透明度”为 100%、前景色为白色，在蜻蜓身体部分的黑色区域进行适当涂抹，如图 5-62 所示。

Step 06 按住【Ctrl】键的同时，单击“蓝 拷贝”通道，载入选区，如图 5-63 所示。

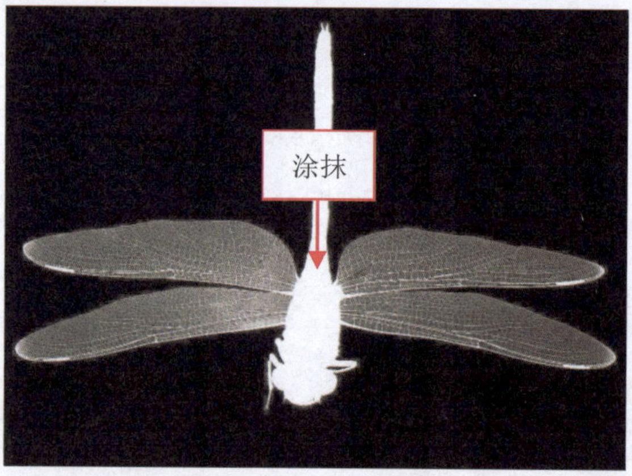

图 5-62　涂抹图像

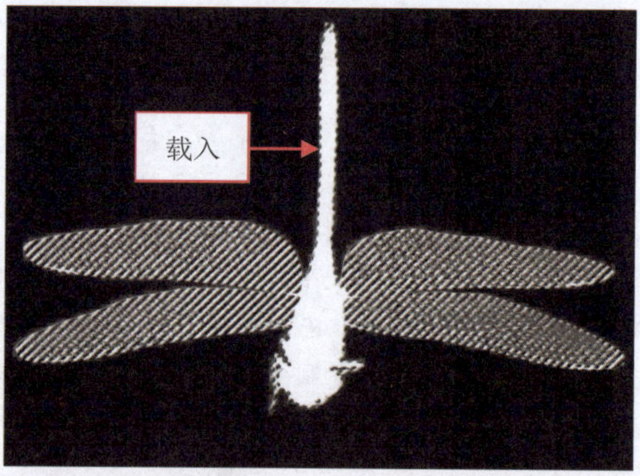

图 5-63　载入选区

▶ 专家指点

在图像编辑窗口中，按键盘上的【[】键，可以调小画笔；按【]】键，可以放大画笔。

Step 07 单击 RGB 通道，返回 RGB 通道模式，按【Ctrl + J】组合键，拷贝一个新图层，将“背景”图层隐藏，如图 5-64 所示。

Step 08 打开素材图像（素材\第 5 章\花朵.jpg），使用移动工具将抠取的图像拖至打开的图像中，按【Ctrl + T】组合键，自由变换图像，适当调整其大小、位置和旋转角度，效果如图 5-65 所示。

图 5-64　抠图效果

图 5-65　合并图像效果

5.4.5　运用“计算”命令抠图

运用“计算”命令抠图

“计算”命令可以将两个尺寸相同的不同图像或同一图像中两个不同的通道进行混合，并将混合后所得的结果应用到新图像或新通道以及当前选区中。下面介绍使用“计算”命令抠图的操作方法。

Step 01　打开素材图像（素材\第 5 章\玫瑰花.jpg），如图 5-66 所示。

Step 02　在“通道”面板中选择“红”通道，单击“图像”|“计算”命令，弹出“计算”对话框，设置相应参数，如图 5-67 所示。

图 5-66　素材图像

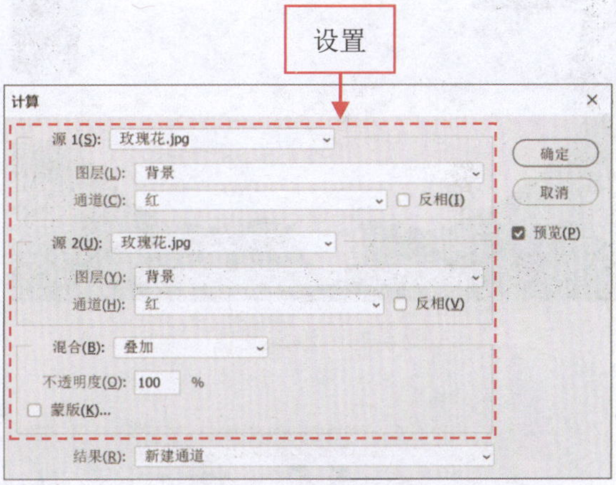

图 5-67　设置相应参数

Step 03　单击“确定”按钮，生成 Alpha 1 通道，在此基础上，再次单击“图像”|“计算”命令，弹出“计算”对话框，设置同样的参数，单击“确定”按钮，生成 Alpha 2 通道，如图 5-68 所示。

Step 04　选择 Alpha 2 通道，按【Ctrl + L】组合键，弹出“色阶”对话框，在其中设置相应参数，设置黑场和白场，如图 5-69 所示。

Step 05　单击“确定”按钮，选取画笔工具，设置画笔“大小”为 60、“硬度”为 100%、“笔尖形状”为“硬边圆”，涂抹花区域为白色，背景区域为黑色，如图 5-70 所示。

Step 06 按住【Ctrl】键的同时，单击 Alpha 2 通道，载入选区，单击 RGB 通道，返回 RGB 通道模式，选择“背景”图层，按【Ctrl + J】组合键拷贝一个新图层，并隐藏“背景”图层，查看抠图效果，如图 5-71 所示。

图 5-68　生成通道

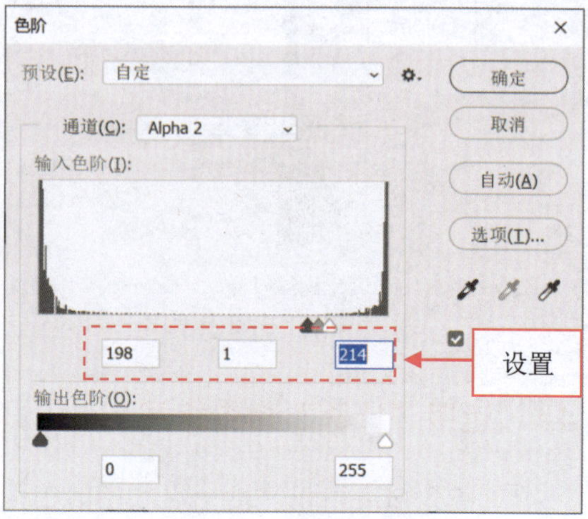

图 5-69　设置黑场和白场

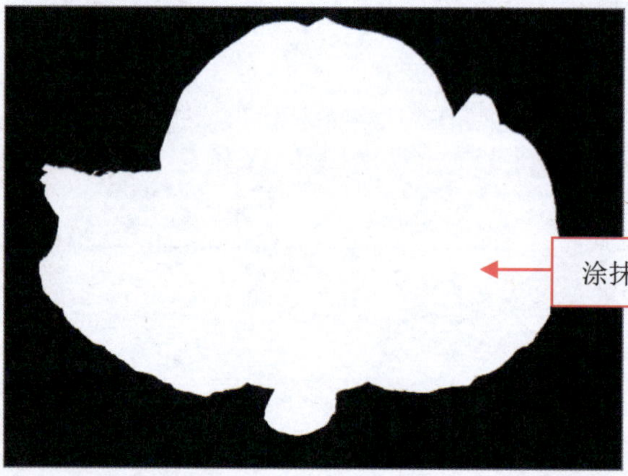

图 5-70　涂抹图像

图 5-71　抠图效果

5.5　运用蒙版进行抠图与合成

Photoshop 2021 中的蒙版是非常重要的抠图工具，尤其是图层蒙版。与一般的选区工具不同的是，图层蒙版中是使用黑白灰来表示选区范围的。此外，还有快速蒙版、矢量蒙版以及剪贴蒙版等抠图应用，都是非常重要的工具。

图层蒙版是通道的另一种表现形式，可用于为图像添加遮盖效果，灵活运用蒙版与选区，可以制作出丰富多彩的图像合成效果。

在 Photoshop 2021 中，“蒙版”属性面板中提供了用于图层蒙版以及矢量蒙版的多种控制选项，“蒙版”属性面板不仅可以轻松更改图像的不透明度、边缘化程度，而且可以方便地增加或删减蒙版、反相蒙版或调整蒙版边缘。在“图层”面板中，选择相应图层的图层蒙版，展开“蒙版”属性面板，如图 5-72 所示。

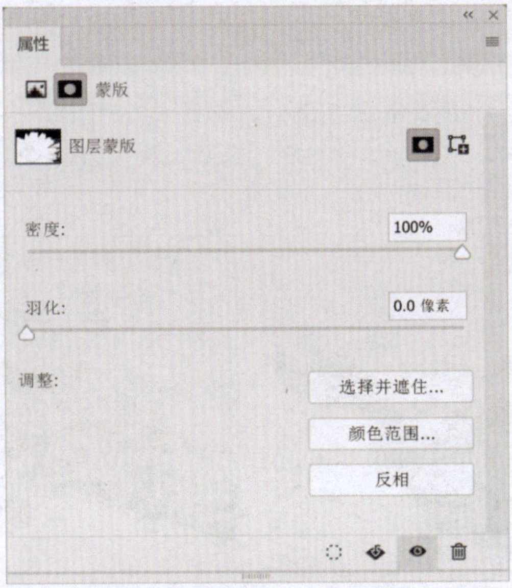

图 5-72　“蒙版”属性面板

▶ 专家指点

在“蒙版”属性面板中，各主要选项含义如下。

➢ “从蒙版中载入选区”按钮：单击该按钮，可以从蒙版中载入选区。

➢ “应用蒙版”按钮：单击该按钮以后，可以将蒙版应用到图像中，同时删除被蒙版遮盖的图像。

➢ “停用/启用蒙版”按钮：单击该按钮，或按住【Shift】键的同时，单击蒙版缩览图，可以停用（或重新启用）蒙版。停用蒙版时，蒙版缩览图上会出现一个红色的×。

➢ “删除蒙版”按钮：删除当前选择的蒙版。此外，在“图层”面板中将蒙版缩览图拖曳至“删除图层”按钮上，也可以将其删除。

➢ “选择图层蒙版”按钮：单击该按钮，可以选择当前图层蒙版。

➢ “添加矢量蒙版”按钮：单击该按钮，可以添加矢量蒙版。

➢ “密度”数值：拖动滑块可以控制蒙版的不透明度，即蒙版的遮盖强度。

➢ “羽化”数值：拖动滑块可以柔化蒙版的边缘。

➢ “选择并遮住”按钮：单击该按钮，即可打开相应窗口，在其中可以修改蒙板的边缘，并针对不同的背景查看蒙版。这些操作与调整选区边缘基本相同。

➢ “颜色范围”按钮：单击该按钮，可以打开“色彩范围”对话框，通过在图像中取样并调整颜色容差，可以修改蒙版的范围。

➢ “反相”按钮：单击该按钮，可以反转蒙版的遮盖区域。

5.5.1 运用快速蒙版抠图

一般使用“快速蒙版”模式都是从选区开始的，然后从中添加或者减去选区，以建立蒙版。使用快速蒙版可以通过绘图工具进行调整，以便创建复杂的选区。

运用快速蒙版抠图

Step 01 打开素材图像（素材\第 5 章\握手.jpg），如图 5-73 所示。

Step 02 在“路径”面板中，选择“工作路径”选项，按【Ctrl + Enter】组合键，将路径转换为选区，如图 5-74 所示。

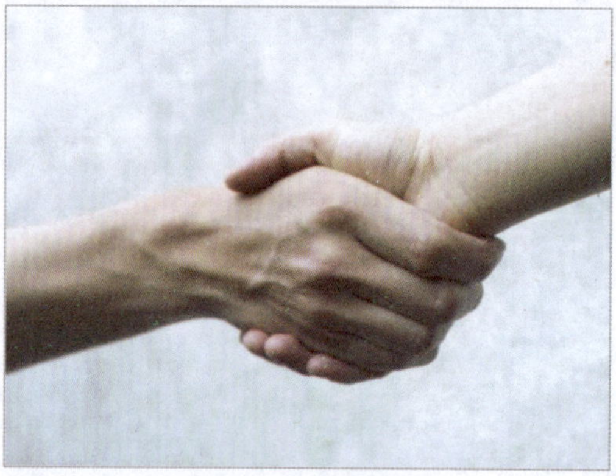

图 5-73 素材图像

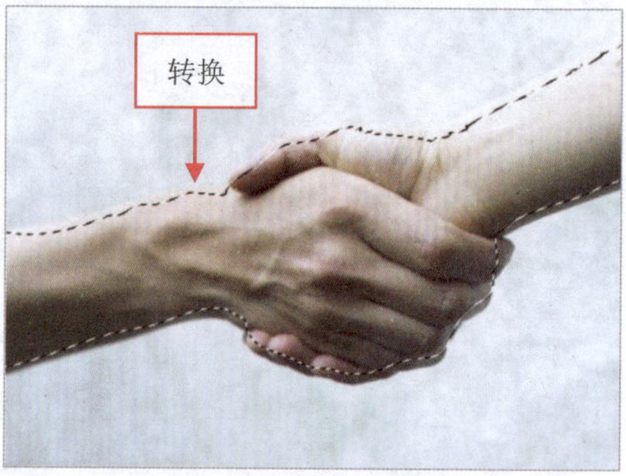

图 5-74 将路径转换为选区

Step 03 在左侧工具箱底部，单击“以快速蒙版模式编辑”按钮，启用快速蒙版，如图 5-75 所示，适当放大图像，可以看到红色的保护区域，并可以看到物体多选的区域。

Step 04 选取画笔工具，设置画笔“大小”为 20、“硬度”为 100%，单击“设置前景色”色块，弹出“拾色器（前景色）”对话框，设置前景色为白色，在多选区域拖曳鼠标，进行适当擦除，如图 5-76 所示。

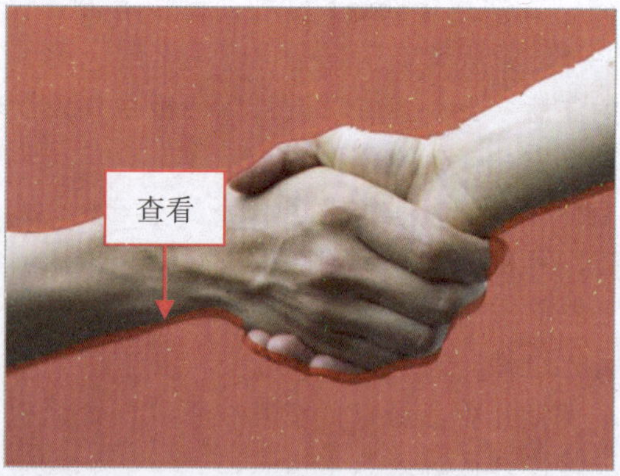

图 5-75 查看红色的保护区域

图 5-76 擦除图像

Step 05 继续拖动鼠标，擦除相应的区域，以减选该红色区域，如图 5-77 所示。

Step 06 在左侧工具箱底部，单击“以标准模式编辑”按钮，退出快速蒙版模式，按【Ctrl + J】组合键，拷贝一个新图层，并隐藏“背景”图层，效果如图 5-78 所示。

图 5-77 继续擦除图像

图 5-78 抠图效果

▶ 专家指点

在编辑快速蒙版时，可以使用黑、白或者灰色等颜色来编辑蒙版选区效果。在进入快速蒙版后，当运用黑色绘图工具进行作图时，将在图像中得到红色的区域，即非选区区域；当运用白色绘图工具进行作图时，可以去除红色的区域，即生成的选区；用灰色绘图工具进行作图，则生成的选区将会带有一定的羽化效果。

此外，按【Q】键，也可以快速启用或者退出快速蒙版模式。

5.5.2 运用矢量蒙版抠图

矢量蒙版是由钢笔、自定形状等矢量工具创建的蒙版。矢量蒙版主要借助路径来创建，利用路径选择图像后，通过矢量蒙版可以快速进行图像的抠除。

运用矢量蒙版抠图

Step 01 打开素材图像（素材\第 5 章\手表.jpg），如图 5-79 所示。

Step 02 在“图层”面板中，拖动“背景”图层至面板底部的“创建新图层”按钮上，复制一个图层，如图 5-80 所示。

图 5-79 素材图像

图 5-80 复制图层

Step 03 在“路径”面板中，选择“工作路径”选项，单击“图层”|“矢量蒙版”|“当前路径”命令，如图 5-81 所示。

Step 04 在“图层”面板中，单击“背景”图层前的“指示图层可见性”图标，将“背景”图层隐藏，效果如图 5-82 所示。

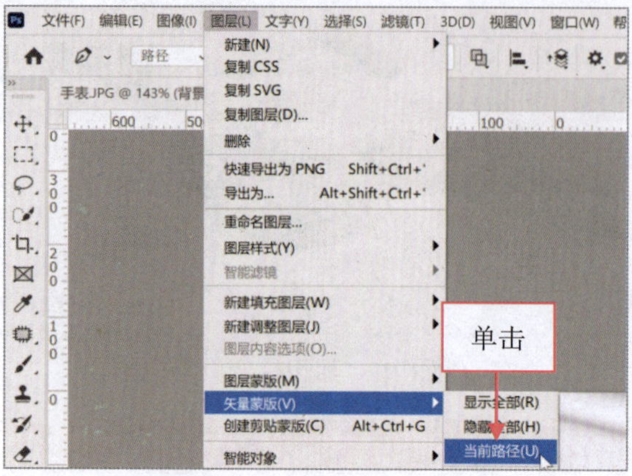

图 5-81 单击“当前路径”命令

图 5-82 抠图效果

5.5.3 运用图层蒙版抠图

运用图层蒙版抠图

图层蒙版以一个独立的图层存在，而且可以控制图层或图层组中不同区域的操作。图层蒙版是最重要的蒙版抠图工具。下面介绍应用图层蒙版抠图的操作方法。

Step 01 打开素材图像（素材\第 5 章\新娘.psd），如图 5-83 所示。

Step 02 在“图层”面板中，选择“图层 1”图层，单击面板中的“添加蒙版”按钮，给当前图层添加图层蒙版，图 5-84 所示。

图 5-83 素材图像

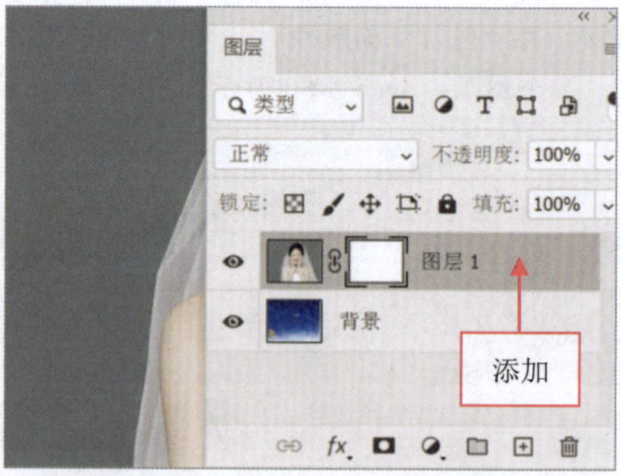

图 5-84 添加图层蒙版

Step 03 单击图层缩览图，按【Ctrl + A】组合键，全选图像，按【Ctrl + C】组合键，复制图像，按住【Alt】键的同时，单击图层蒙版缩览图，进入图层蒙版编辑状态，按【Ctrl + V】组合键，粘贴图像，并取消选区，如图 5-85 所示。

Step 04 选取快速选择工具，选择人物的背景区域，然后填充为黑色，如图 5-86 所示。

图 5-85　将图层复制到图层蒙版中

图 5-86　填充为黑色

Step 05　单击“选择”|“反选”命令，反选选区，然后填充为白色，如图 5-87 所示。

Step 06　按住【Alt】键的同时，单击图层蒙版缩览图，退出图层蒙版编辑状态，完成抠图，如图 5-88 所示。

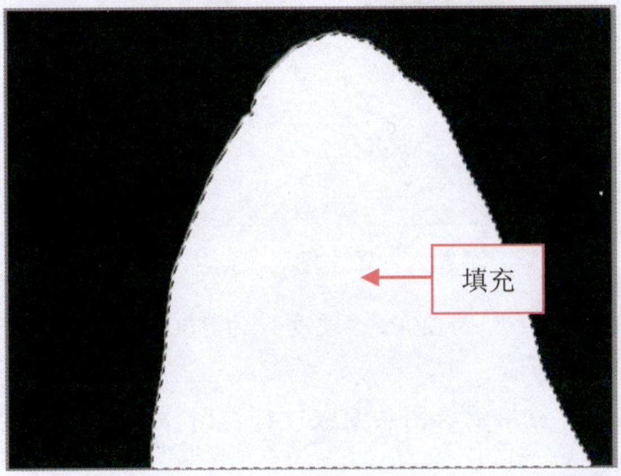

图 5-87　填充为白色

图 5-88　退出图层蒙版编辑状态

Step 07　按【Ctrl + D】组合键，取消选区，效果如图 5-89 所示。

图 5-89　抠图后的效果

5.5.4 运用编辑图层蒙版抠图

运用编辑图层蒙版抠图

如果要编辑图层蒙版，首先要单击图层蒙版缩略图，进入图层蒙版模式才可以修改，同时，这样也不影响图层的内容。下面介绍编辑图层蒙版进行抠图的操作方法。

Step 01 打开素材图像（素材\第 5 章\卡通娃娃.jpg），如图 5-90 所示。

Step 02 在“图层”面板中，隐藏“背景”图层，单击“玩偶”图层的图层蒙版缩略图，进入图层蒙版模式，如图 5-91 所示。

图 5-90　素材图像

图 5-91　单击图层蒙版缩略图

Step 03 选取画笔工具，设置前景色为黑色、画笔“大小”为 200、“硬度”为 100%，在图层蒙版中进行适当的涂抹，如图 5-92 所示。

Step 04 在相应位置继续擦除不需要的图像部分，即可应用编辑图层蒙版进行抠图，效果如图 5-93 所示。

图 5-92　涂抹图像

图 5-93　编辑图层蒙版进行抠图

5.5.5 运用剪贴蒙版抠图

剪贴蒙版可以将一个图层中的图像剪贴至另一个图像的轮廓中，从而不会影响图像的源数据，创建剪贴蒙版后，还可以拖动被剪贴的图像调整其位置。下面介绍应用剪贴蒙版抠图的操作方法。

运用剪贴蒙版抠图

Step 01 打开两幅素材图像（素材\第 5 章\背景.psd、单车.jpg），如图 5-94 所示。

Step 02 切换至“单车.jpg”图像编辑窗口中，按【Ctrl + A】组合键，全选图像，如图 5-95 所示。

图 5-94　素材图像

图 5-95　全选图像

Step 03 按【Ctrl + C】组合键复制图像，切换至“背景.psd”图像编辑窗口中，按【Ctrl + V】组合键粘贴图像，按【Ctrl + T】组合键，调整图像大小、角度和位置，如图 5-96 所示。

Step 04 单击“图层”|“创建剪贴蒙版”命令，效果如图 5-97 所示。

图 5-96　粘贴图像

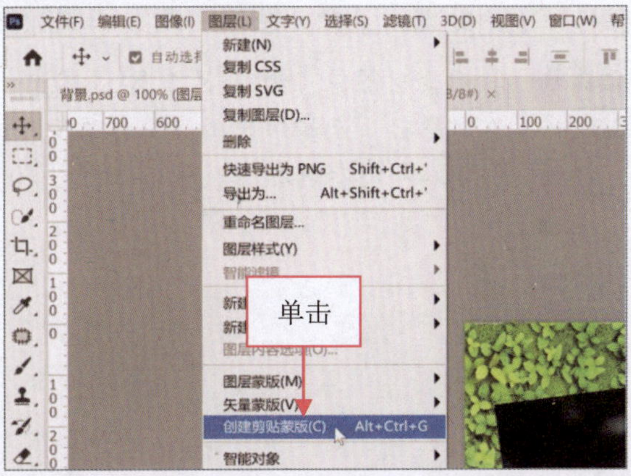

图 5-97　单击“创建剪贴蒙版”命令

▶ 专家指点

单击“图层”|“释放剪贴蒙版”命令，即可从剪贴蒙版中释放出该图层，如果该图层上面还有其它内容图层，则这些图层也会一同释放。

Step 05 执行上述操作后，即可创建剪贴蒙版，效果如图 5-98 所示。

图 5-98　最终效果

▶ 专家指点

在 Photoshop 2021 中，按【Alt + Ctrl + G】组合键，也可以快速执行“创建剪贴蒙版”命令，创建剪贴蒙版。

5.5.6　运用路径和蒙版抠图

运用图层蒙版编辑图像时，选取画笔工具，通过修改前景色，可以使擦除的图像产生不同的透明效果，利用这种功能，可以对透明图像进行抠图处理。下面介绍运用路径和蒙版进行抠图的操作方法。

运用路径和蒙版抠图

Step 01　打开素材图像（素材\第 5 章\水杯.jpg），如图 5-99 所示。

Step 02　在“路径”面板中选择“工作路径”选项，单击面板底部的“将路径作为选区载入”按钮，将路径转换为选区，如图 5-100 所示。

图 5-99　素材图像

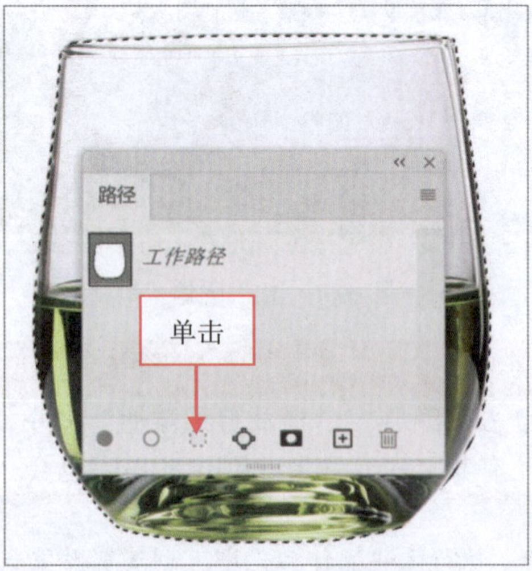

图 5-100　将路径转换为选区

Step 03 按【Ctrl + O】组合键，打开素材图像（素材\第 5 章\蛋糕.jpg），使用移动工具将选区内的图像拖动至打开的素材图像中，按【Ctrl + T】组合键，适当调整图像大小和位置，如图 5-101 所示。

图 5-101　拖动并调整素材

Step 04 在“图层”面板中选择“图层 1”图层，单击面板底部的“添加图层蒙版”按钮，为其添加图层蒙版，如图 5-102 所示。

图 5-102　添加图层蒙版

> ▶ 专家指点
>
> 使用画笔工具时，需要注意设置适当的“硬度”值，以避免擦除时出现明显的边缘。

Step 05 选取画笔工具，设置画笔“大小”为 200、“硬度”为 0、前景色为灰色（RGB 参数分别为 181、181、181），在玻璃杯口处适当涂抹，以显示透明效果，如图 5-103 所示。

图 5-103　涂抹透明效果

Step 06　设置前景色为灰色（RGB 参数分别为 221、221、221），在玻璃杯身处适当涂抹，以显示半透明效果，完成整个抠图的处理，效果如图 5-104 所示。

图 5-104　完成抠图处理效果

▶ 专家指点

用户可以使用路径结合蒙版进行透明图像的抠图处理，如果素材的路径边缘不能满足用户的需要，用户可以重新创建路径，或对现有的路径进行适当的修改调整。使用路径选择图像时，尽量将路径调整到玻璃杯的边缘向内一些，以避免出现多余的边缘图像。

在缩放图像时，按住【Shift】键可以等比例缩放；按住【Alt】键可以从中心缩放图像；按【Shift + Alt】组合键，可以从中心等比例缩放图像。

本章小结

本章主要介绍了使用通道与蒙版进行抠图与合成的操作方法，主要包括认识通道、创建通道的方法、通道的基本操作、使用通道进行抠图与合成、使用蒙版进行抠图与合成等内容。

本章通过案例操作的形式，详细讲解了各功能的抠图与合成技巧，可以帮助读者更好的掌握通道与蒙版的核心技能，制作出更加精彩的平面设计作品。

课后习题

课后习题

鉴于本章知识的重要性，为了帮助读者更好地掌握所学知识，本节将通过上机习题帮助读者进行简单的知识回顾和补充。

本习题需要掌握运用矢量蒙版进行抠图的操作方法，素材与效果如图 5-105 所示。

图 5-105　素材与效果

第 6 章 UI 界面的设计与制作

UI 设计是属于视觉传达设计的一种，是机器与用户交流的一种界面设计，可以分成硬件界面和软件界面两个大类。本章主要讲述的是软件界面，介于用户与手机之间的一种移动 UI 界面，包括系统图标设计、APP 界面设计以及小程序界面设计等内容。

本章重点

- 系统图标设计：日历图标
- APP 界面设计：登录界面
- 小程序设计：摄影界面

6.1　系统图标设计：日历图标

日历主要用来记载日期等相关信息，是手机系统常带的应用之一。本实例主要介绍日历图标的设计方法，采用的是拟物化图标的设计形式，最终效果如图 6-1 所示。

图 6-1　系统图标设计：日历图标

6.1.1　制作日历图标的背景效果

制作日历图标的背景效果

下面介绍制作日历图标的背景效果，包括新建图层、使用圆角矩形工具以及设置图层样式等内容，具体操作步骤如下。

Step 01　打开素材图像（素材\第 6 章\日历图标.jpg），如图 6-2 所示。

Step 02　在工具箱中单击“设置前景色”色块，如图 6-3 所示。

图 6-2　素材图像

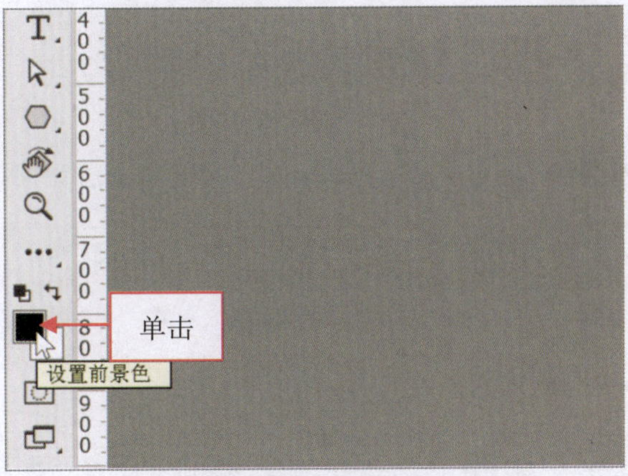

图 6-3　单击“设置前景色”色块

Step 03 弹出“拾色器（前景色）”对话框，设置颜色为白色，如图 6-4 所示。

Step 04 单击“确定”按钮，即可设置前景色，新建“图层 1”图层，如图 6-5 所示。

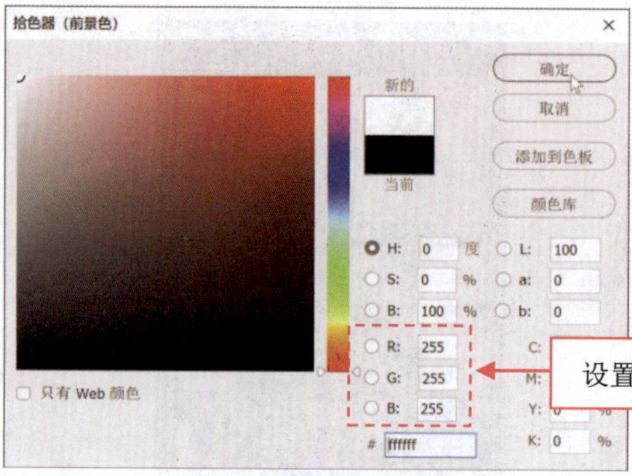

图 6-4 设置颜色为白色

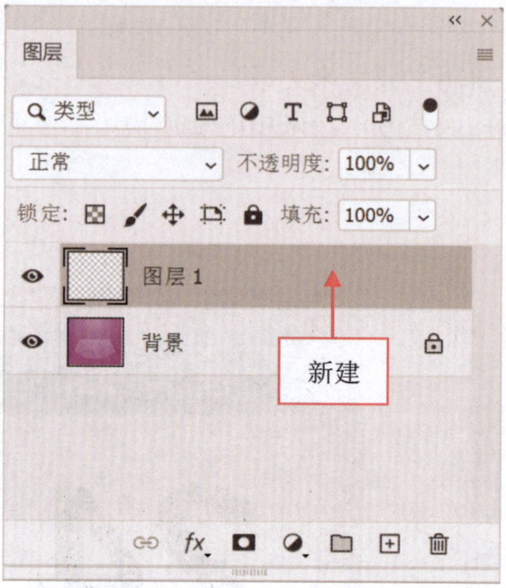

图 6-5 新建“图层 1”图层

Step 05 选取工具箱中的圆角矩形工具，如图 6-6 所示。

Step 06 在工具属性栏中选择工具模式为“像素”，如图 6-7 所示。

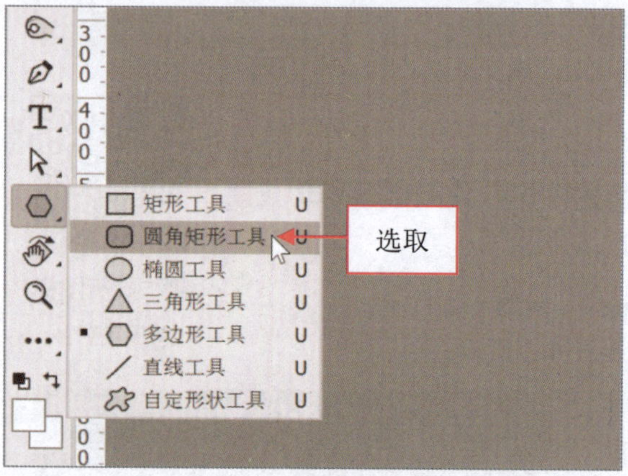

图 6-6 选取圆角矩形工具

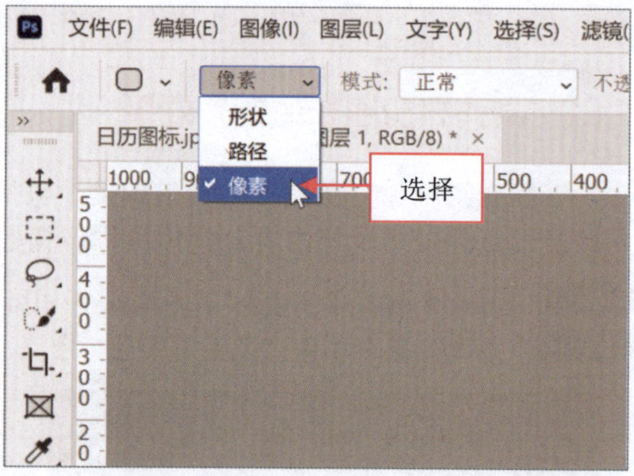

图 6-7 选择工具模式

Step 07 在工具属性栏的右侧，设置圆角的半径为“45 像素”，如图 6-8 所示。

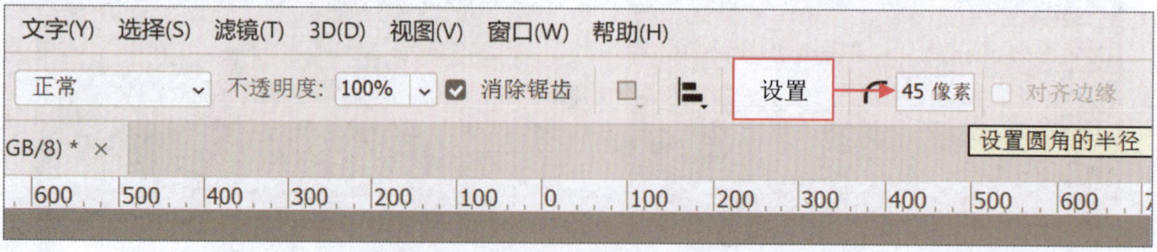

图 6-8 设置圆角的半径为“45 像素”

Step 08 在图像编辑窗口中，绘制一个圆角矩形对象，如图 6-9 所示。

Step 09 在菜单栏中，单击“图层”|“图层样式”|“内发光”命令，如图 6-10 所示。

图 6-9　绘制一个圆角矩形对象

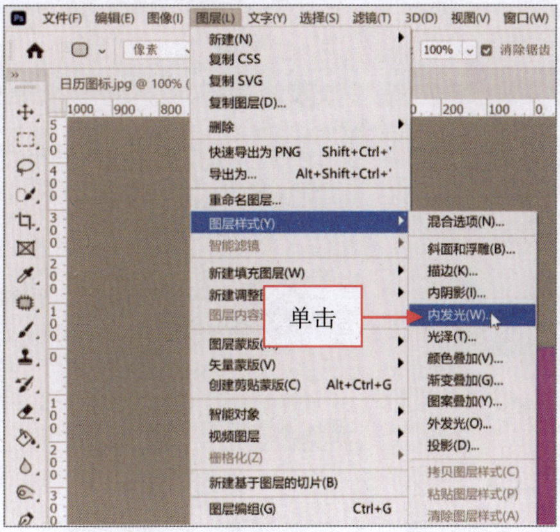

图 6-10　单击“内发光”命令

Step 10 弹出“图层样式”对话框，在其中设置“混合模式”为“滤色”、“阻塞”为 10%、“大小”为 4 像素，如图 6-11 所示。

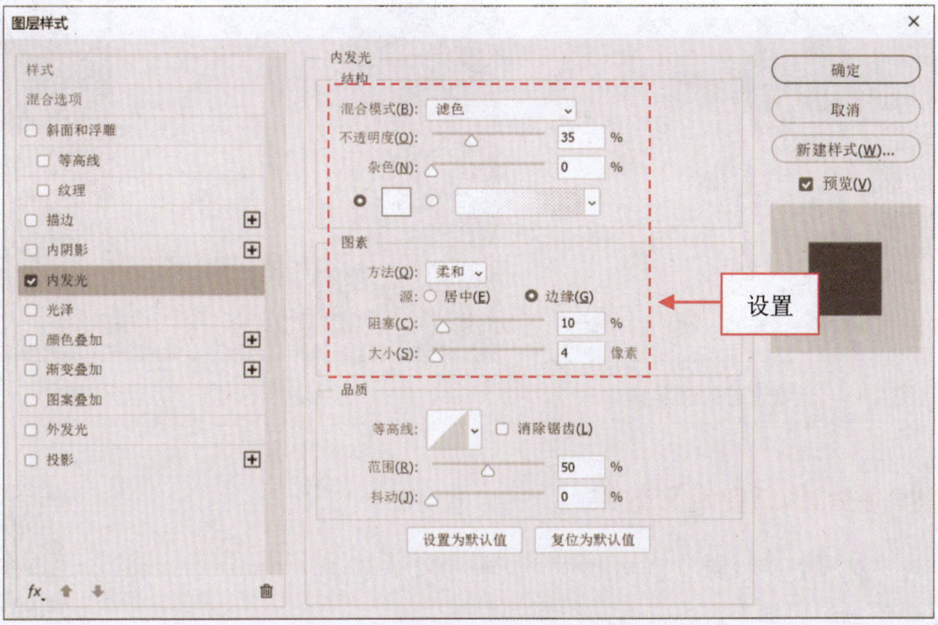

图 6-11　设置“内发光”图层样式

Step 11 选中“投影”复选框，在其中设置“角度”为 120 度、“距离”为 5 像素、“扩展”为 0%、“大小”为 6 像素，如图 6-12 所示。

Step 12 单击“确定”按钮，即可在“图层”面板中查看设置的图层样式，如图 6-13 所示。

Step 13 预览设置图层样式后的圆角矩形效果，如图 6-14 所示。

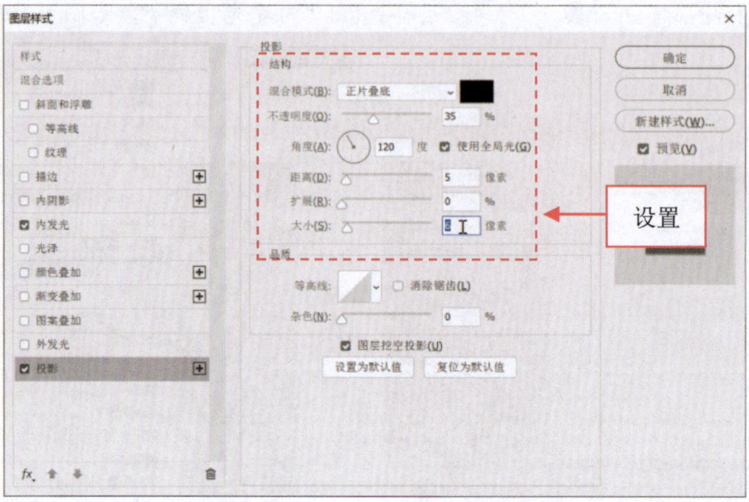

图 6-12　设置“投影”图层样式

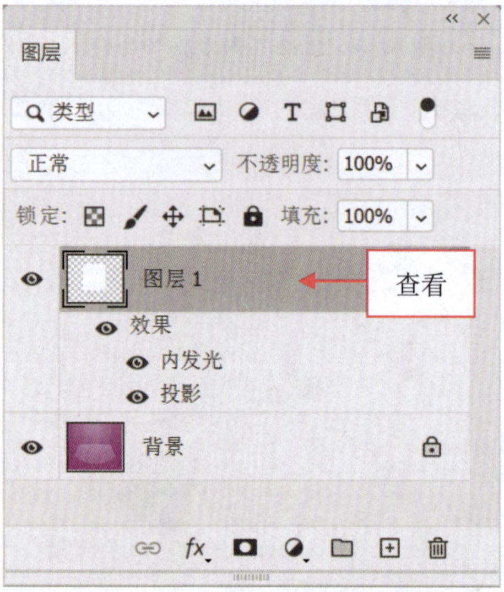

图 6-13　查看设置的图层样式

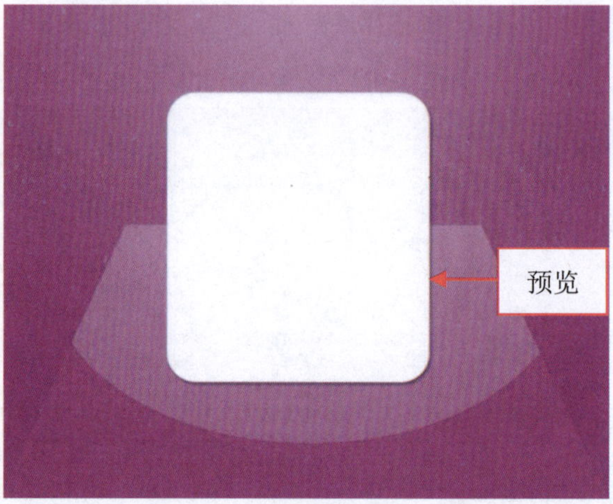

图 6-14　预览圆角矩形效果

6.1.2　制作图标的渐变矩形效果

制作图标的渐变矩形效果

下面介绍使用矩形选框工具和渐变工具制作日历图标中的渐变矩形效果，使图标的色彩更加丰富，具体操作步骤如下。

Step 01 在“图层”面板中，新建“图层 2”图层，如图 6-15 所示。

Step 02 选取工具箱中的矩形选框工具，如图 6-16 所示。

Step 03 在图像编辑窗口中，绘制一个矩形选区，如图 6-17 所示。

Step 04 选取工具箱中的渐变工具，如图 6-18 所示。

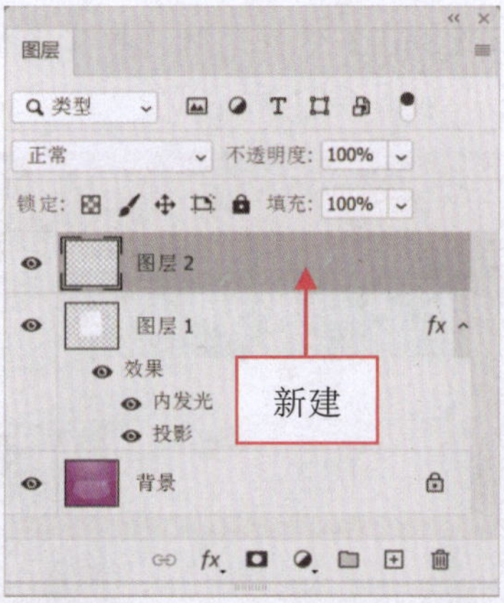

图 6-15　新建“图层 2”图层

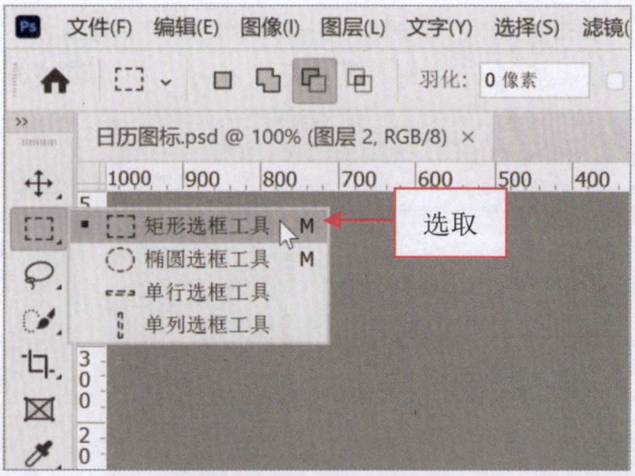

图 6-16　选取矩形选框工具

图 6-17　绘制一个矩形选区

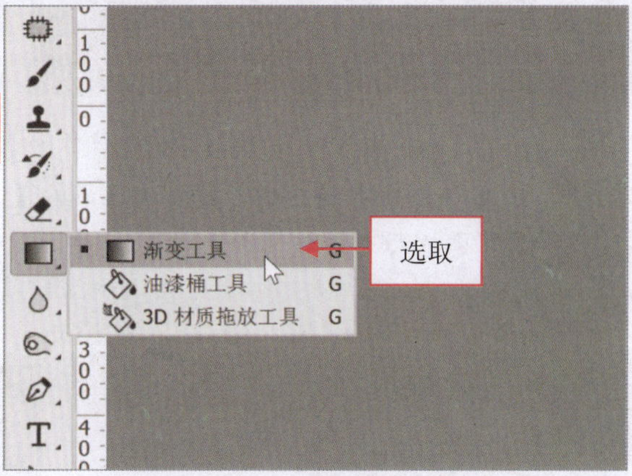

图 6-18　选取渐变工具

Step 05　在工具箱中，单击“设置前景色”色块，弹出“拾色器（前景色）”对话框，设置前景色为蓝色（RGB 参数值为 30、169、250），如图 6-19 所示。

Step 06　单击“确定”按钮，设置前景色。单击“设置背景色”色块，弹出“拾色器（背景色）”对话框，设置背景色为深蓝色（RGB 参数值为 65、55、150），如图 6-20 所示。

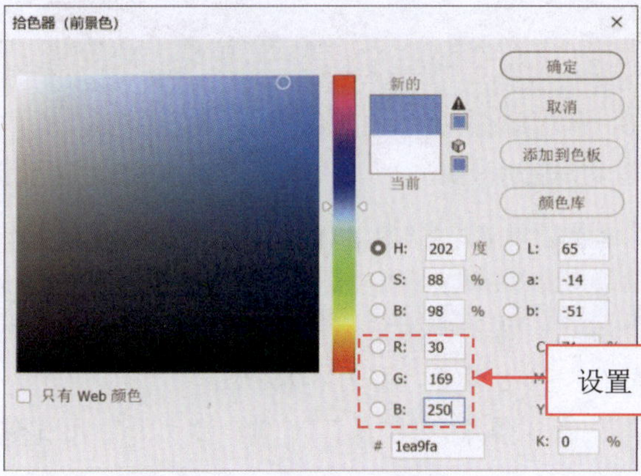

图 6-19　设置前景色

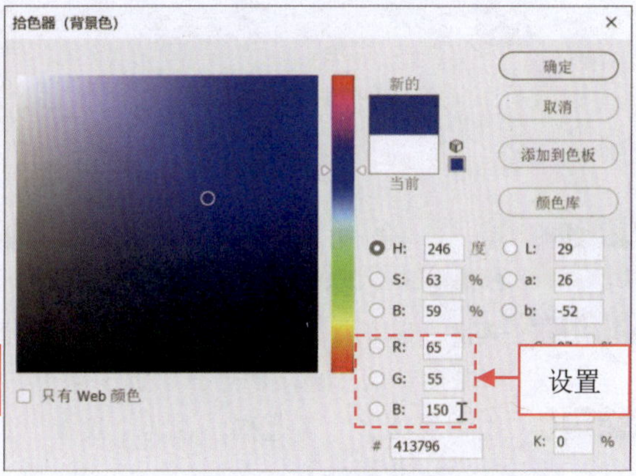

图 6-20　设置背景色

Step 07 单击“确定”按钮，将鼠标移至矩形选区内，按住【Shift】键的同时，按住鼠标左键从上至下进行拖曳，然后释放鼠标，即可填充渐变色，如图 6-21 所示。

图 6-21 填充渐变色

Step 08 按【Ctrl + D】组合键，取消选区，按【Alt + Ctrl + G】组合键，建立图层剪贴蒙版，“图层”面板与图像效果如图 6-22 所示。

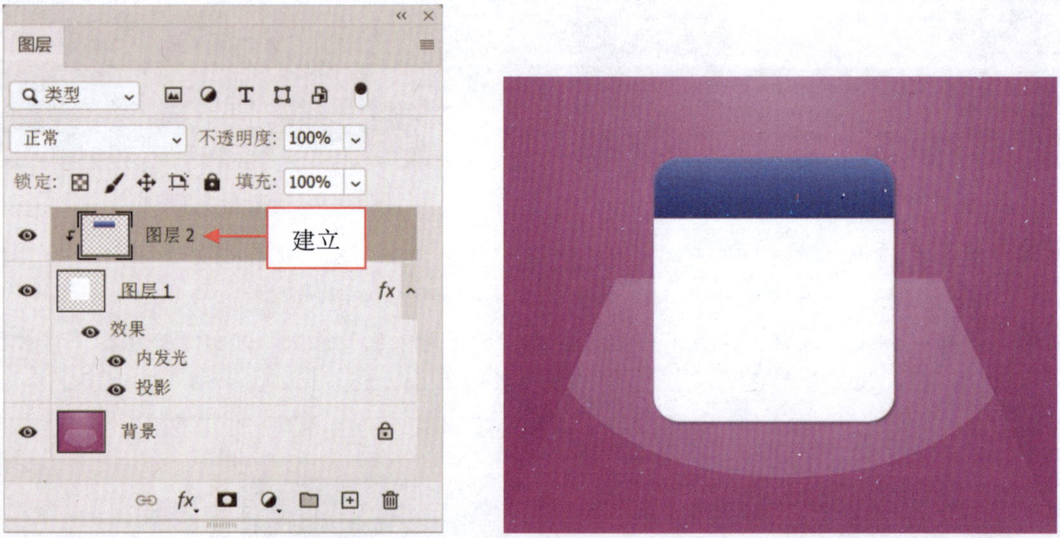

图 6-22 “图层”面板与图像效果

Step 09 在“图层”面板中选择“图层 2”图层，单击“图层”|“图层样式”|“斜面和浮雕”命令，如图 6-23 所示。

Step 10 弹出“图层样式”对话框，在其中设置“样式”为“内斜面”、“方法”为“雕刻清晰”、“深度”为 70%、“大小”为 5 像素、“软化”为 8 像素，如图 6-24 所示。

Step 11 选中“投影”复选框，在其中设置“距离”为 3 像素、“扩展”为 0%、“大小”为 3 像素，如图 6-25 所示。

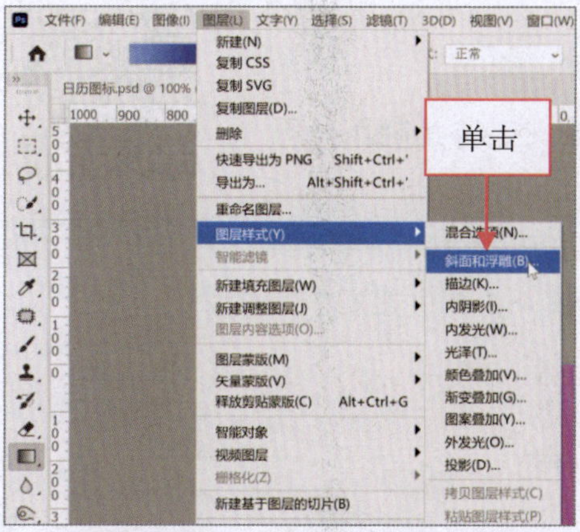

图 6-23　单击“斜面和浮雕”命令

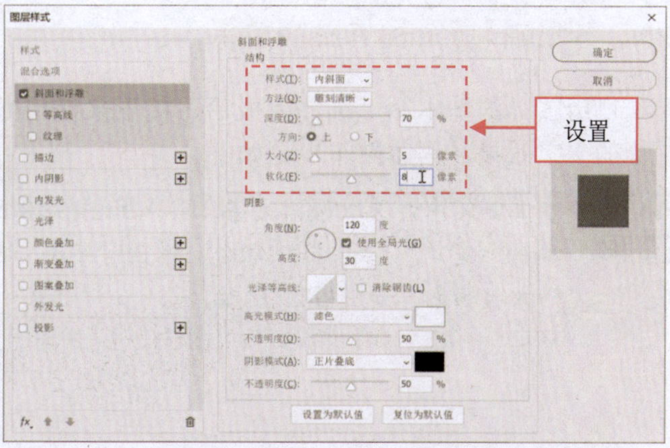

图 6-24　设置“斜面和浮雕”图层样式

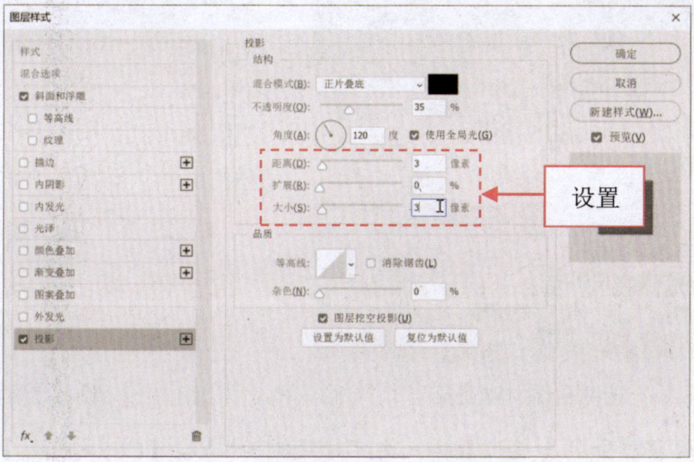

图 6-25　设置“投影”图层样式

Step 12　单击“确定”按钮，即可在“图层”面板中查看设置的图层样式，如图 6-26 所示。

Step 13　预览设置图层样式后的图形效果，如图 6-27 所示。

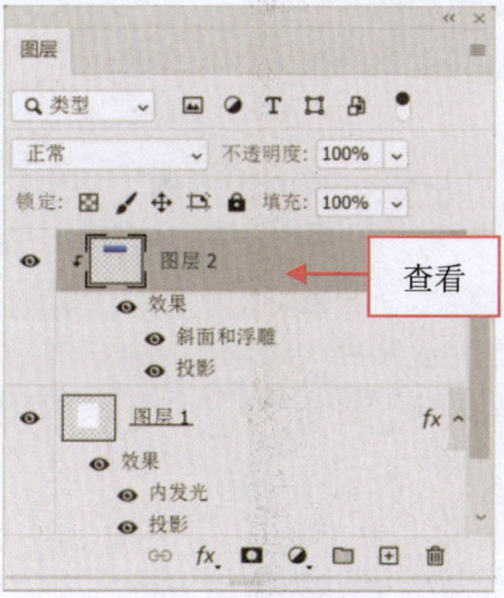

图 6-26　查看设置的图层样式

图 6-27　预览图形效果

6.1.3　制作日历图标的文字效果

日历图标的基本图形制作完成后，接下来使用横排文字工具制作日历图标的文字效果，具体操作步骤如下。

制作日历图标的文字效果

Step 01　在工具箱中，选取横排文字工具，如图 6-28 所示。

Step 02　单击“窗口”|“字符”命令，弹出“字符”面板，在其中设置字体样式与颜色，如图 6-29 所示。

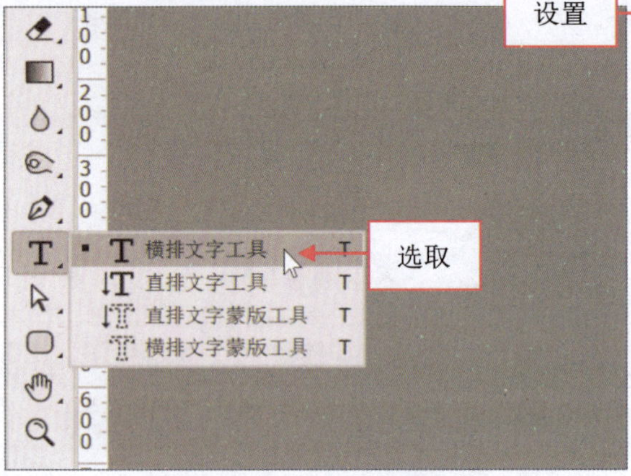

图 6-28　选取横排文字工具

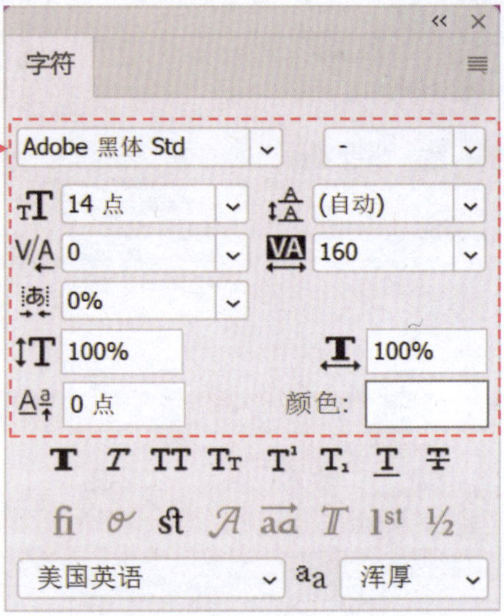

图 6-29　设置字体样式与颜色

Step 03　在图像编辑窗口中的合适位置输入文字“星期五”，按【Ctrl + Enter】组合键，确认输入操作，效果如图 6-30 所示。

Step 04　单击“图层”|“图层样式”|“投影”命令，弹出“图层样式”对话框，在其中设置“不透明度”为 75%、“距离”为 5、“大小”为 5 像素，如图 6-31 所示。

图 6-30　输入相应文字内容

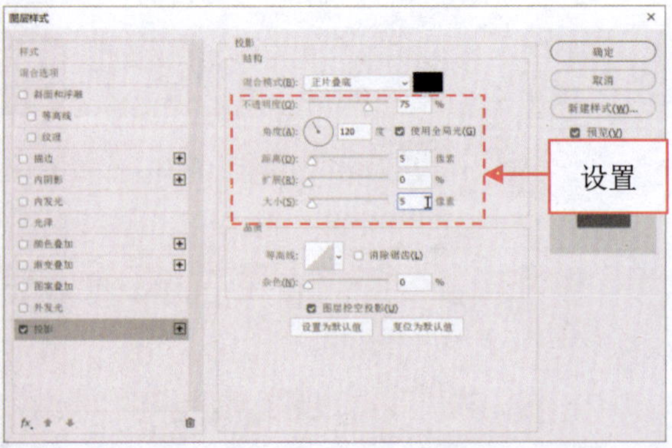

图 6-31　设置“投影”图层样式

Step 05　单击“确定”按钮，即可设置图层样式，文字效果如图 6-32 所示。

Step 06　用与上述同样的方法，在其他位置输入相应数字内容，效果如图 6-33 所示。

图 6-32　设置图层样式的效果

图 6-33　最终效果

6.2　APP 界面设计：登录界面

登录界面指的是需要提供账号和密码验证的界面，有控制用户权限、记录用户行为以及保护操作安全的作用，一个有创意的登录界面可以提高用户的体验感。本实例介绍 APP 登录界面的设计方法，通过简洁的背景设计，加上完整的登录元素，包括用户名和密码输入框、登录按钮以及第三方账号登录形式，这些都是目前 APP 登录界面中常见的设计元素，帮助大家快速掌握登录界面的 UI 设计方法。本实例最终效果如图 6-34 所示。

图 6-34　APP 界面设计：登录界面

6.2.1 设计登录界面的背景效果

设计登录界面的背景效果

下面主要向读者介绍制作 APP UI 登录界面的背景效果，主要用到裁剪工具、各种调色工具以及滤镜工具等，具体操作步骤如下。

Step 01 打开素材图像（素材\第 6 章\登录界面背景.jpg），如图 6-35 所示。

Step 02 选取工具箱中的裁剪工具，在工具属性栏中设置裁剪框的长宽比为 1024:1820，并适当调整裁剪的区域，如图 6-36 所示。

图 6-35 素材图像

图 6-36 调整裁剪区域

Step 03 按【Enter】键，即可裁剪背景图像，使之满足手机屏幕的大小，如图 6-37 所示。

Step 04 单击“图像”|“调整”|“亮度/对比度”命令，弹出“亮度/对比度”对话框，设置“亮度”为 12、“对比度”为 27，单击“确定”按钮，即可调整图像的色彩亮度，效果如图 6-38 所示。

图 6-37 裁剪背景图像

图 6-38 调整图像的色彩亮度

Step 05 单击“图像”|“调整”|“自然饱和度”命令，弹出“自然饱和度”对话框，设置“自然饱和度”为 80、“饱和度”为 20，单击“确定”按钮，即可调整图像的饱和度，效果如图 6-39 所示。

Step 06 单击“滤镜”|“模糊”|“高斯模糊”命令，弹出“高斯模糊”对话框，设置“半径”为 8.0 像素，单击“确定”按钮，即可模糊图像，效果如图 6-40 所示。

图 6-39 调整图像的饱和度

图 6-40 模糊图像

6.2.2 设计登录界面的主体效果

设计登录界面的主体效果

下面主要介绍制作 APP UI 登录界面的主体效果，主要用到矩形工具、圆角矩形工具和椭圆工具来绘制登录界面中的各种控件元素，具体操作步骤如下。

Step 01 展开“图层”面板，新建“图层 1”图层，如图 6-41 所示。

Step 02 单击“设置前景色”色块，弹出“拾色器（前景色）”对话框，设置 RGB 参数值均为 65，如图 6-42 所示，单击“确定”按钮。

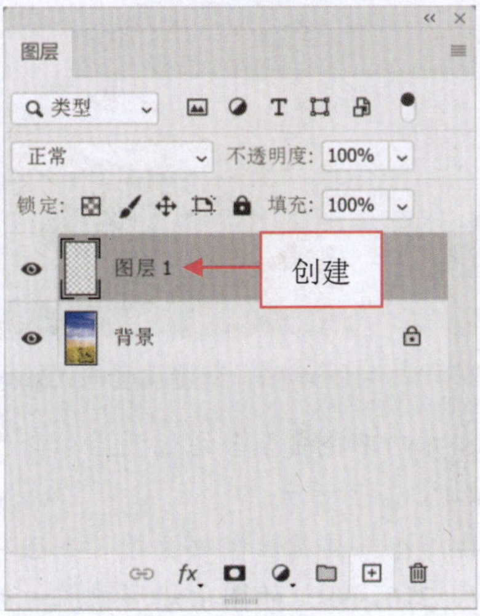

图 6-41 新建图层

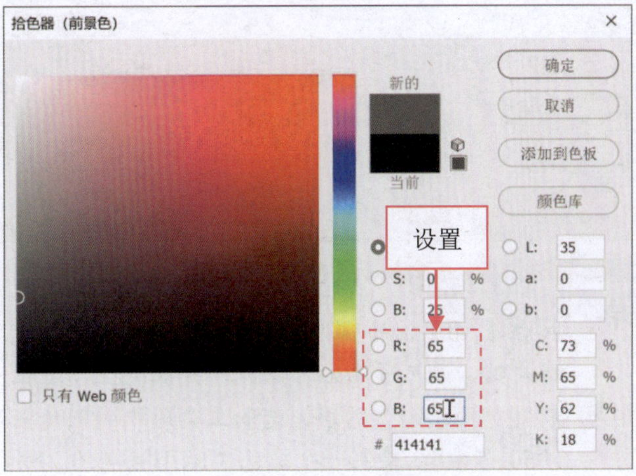

图 6-42 设置前景色

Step 03 选取工具箱中的矩形工具，在工具属性栏中选择工具模式为“像素”，绘制一个矩形图像，如图 6-43 所示。

Step 04 在“图层”面板中，设置“图层 1”图层的“不透明度”为 50%，图像效果，如图 6-44 所示。

图 6-43　绘制矩形图像

图 6-44　设置不透明度效果

Step 05 双击“图层 1”图层，在弹出的“图层样式”对话框中，选中“内阴影”复选框，设置“距离”为 5 像素、“阻塞”为 0%、“大小”为 5 像素，如图 6-45 所示。

Step 06 单击“确定”按钮，即可设置图层样式，效果如图 6-46 所示。

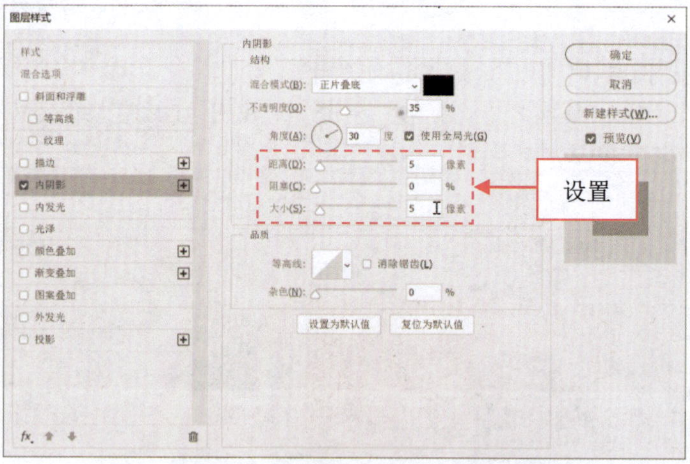

图 6-45　设置“内阴影”选项

图 6-46　设置图层样式效果

Step 07 按住【Alt】键的同时，在矩形图像上按住鼠标左键，并向下拖曳至合适位置后，释放鼠标左键，即可复制矩形图像，并调整至合适位置，如图 6-47 所示。

Step 08 新建“图层 2”图层，选取工具箱中的圆角矩形工具，在工具属性栏中设置“半径”为“50 像素”，绘制一个绿色（RGB 参数值分别为 77、216、99）的圆角矩形图像，如图 6-48 所示。

图 6-47　复制矩形图像

图 6-48　绘制圆角矩形图像

Step 09 新建“图层 3”图层，选取工具箱中的椭圆工具，绘制一个白色的椭圆图像，如图 6-49 所示。

Step 10 新建“图层 4”图层，选取工具箱中的矩形工具，绘制一个蓝色（RGB 参数值分别为 43、130、236）的矩形图像，如图 6-50 所示。

图 6-49　绘制椭圆图像

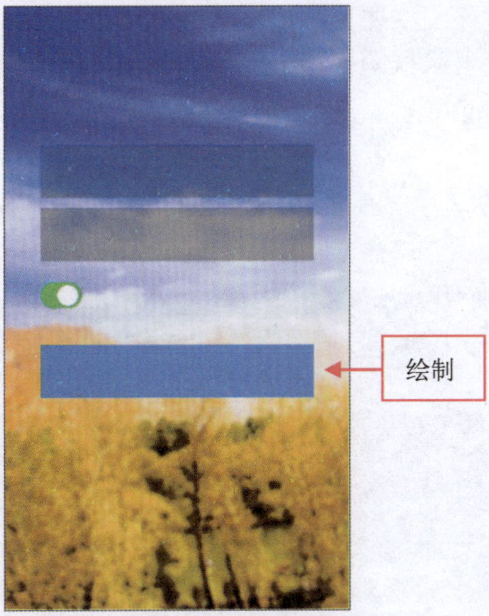

图 6-50　绘制矩形图像

Step 11 在“图层”面板底部单击“添加图层样式”按钮 fx，在弹出的列表框中选择“混合选项”选项，弹出“图层样式”对话框，选中“内阴影”复选框，在其中设置“距离”为 2 像素、“阻塞”为 0%、“大小”为 25 像素，如图 6-51 所示。

Step 12 选中“投影”复选框，在其中设置“阴影颜色”为灰色（RGB 参数值均为 167）、“距离”为 2 像素、“大小”为 2 像素，单击“确定”按钮，设置图层样式，效果如图 6-52 所示。

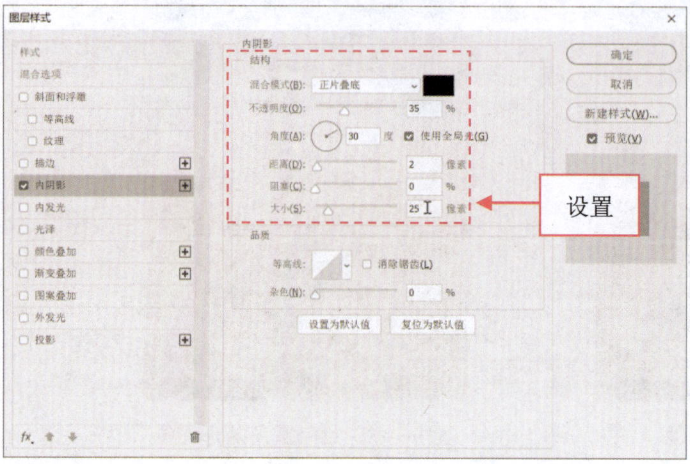

图 6-51　设置“内阴影”图层样式

图 6-52　设置图层样式效果

6.2.3　设计登录界面整体效果

下面主要介绍制作 APP UI 登录界面的整体效果，主要包括添加状态栏、登录框图标和文字元素等，具体操作步骤如下。

设计登录界面整体效果

Step 01 打开素材图像（素材\第 6 章\状态栏.psd），将其拖曳至当前图像编辑窗口中，适当调整其位置，效果如图 6-53 所示。

Step 02 打开素材图像（素材\第 6 章\登录框图标.psd），将其拖曳至当前图像编辑窗口中，适当调整其位置，效果如图 6-54 所示。

图 6-53　添加状态栏素材

图 6-54　添加图标素材

Step 03 在“图层”面板中，设置“用户图标”和“密码图标”图层的“不透明度”均为 80%，效果如图 6-55 所示。

Step 04 展开“字符”面板，设置“字体”为“黑体”、“字体大小”为 18 点、“字距”为 100、“颜色”为白色，如图 6-56 所示。

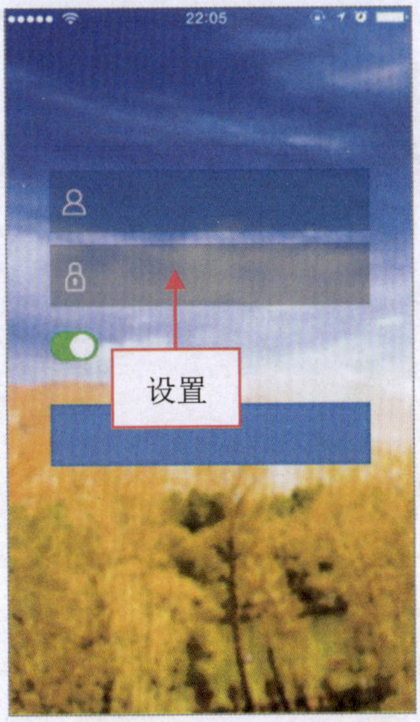

图 6-55　设置图标不透明度效果

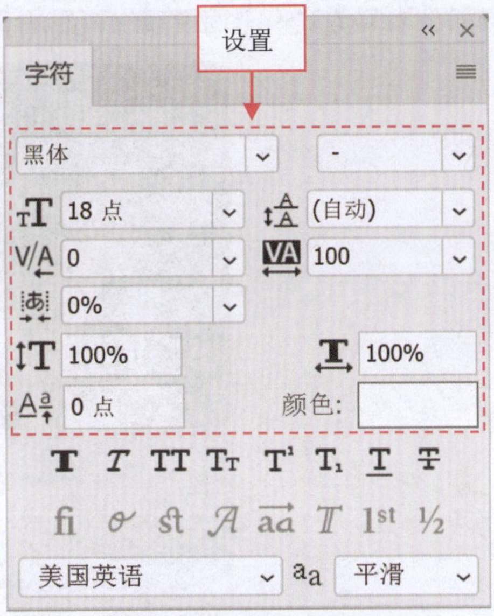

图 6-56　设置字体属性

Step 05 选取工具箱中的横排文字工具，在图像中的合适位置处输入相应文字内容，如图 6-57 所示。

Step 06 打开素材图像（素材\第 6 章\文字.psd），将其拖曳至当前图像编辑窗口中，适当调整其位置，效果如图 6-58 所示。

图 6-57　输入文字

图 6-58　添加其他素材

6.3 小程序设计：摄影界面

本实例主要介绍一款摄影小程序的 UI 界面制作方法，通过轮播广告＋页内导航＋作品欣赏＋底部导航的布局方式，全面展现出摄影小程序的功能特色，最终效果如图 6-59 所示。

图 6-59　小程序设计：摄影界面

6.3.1　制作 UI 界面主体效果

制作 UI 界面主体效果

下面主要运用 Photoshop 的移动设备预设模板和椭圆工具等，制作摄影小程序 UI 界面的主体效果，具体操作步骤如下。

Step 01 单击“文件”|“新建”命令，弹出“新建文档”对话框，切换至“移动设备”选项卡，在“空白文档预设”下拉列表框中选择 Android 1080P 选项，设置相应的文档名称，如图 6-60 所示。

Step 02 单击“创建”按钮，即可新建一个合适大小的空白图像文件，类似于手机屏幕的尺寸，如图 6-61 所示。

Step 03 打开素材图像（素材\第 6 章\状态栏 2.psd），运用移动工具将素材图像拖曳至背景图像编辑窗口中的适当位置，效果如图 6-62 所示。

Step 04 打开素材图像（素材\第 6 章\照片.jpg），如图 6-63 所示。

Step 05 选取工具箱中的移动工具，将素材图像拖曳至背景图像编辑窗口中的适当位置，按【Ctrl＋T】组合键，调整图像的大小和位置，效果如图 6-64 所示。

Step 06 在工具箱中，选取椭圆工具，如图 6-65 所示。

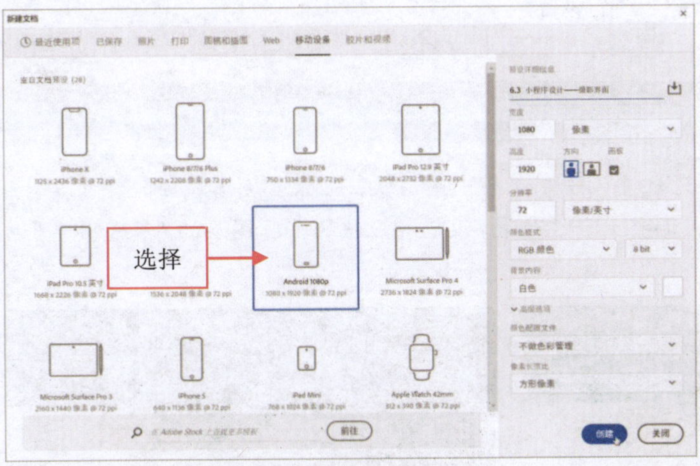

图 6-60　设置文档选项

图 6-61　新建空白图像文件

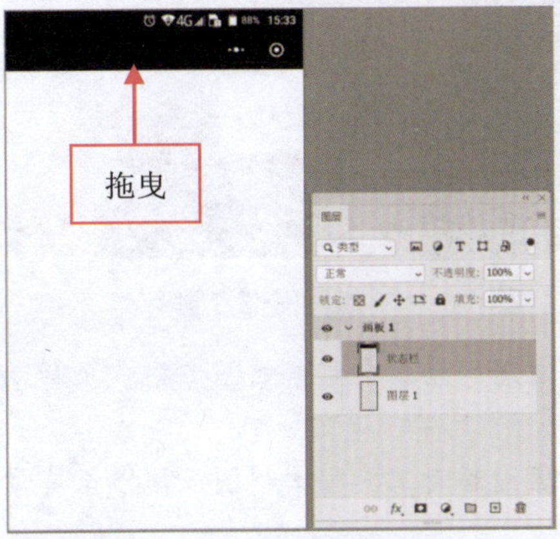

图 6-62　拖曳至适当位置

图 6-63　素材图像

图 6-64　调整图像的大小和位置

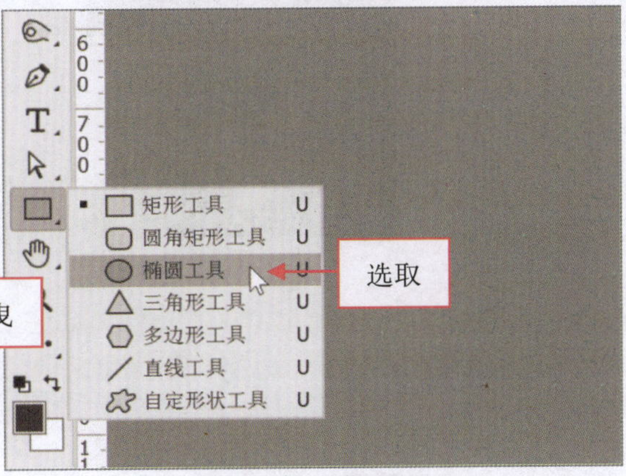

图 6-65　选取椭圆工具

Step 07 在工具属性栏中设置工具模式为“形状”、“填充”为黑色，如图 6-66 所示。

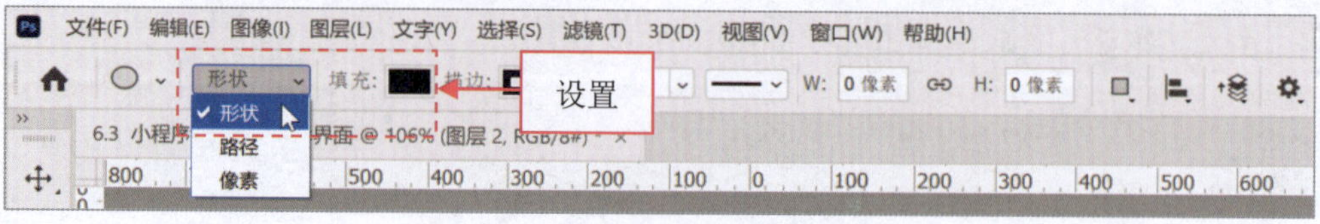

图 6-66　设置各选项

Step 08　在图像编辑窗口中的合适位置，绘制一个椭圆形状，效果如图 6-67 所示。

Step 09　将该椭圆图像复制两次，调整至合适位置，设置相应椭圆形状图层的“不透明度”为 50%，效果如如图 6-68 所示。

图 6-67　绘制一个椭圆形状

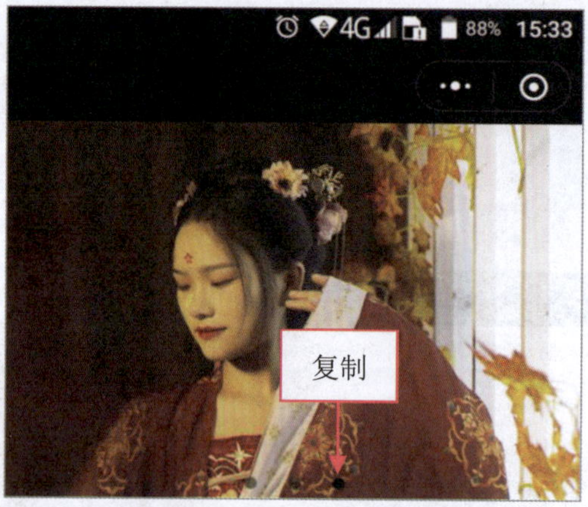

图 6-68　将椭圆图像复制两次

Step 10　打开素材图像（素材\第 6 章\底部导航.psd），运用移动工具将素材图像拖曳至背景图像编辑窗口中的适当位置，效果如图 6-69 所示。

Step 11　打开素材图像（素材\第 6 章\装饰文字.psd），运用移动工具将素材图像拖曳至背景图像编辑窗口中的适当位置，效果如图 6-70 所示。

图 6-69　添加素材图像（1）

图 6-70　添加素材图像（2）

6.3.2　制作 UI 界面导航按钮

制作 UI 界面导航按钮

下面主要介绍运用矩形工具制作摄影小程序 UI 界面的导航按钮，具体操作步骤如下。

Step 01　在工具箱中，选取矩形工具，如图 6-71 所示。

Step 02　在工具属性栏中设置工具模式为“形状”、“填充”为浅蓝色（RGB 参数值分别为 0、160、233），如图 6-72 所示。

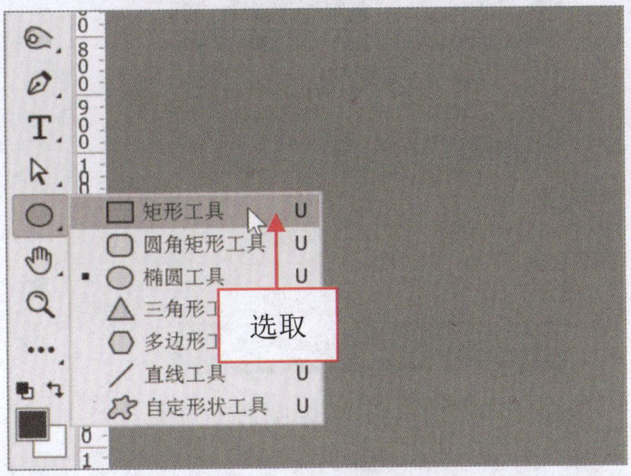

图 6-71　选取矩形工具

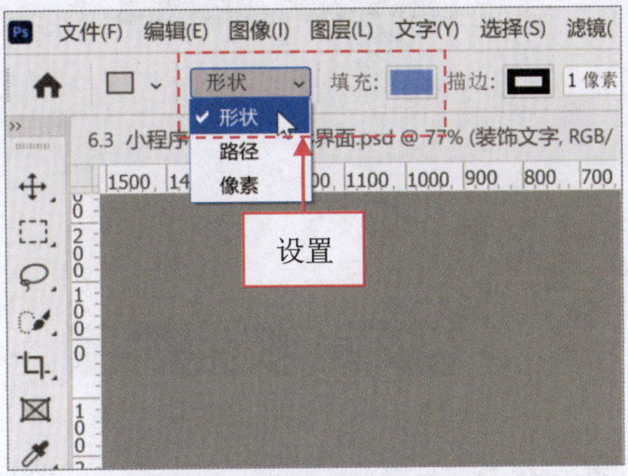

图 6-72　设置工具模式与填充颜色

Step 03　在图像编辑窗口中的合适位置绘制一个矩形形状，如图 6-73 所示。

Step 04　展开“属性”面板，在其中设置矩形形状的 W 为 350 像素、H 为 200 像素、X 为 0 像素、Y 为 946 像素，如图 6-74 所示。

图 6-73　绘制矩形形状

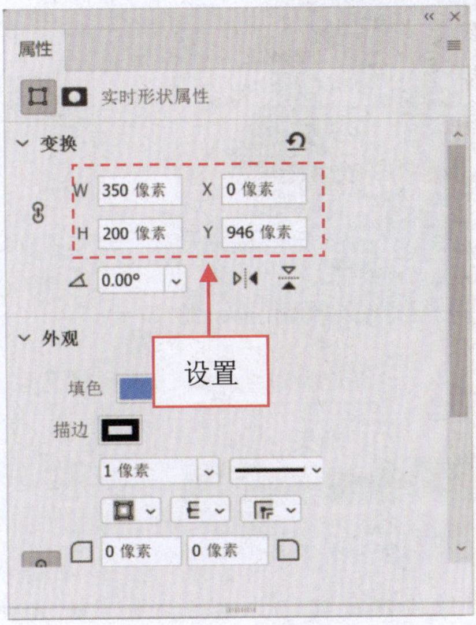

图 6-74　设置各参数

Step 05　执行上述操作后，即可设置矩形形状的大小和位置，效果如图 6-75 所示。

Step 06 复制 5 个矩形形状，适当调整各图形的位置，效果如图 6-76 所示。

图 6-75 设置后的矩形效果

图 6-76 复制并调整图形的位置

Step 07 打开素材图像（素材\第 6 章\导航图标.psd），运用移动工具将素材图像拖曳至背景图像编辑窗口中的适当位置，效果如图 6-77 所示。

Step 08 在工具箱中，选取横排文字工具，如图 6-78 所示。

图 6-77 添加素材图像

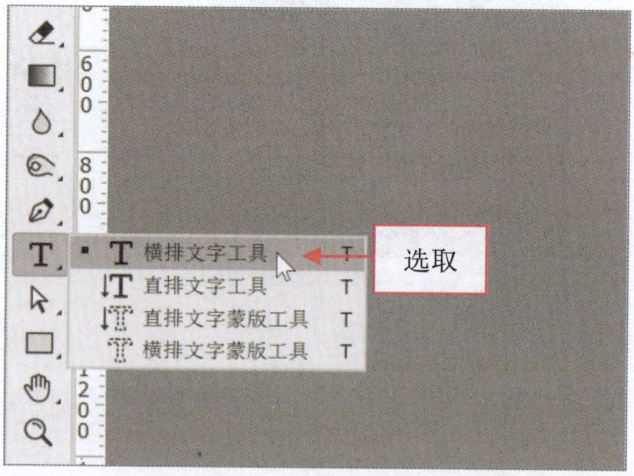

图 6-78 选取横排文字工具

Step 09 在图像编辑窗口中的适当位置单击鼠标左键，确认插入点，展开“字符”面板，设置字体样式和颜色，如图 6-79 所示。

Step 10 在图像编辑窗口中的适当位置输入相应文本内容，按【Ctrl + Enter】组合键，确认输入操作，效果如图 6-80 所示。

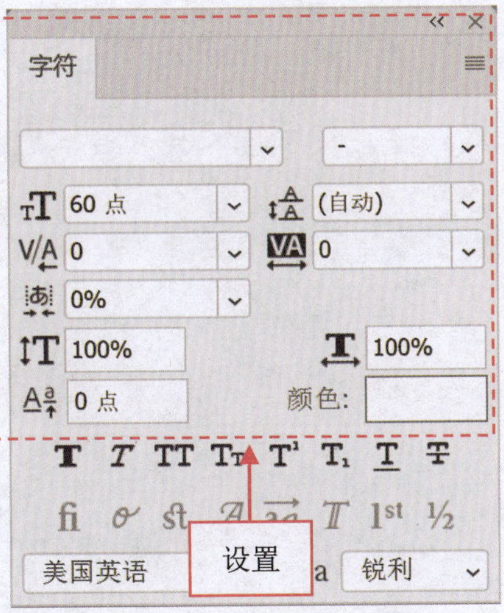

图 6-79 设置字体样式和颜色

图 6-80 输入相应文本内容

Step 11 打开素材图像（素材\第 6 章\样品欣赏.psd），如图 6-81 所示。

Step 12 运用移动工具将素材图像拖曳至背景图像编辑窗口中的适当位置，即可完成本实例的制作，效果如图 6-82 所示。

图 6-81 打开素材图像

图 6-82 最终效果

本章小结

本章主要讲解了系统图标设计、APP 界面设计以及小程序界面设计的方法，讲解了三种常见 UI 界面的具体制作技巧，主要包括日历图标、登录界面以及摄影界面等，具有很强的实用性和代表性。通过本章的学习，读者可以边学边操作，熟练掌握 UI 界面的设计方法。

第 7 章
卡片的设计与制作

随着时代的发展，各类卡片广泛应用于商务活动中，它们在推销各类产品的同时还起着展示、宣传企业信息的作用，运用 Photoshop 2021 可以方便快捷地设计出各类卡片。本章通过三个实例，详细讲解各类卡片及名片的组成要素、构图思路及版式布局，希望读者熟练掌握本章内容。

本章重点

- 会员卡设计：漂亮女人
- 名片设计：凤凰传媒
- 游戏卡设计：奇迹世界

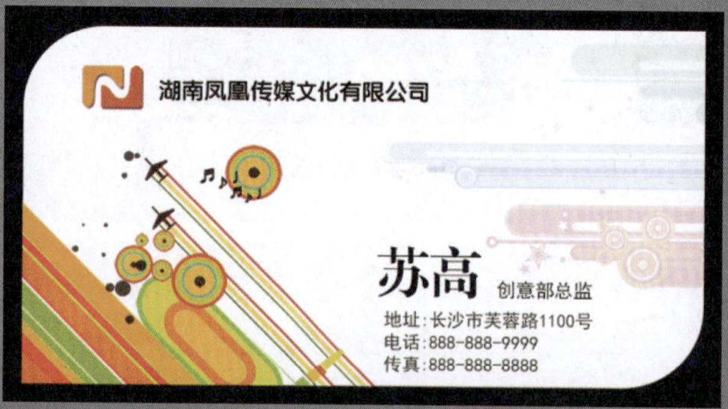

7.1　会员卡设计：漂亮女人

会员卡是指普通身份识别卡，包括商场、宾馆、健身中心以及酒家等消费场所的会员认证，其用途非常广泛，凡涉及到需要识别身份的地方，都可以应用到会员卡，从而说明会员卡在现今的重要性。本实例主要介绍制作会员卡的方法，最终效果如图 7-1 所示。

图 7-1　会员卡设计：漂亮女人

7.1.1　制作会员卡的平面效果

制作会员卡的平面效果

下面介绍制作会员卡平面效果的方法，主要运用新建图层、使用渐变工具、使用圆角矩形工具以及使用横排文字工具等功能进行制作，具体操作步骤如下。

Step 01 单击“文件”|“新建”命令，弹出“新建文档”对话框，设置“名称”为“7.1　会员卡设计：漂亮女人”、“宽度”为 8 厘米、“高度”为 5 厘米、“分辨率”为 300 像素/英寸，如图 7-2 所示，单击“创建”按钮，即可新建一幅空白图像。

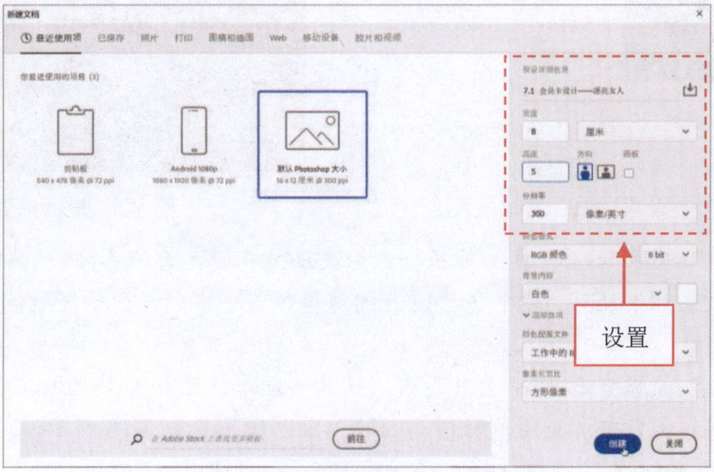

图 7-2　“新建文档”对话框

Step 02 单击“图层”面板底部的“创建新图层”按钮，新建“图层 1”图层，如图 7-3 所示。

Step 03 设置前景色为红色（RGB 参数值分别为 196、1、14），如图 7-4 所示。

图 7-3 新建“图层 1”图层

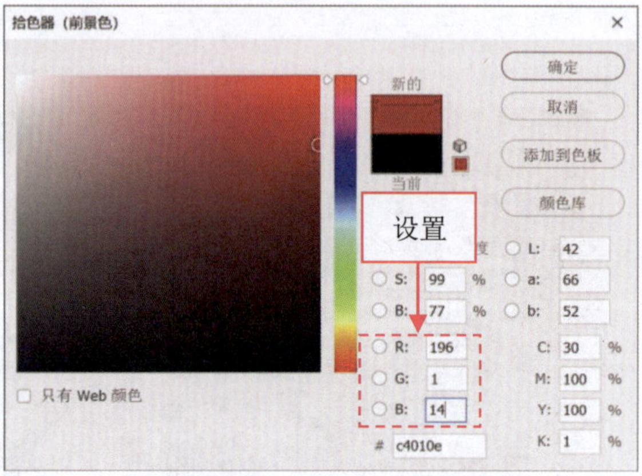

图 7-4 设置前景色为红色

Step 04 设置背景色为棕色（RGB 参数值分别为 93、35、0），如图 7-5 所示。

Step 05 选取渐变工具，在图像编辑窗口中从左至右填充前景色到背景色的线性渐变，效果如图 7-6 所示。

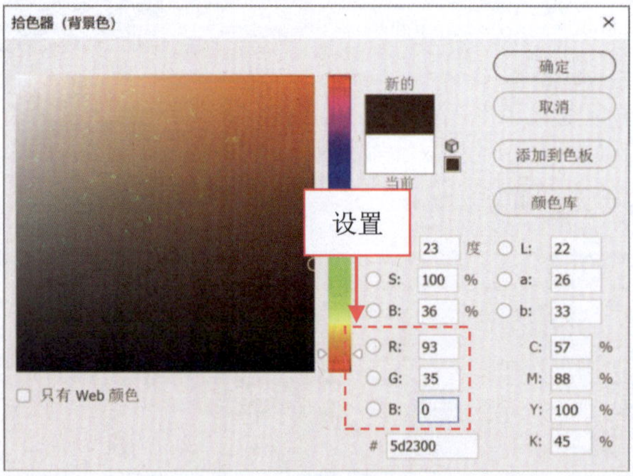

图 7-5 设置背景色为棕色

图 7-6 进行渐变填充操作

Step 06 选取圆角矩形工具，在工具属性栏中选择工具模式为“路径”，如图 7-7 所示。

Step 07 在右侧设置“半径”为 45 像素，在图像编辑窗口中的合适位置绘制一个圆角矩形，如图 7-8 所示。

Step 08 在“属性”面板中设置 W 为 8 厘米、H 为 5 厘米、X 和 Y 均为 0，如图 7-9 所示。

Step 09 在图像编辑窗口中调整圆角矩形路径的位置，效果如图 7-10 所示。

Step 10 按【Ctrl + Enter】组合键，将路径转换为选区，如图 7-11 所示。

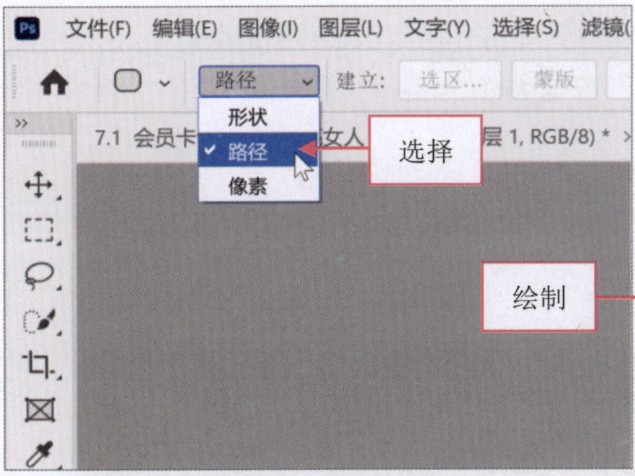

图 7-7　选择工具模式为“路径”

图 7-8　绘制一个圆角矩形

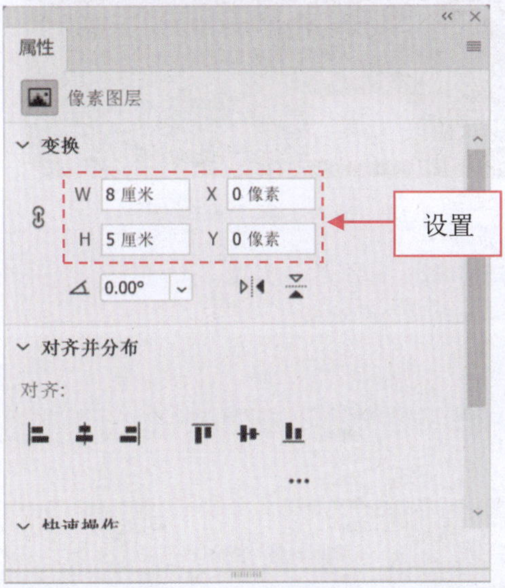

图 7-9　设置各参数

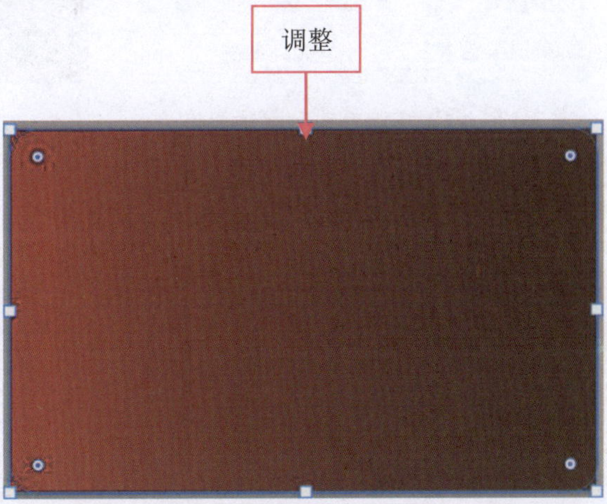

图 7-10　调整圆角矩形路径的位置

Step 11　按【Shift + Ctrl + I】组合键，反选选区，按【Delete】键，删除选区内的图像并取消选区，效果如图 7-12 所示。

图 7-11　将路径转换为选区

图 7-12　删除选区内的图像

Step 12 选取横排文字工具 T，在“字符”面板中设置字体样式与颜色属性，如图 7-13 所示。

Step 13 在工具属性栏中设置“消除锯齿的方法”为“平滑”，在图像编辑窗口中的适当位置输入文字“美容卡”，如图 7-14 所示。

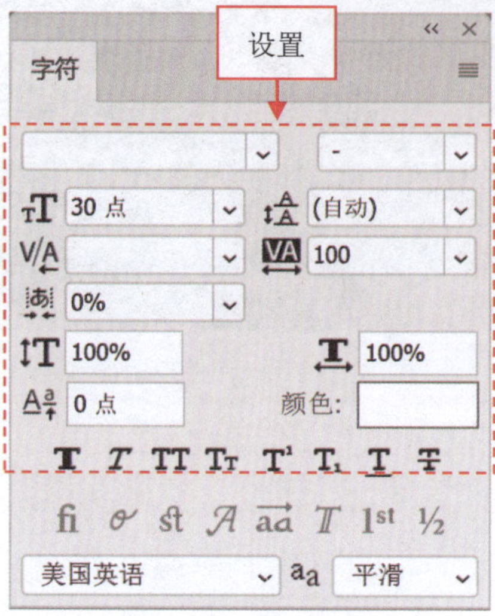

图 7-13　设置字体样式与颜色属性

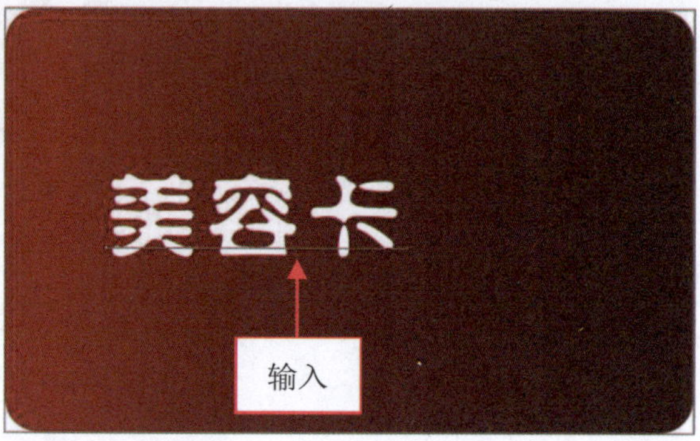

图 7-14　输入文字“美容卡”

Step 14 单击“图层”|“栅格化”|“文字”命令，栅格化文字图层，如图 7-15 所示。

Step 15 单击“图层”|“图层样式”|“投影”命令，如图 7-16 所示。

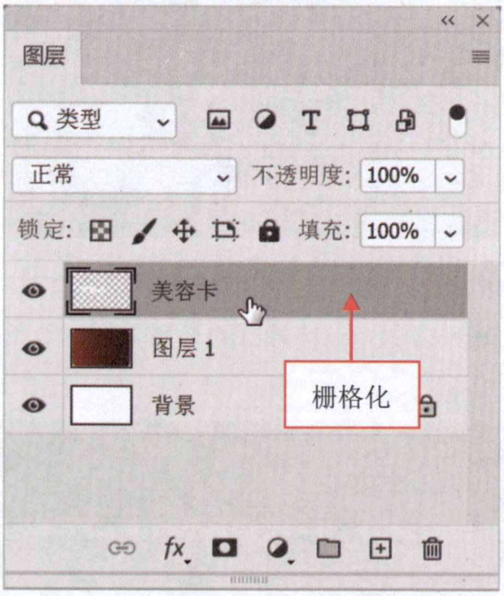

图 7-15　栅格化文字图层

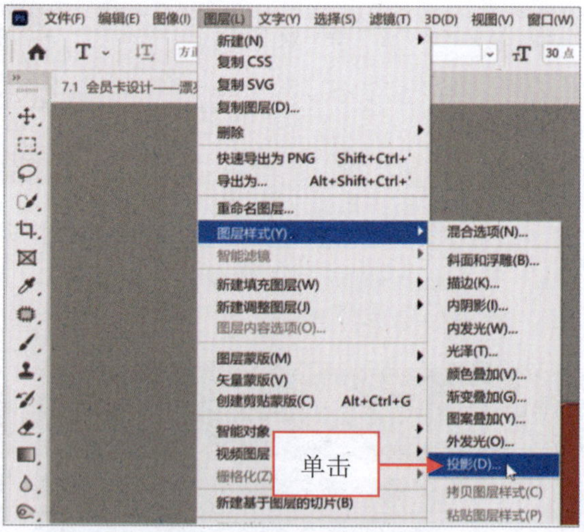

图 7-16　单击“投影”命令

Step 16 弹出“图层样式”对话框，在其中设置“距离”为 12 像素、“大小”为 6 像素，如图 7-17 所示。

Step 17 选中“斜面和浮雕”复选框，切换至“斜面和浮雕”参数选项卡，设置“样式”为“内斜面”、“方法”为“平滑”、“深度”为 100%、“大小”为 5 像素、“软化”为 0 像素、“角度”为 120 度，如图 7-18 所示。

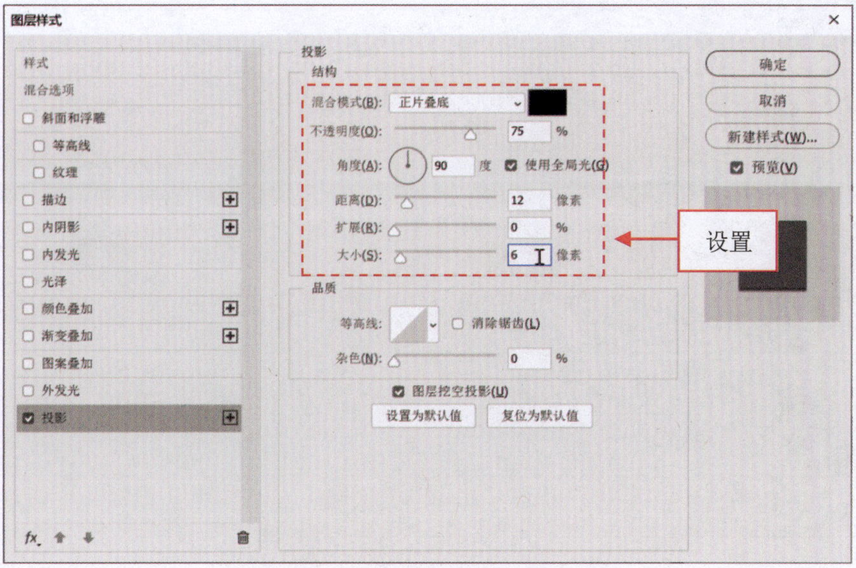

图 7-17　设置“投影”图层样式

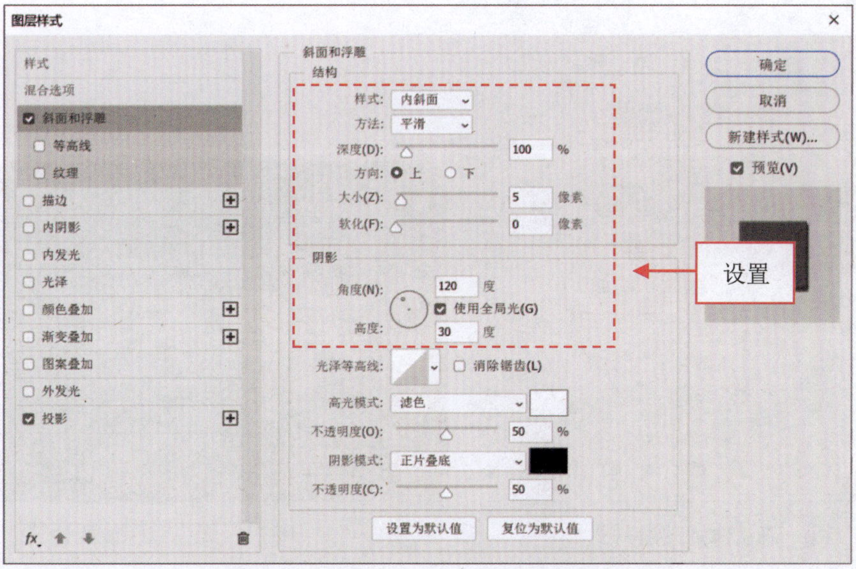

图 7-18　设置“斜面和浮雕”图层样式

Step 18 选中“描边”复选框，切换至“描边”参数选项卡，设置“大小”为 3 像素、“位置”为“外部”、“颜色”为黄色（RGB 参数值分别为 255、222、8），如图 7-19 所示。

Step 19 单击“确定”按钮，确认添加图层样式，如图 7-20 所示。

Step 20 在图像编辑窗口中可以预览图像的效果，如图 7-21 所示。

Step 21 与上述同样的方法，输入相应文字，添加图层样式，效果如图 7-22 所示。

Step 22 打开素材图像（素材\第 7 章\花纹.psd），选取移动工具拖曳素材图像至会员卡图像编辑窗口中的合适位置，并调整图层的顺序，效果如图 7-23 所示。

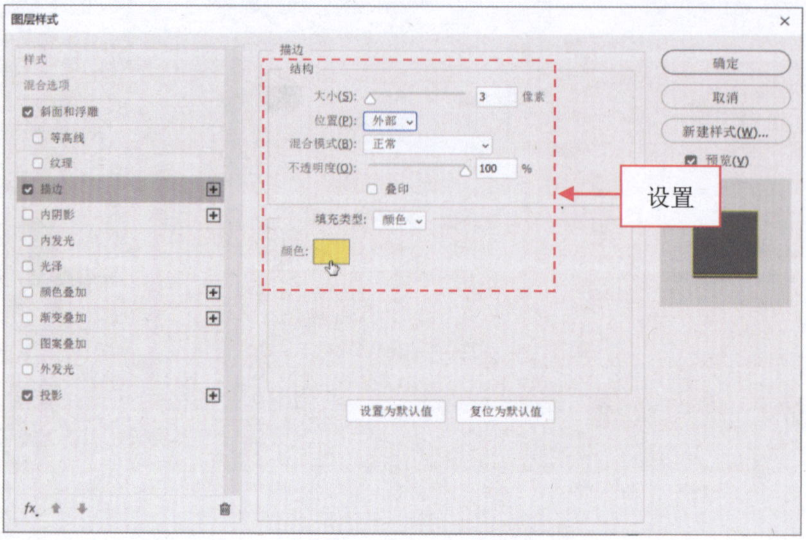

图 7-19　设置“描边”图层样式

图 7-20　确认添加图层样式

图 7-21　预览图像的效果

图 7-22　添加其他文字内容

图 7-23　制作会员卡平面效果

7.1.2　制作会员卡的立体效果

制作会员卡的立体效果

上一小节将会员卡的平面效果制作完成了，本小节主要讲解会员卡立体效果的制作方法，具体操作步骤如下。

Step 01　打开素材图像（素材\第 7 章\会员卡背景.psd），如图 7-24 所示。

Step 02　切换至会员卡平面效果的图像编辑窗口中，合并除“背景”图层以外的其他图层，并更名为“图层 1”图层，如图 7-25 所示。

图 7-24　素材图像

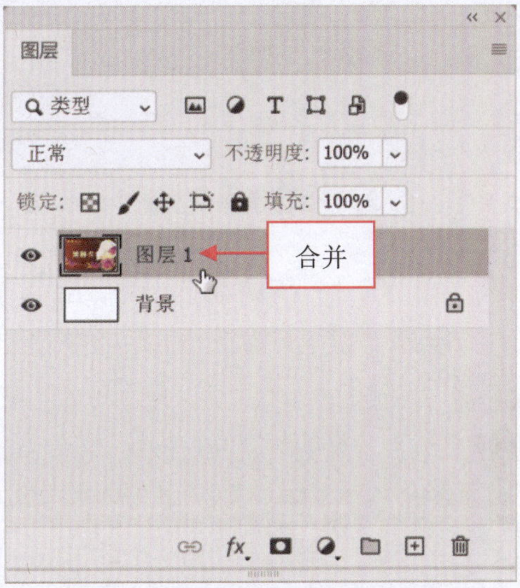

图 7-25　更名为“图层 1”图层

Step 03　将“图层 1”图层中的图像拖曳至“会员卡背景”图像编辑窗口中的合适位置，如图 7-26 所示。

Step 04　打开素材图像（素材\第 7 章\会员卡背面.psd），将其拖曳至“会员卡背景”图像编辑窗口中的适当位置处，如图 7-27 所示。

图 7-26　拖曳至合适位置（1）

图 7-27　拖曳至合适位置（2）

Step 05 单击“图层”|“图层样式”|“投影”命令，弹出“图层样式”对话框，设置“角度”为100度、“距离”为10像素、“大小”为8像素，如图7-28所示。

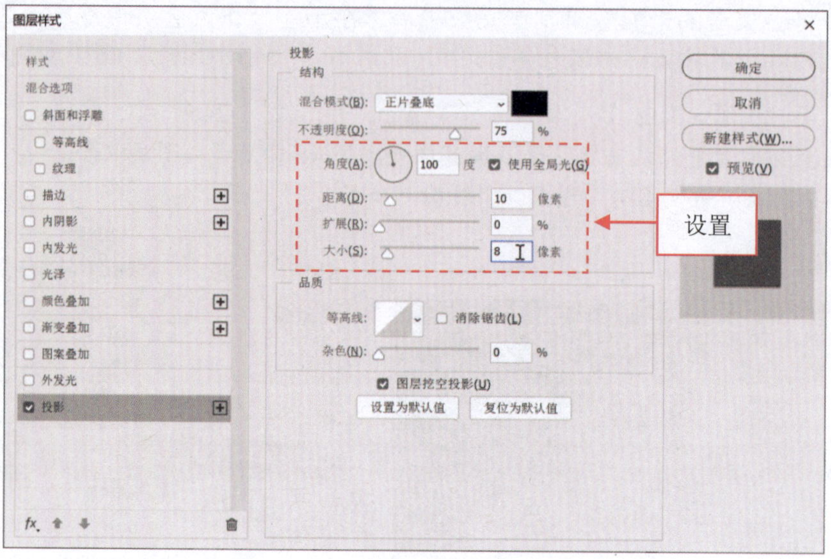

图 7-28 设置“投影”图层样式

Step 06 单击“确定”按钮，即可添加图层样式，“图层”面板与图像效果如图7-29所示。

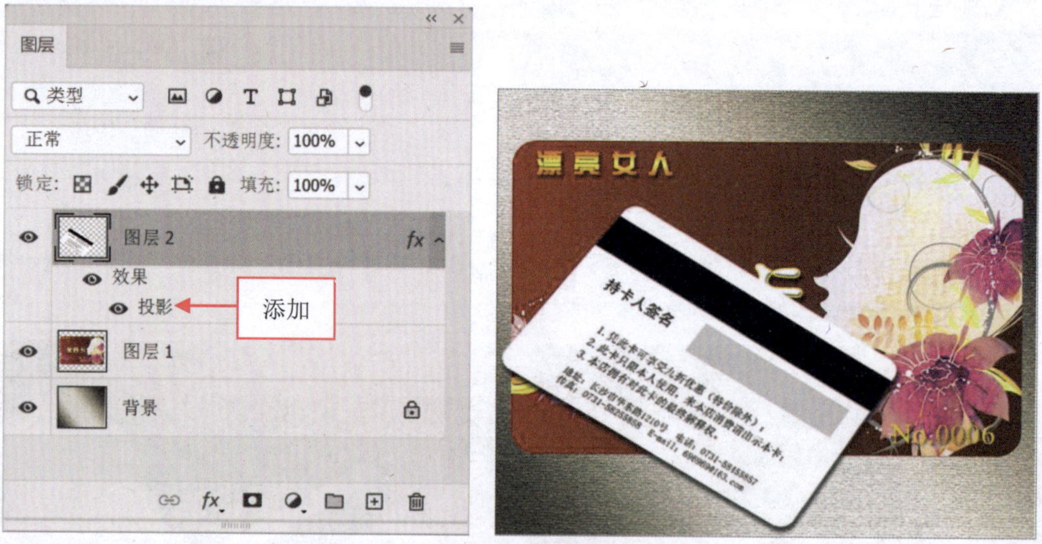

图 7-29 “图层”面板与图像效果

Step 07 展开“图层”面板，选择“图层1”图层，按住鼠标左键并将其拖曳至“图层2”图层的上方，调整图层顺序，如图7-30所示。

Step 08 按【Ctrl + T】组合键，调出变换控制框，调整图像的位置、大小和角度，效果如图7-31所示。

Step 09 在“图层”面板中选择“图层2”图层，单击鼠标右键，在弹出的快捷菜单中选择“拷贝图层样式”选项，如图7-32所示。

图 7-30　调整图层顺序

图 7-31　调整图像的效果

Step 10　选择“图层 1”图层，单击鼠标右键，在弹出的快捷菜单中选择“粘贴图层样式”选项，即可粘贴图层样式，图像效果如图 7-33 所示。至此，完成会员卡的设计。

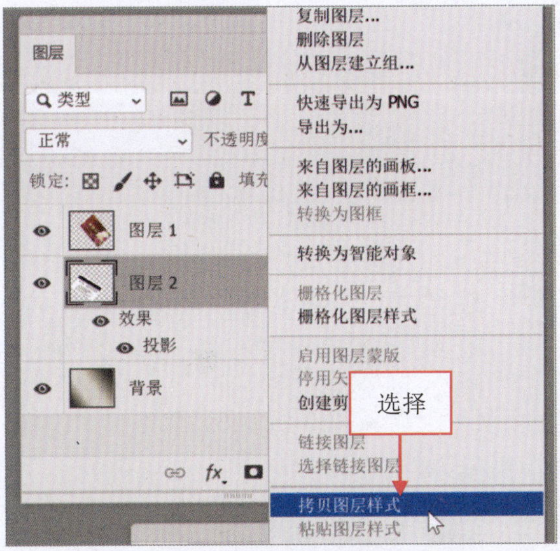

图 7-32　选择“拷贝图层样式”选项

图 7-33　粘贴图层样式后的图像效果

7.2　名片设计：凤凰传媒

名片作为一个人、一种职业的独立媒体，在设计上要讲究其艺术性。名片在大多情况下不会引起人的专注和追求，而是便于记忆，具有更强的识别性，让人在最短的时间内获得所需要的情报。因此，名片设计必须做到文字简明扼要，字体层次分明，强调设计意识，艺术风格要新颖。本实例主要介绍制作名片的方法，最终效果如图 7-34 所示。

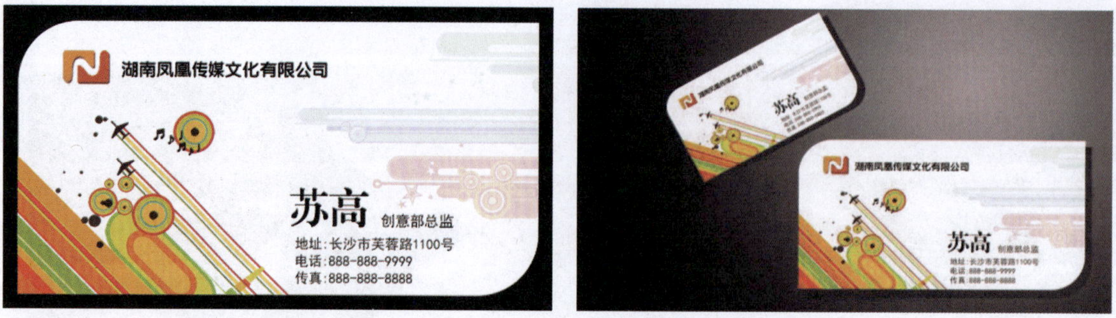

图 7-34　名片设计：凤凰传媒

7.2.1　制作名片的外形轮廓

制作名片的外形轮廓

下面主要向读者介绍运用圆角矩形工具和矩形工具制作名片外形轮廓的方法，具体操作步骤如下。

Step 01 单击“文件”|“新建”命令，弹出“新建文档”对话框，设置“名称”为“7.2　名片设计：凤凰传媒”、“宽度”为 9 厘米、“高度”为 5 厘米、“分辨率”为 300 像素/英寸、“背景内容”为“黑色”，如图 7-35 所示，单击“创建”按钮，即可新建一幅空白图像。

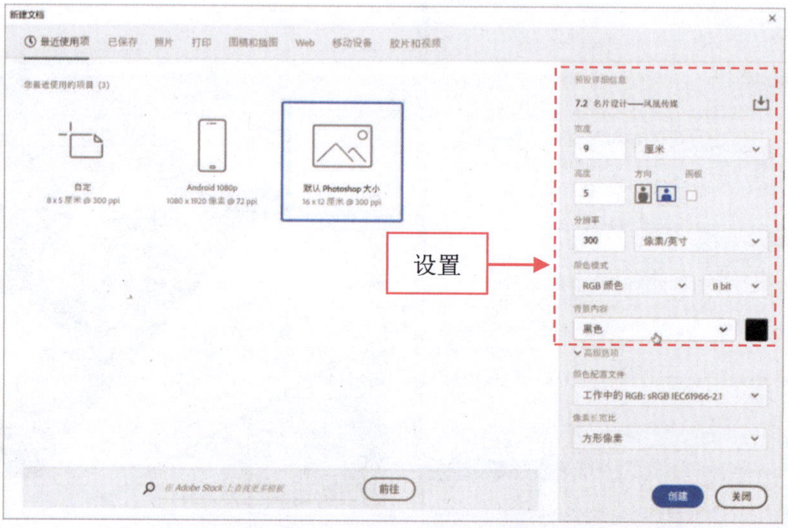

图 7-35　“新建文档”对话框

Step 02 设置前景色为白色，如图 7-36 所示。

Step 03 新建“图层 1”图层，选取圆角矩形工具，在工具属性栏中选择工具模式为“路径”，如图 7-37 所示。

Step 04 在右侧设置“半径”为 120 像素，在图像编辑窗口中的合适位置绘制一个圆角矩形，如图 7-38 所示。

Step 05 在“属性”面板中，设置 W 为 8.5 厘米、H 为 4.5 厘米、X 和 Y 均为 30，如图 39 所示，即可调整圆角矩形路径的大小和位置。

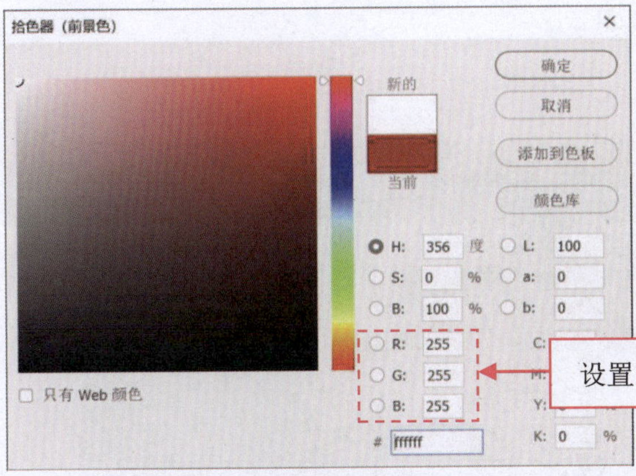

图 7-36 设置前景色为白色

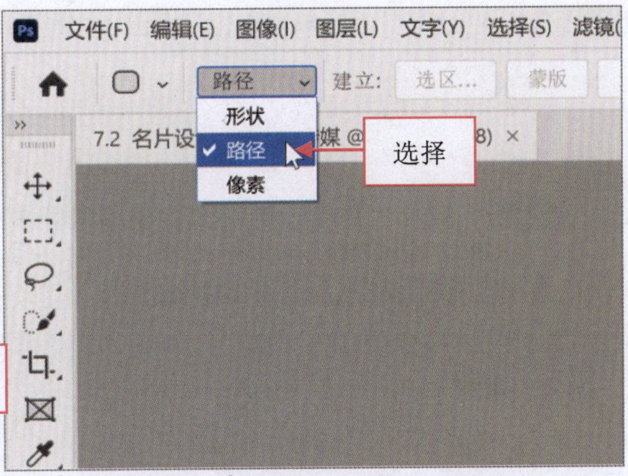

图 7-37 选择工具模式为“路径”

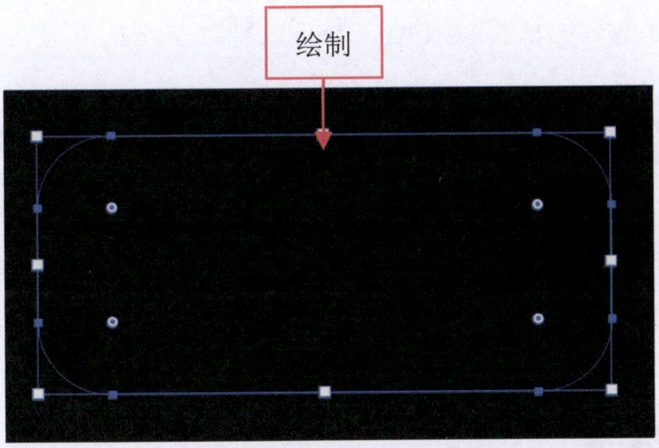

图 7-38 绘制一个圆角矩形

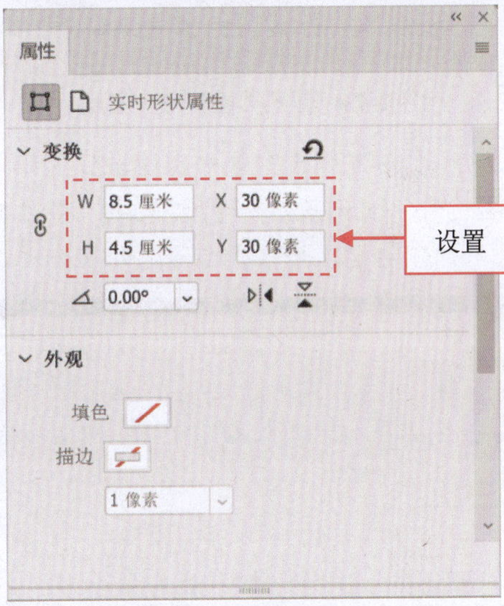

图 39 设置各参数

Step 06 按【Ctrl + Enter】组合键，将路径转换为选区，如图 7-40 所示。

Step 07 按【Alt + Delete】组合键，为选区填充前景色，并取消选区，效果如图 7-41 所示。

图 7-40 将路径转换为选区

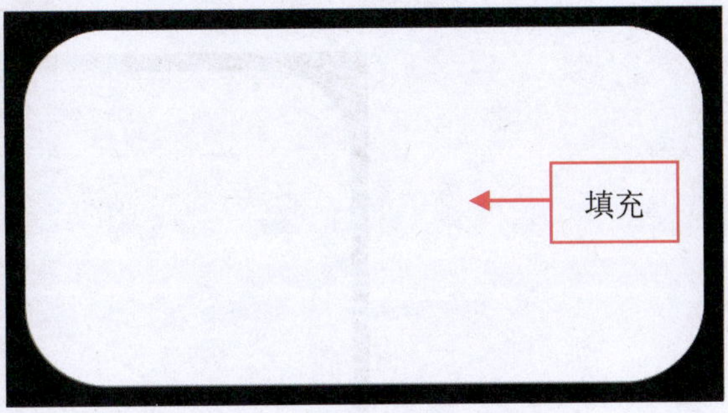

图 7-41 为选区填充前景色

Step 08 在“图层”面板中，新建“图层 2”图层，如图 7-42 所示。

Step 09　在工具箱中选取矩形工具▭，如图 7-43 所示。

图 7-42　新建"图层 2"图层

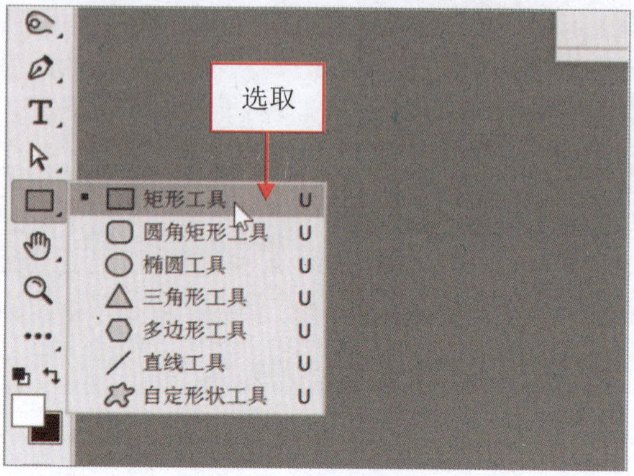

图 7-43　选取矩形工具

Step 10　在图像编辑窗口中的适当位置绘制一个矩形路径，如图 7-44 所示。

Step 11　按【Ctrl + Enter】组合键，将路径转换为选区，按【Alt + Delete】组合键，为选区填充前景色，并取消选区，效果如图 7-45 所示。

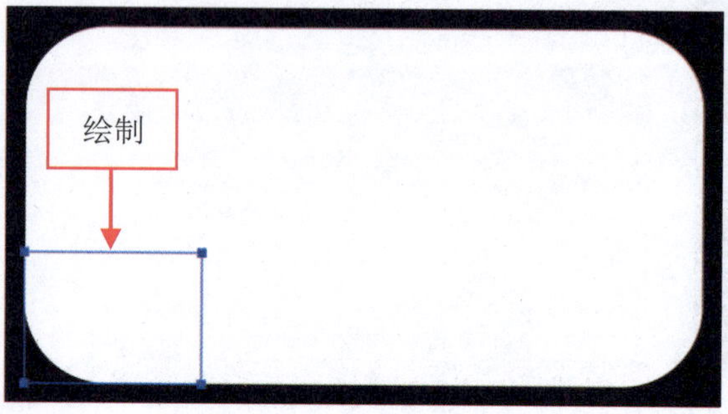

图 7-44　绘制一个矩形路径

图 7-45　为选区填充前景色

Step 12　用与上述同样的方法，在图像编辑窗口中的另一位置再次绘制一个矩形图形，并填充为白色，效果如图 7-46 所示。

图 7-46　再次绘制一个矩形图形

7.2.2　制作名片的版面元素

制作名片的版面元素

下面介绍制作名片版面中的各元素，如名片的背景图形、公司名称、姓名以及电话等信息，具体操作步骤如下。

Step01　打开素材图像（素材\第 7 章\图形 1.psd），如图 7-47 所示。

Step02　将素材图像拖曳至上一例图像编辑窗口中的合适位置，如图 7-48 所示。

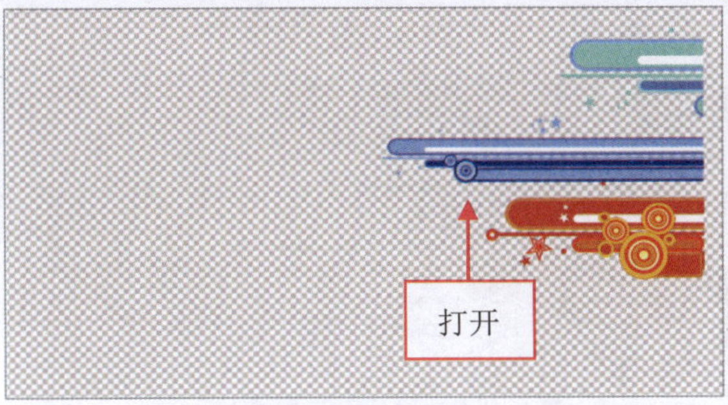

图 7-47　素材图像（1）

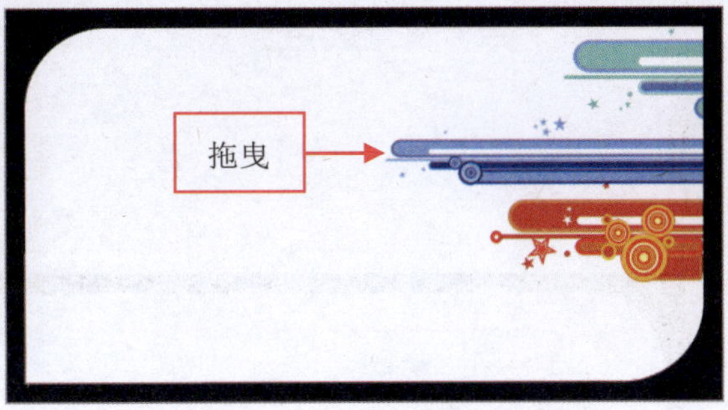

图 7-48　拖曳至上一例的图像窗口中（1）

Step03　在“图层”面板中，设置“图层 3”图层的“不透明度”为 15%，“图层”面板与图像编辑窗口中的图像效果如图 7-49 所示。

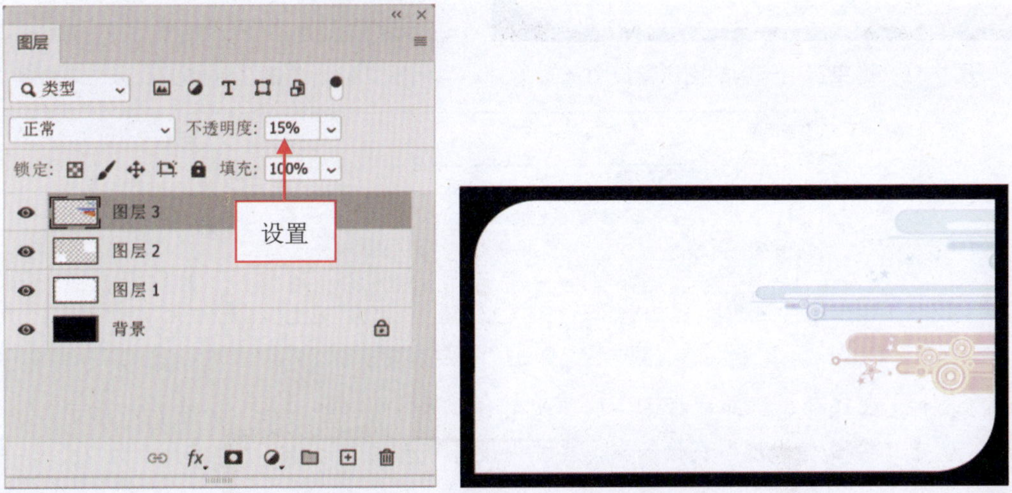

图 7-49　“图层”面板与图像效果

Step04　打开素材图像（素材\第 7 章\图形 2.psd），如图 7-50 所示。

Step05　将素材图像拖曳至上一例图像编辑窗口中的合适位置，如图 7-51 所示。

Step06　打开素材图像（素材\第 7 章\图形 3.psd），将素材图像拖曳至上一例图像编辑窗口中的合适位置，如图 7-52 所示。

Step07　在菜单栏中，单击“图层”|“新建调整图层”|“色相/饱和度”命令，如图 7-53 所示。

Step08　弹出“新建图层”对话框，单击“确定”按钮，如图 7-54 所示。

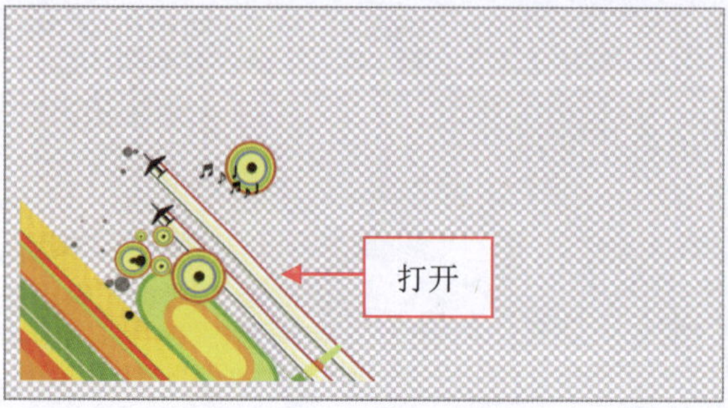

图 7-50　素材图像（2）

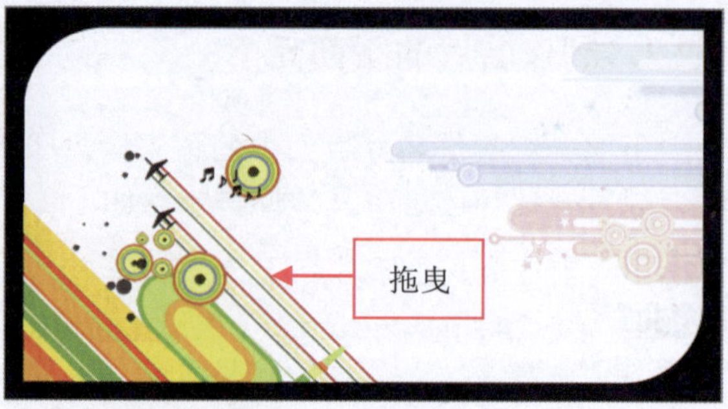

图 7-51　拖曳至上一例的图像窗口中（2）

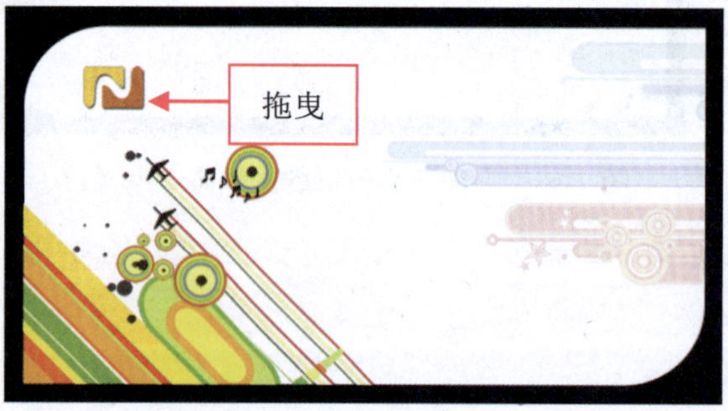

图 7-52　拖曳至上一例的图像窗口中（3）

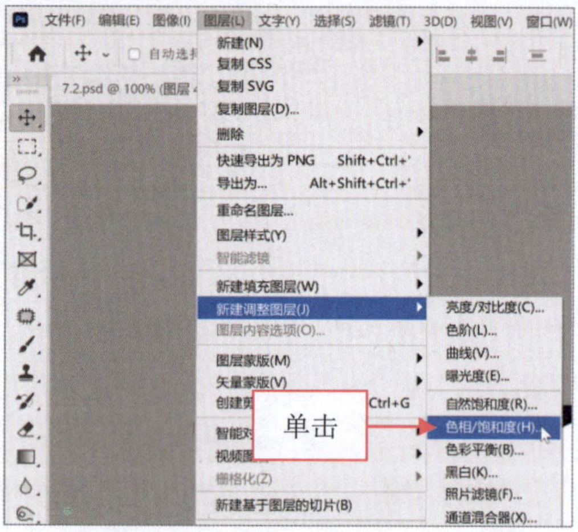

图 7-53　单击“色相/饱和度”命令

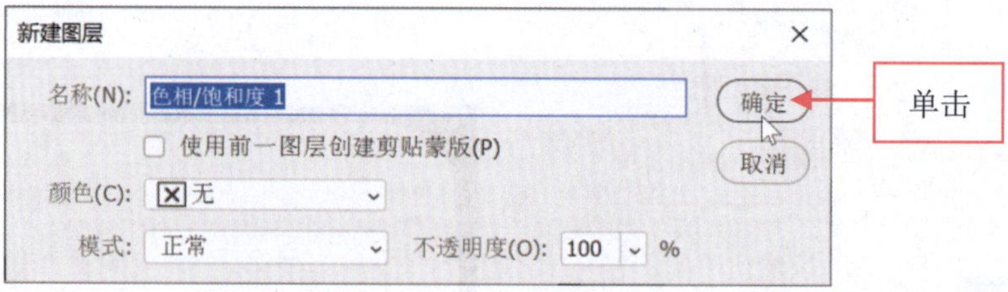

图 7-54　单击“确定”按钮

Step 09　执行上述操作后，即可新建一个“色相/饱和度 1”调整图层，如图 7-55 所示。

Step 10　展开“色相/饱和度”属性面板，在其中设置“色相”为-40、“饱和度”为 91，如图 7-56 所示。

Step 11　调整“色相/饱和度 1”图层的“不透明度”为 40%，调整图像的色相和饱和度，此时图像编辑窗口中的图像效果如图 7-57 所示。

Step 12　单击“图层”|“新建调整图层”|“色彩平衡”命令，新建“色彩平衡 1”调整图层，如图 7-58 所示。

Step 13　展开“色彩平衡”属性面板，依次设置参数为 71、32、15，如图 7-59 所示。

Step 14　执行上述操作后，即可调整图像的色彩平衡度，此时图像编辑窗口中的图像效果如图 7-60 所示。

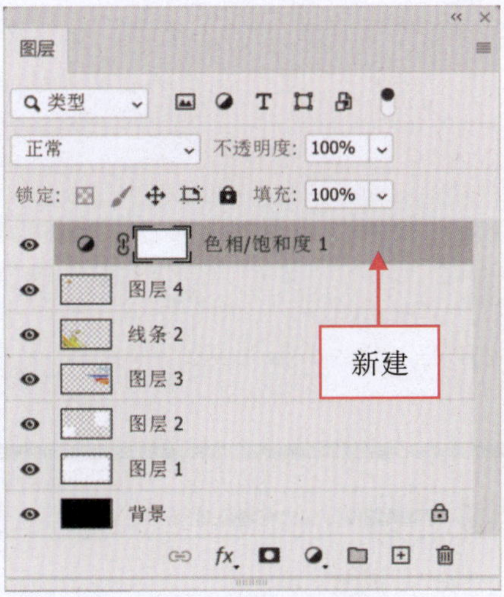

图 7-55　新建调整图层

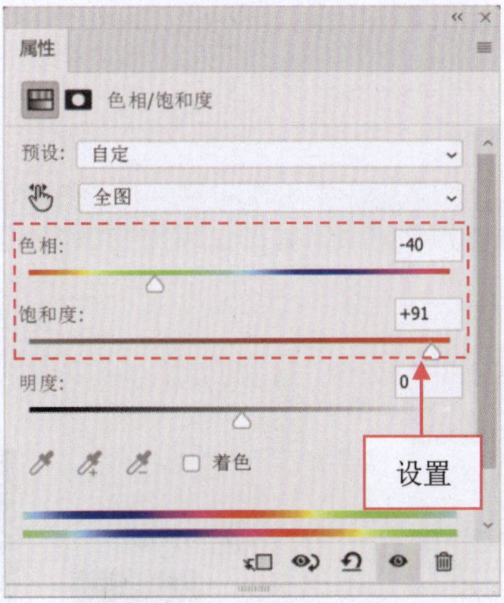

图 7-56　设置各参数

图 7-57　调整图像的色相和饱和度

图 7-58　新建“色彩平衡 1”调整图层

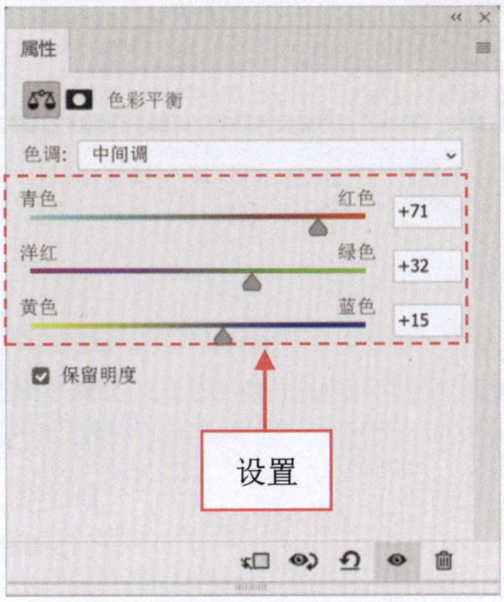

图 7-59　依次设置各参数

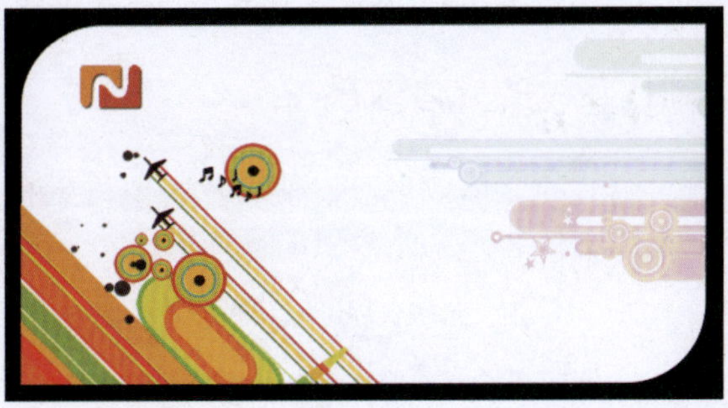

图 7-60　调整图像的色彩平衡度

Step 15 选取横排文字工具 T，在“字符”面板中设置字体样式与颜色属性，如图 7-61 所示。

Step 16 在工具属性栏中设置“消除锯齿的方法”为“平滑”，在图像编辑窗口中的适当位置输入相应文字内容，如图 7-62 所示。

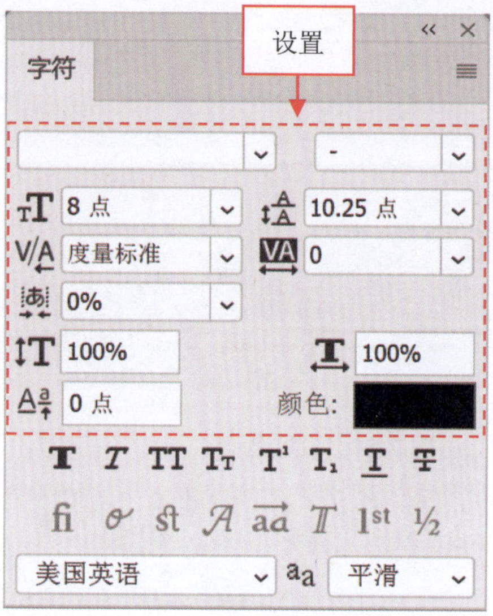

图 7-61　设置字体样式与颜色属性

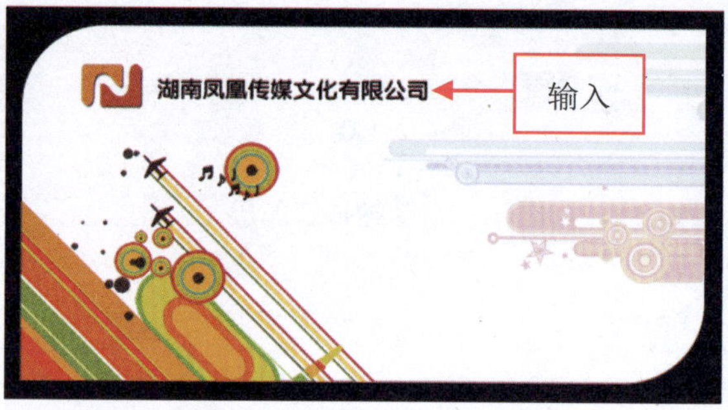

图 7-62　输入相应文字内容

Step 17 打开素材图像（素材\第 7 章\版面文字.psd），如图 7-63 所示。

Step 18 将素材图像拖曳至上一例图像编辑窗口中的合适位置，即可完成名片版面元素的设计，效果如图 7-64 所示。

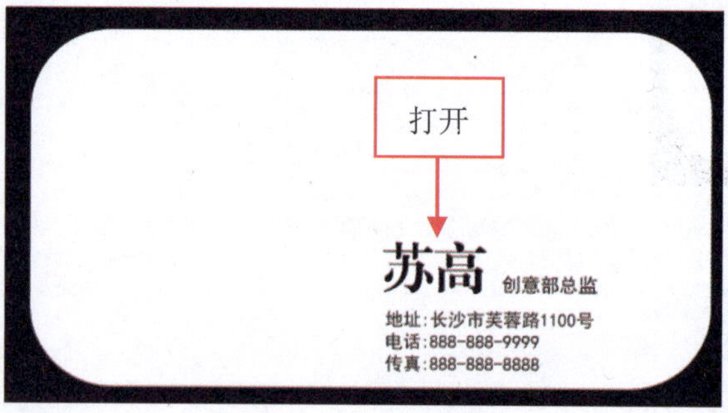

图 7-63　素材图像（3）

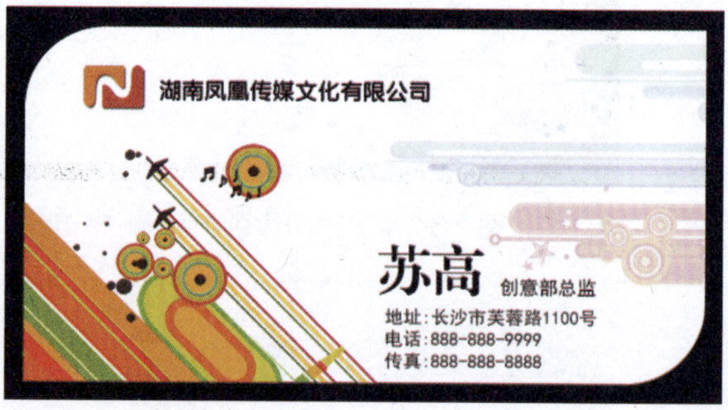

图 7-64　完成名片版面元素的设计

7.2.3　制作名片的立体效果

制作出名片的立体效果可以使名片表现得更有质感，整体效果更加美观。下面介绍制作名片立体效果的操作方法。

制作名片的立体效果

Step 01 展开“图层”面板，选择除“背景”图层外的所有图层，合并这些图层，并将其改名为“图层 1”，如图 7-65 所示。

Step 02 打开素材图像（素材\第 7 章\名片背景.psd），如图 7-66 所示。

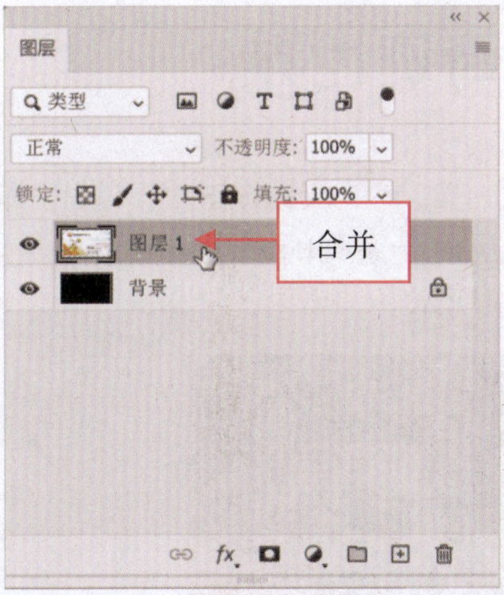

图 7-65　合并相应图层

图 7-66　素材图像

Step 03 打开素材图像（素材\第 7 章\黑色阴影.psd），将其拖曳至“名片背景.psd”图像编辑窗口中，如图 7-67 所示。

Step 04 返回“7.2　名片设计——凤凰传媒”图像编辑窗口，将“图层 1”图层拖曳至“名片背景.psd”图像编辑窗口中，如图 7-68 所示。

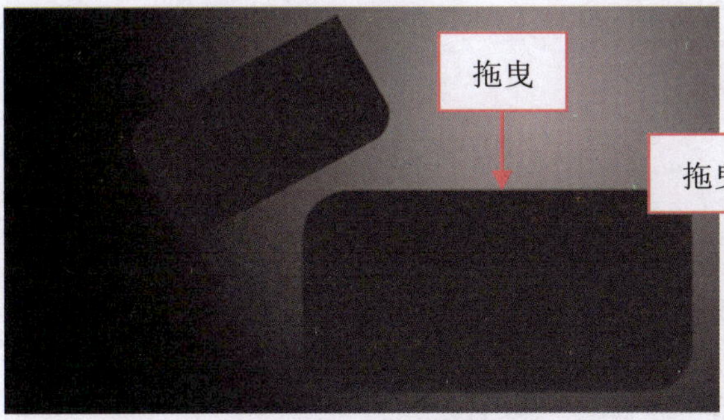

图 7-67　拖曳至图像编辑窗口中（1）

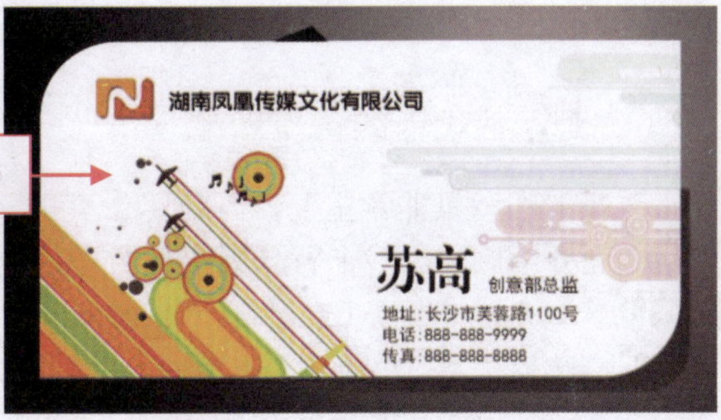

图 7-68　拖曳至图像编辑窗口中（2）

Step 05 按【Ctrl + T】组合键，调出变换控制框，调整图像的大小和位置，此时图像编辑窗口中的图像显示效果如图 7-69 所示。

Step 06 复制“图层 1”图层，得到“图层 1 拷贝”图层，调整“图层 1 拷贝”图层中图像的位置、大小和角度，效果如图 7-70 所示。至此，完成名片的设计。

图 7-69　调整图像的大小和位置

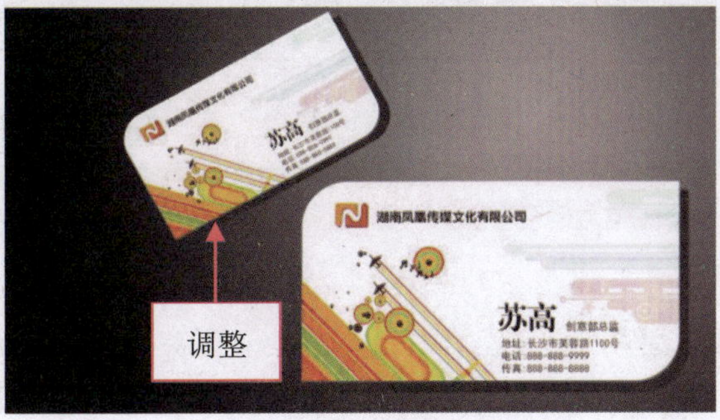

图 7-70　名片的最终效果

7.3 游戏卡设计：奇迹世界

当今电子平台的游戏中，大部分是由玩家扮演游戏中的一个或数个角色，游戏都赋予了完整的故事情节，从而吸引玩家对游戏的热爱与着迷，从而一系列的游戏储值卡也随之诞生。本实例主要介绍制作游戏卡的方法，最终效果如图 7-71 所示。

图 7-71 游戏卡设计：奇迹世界

7.3.1 制作游戏卡的背景效果

制作游戏卡的背景效果

游戏卡的背景非常重要，颜色尽量亮丽一点，这样能吸引玩家的注意力。下面介绍制作游戏卡背景效果的方法，具体操作步骤如下。

Step 01 打开素材图像（素材\第 7 章\游戏卡背景.jpg），如图 7-72 所示。

Step 02 选取工具箱中的圆角矩形工具，在工具属性栏中选择工具模式为“路径”，设置“半径”为 40 像素，然后在图像编辑窗口中的合适位置绘制一个圆角矩形路径，如图 7-73 所示。

图 7-72 素材图像

图 7-73 绘制圆角矩形路径

Step 03 切换至“路径”面板，单击面板底部的“将路径作为选区载入”按钮，将路径转换为选区，双击“背景”图层，弹出“新建图层”对话框，单击“确定”按钮即可，图像效果如图 7-74 所示。

Step 04 单击“选择”|“反选”命令，反选选区，按【Delete】键，删除选区内的图像，按【Ctrl+D】组合键，取消选区，效果如图 7-75 所示。

图 7-74　将路径转换为选区

图 7-75　取消选区

Step 05 打开素材图像（素材\第 7 章\条纹背景.psd），如图 7-76 所示。

Step 06 将该素材拖曳至“游戏卡背景”图像编辑窗口中的合适位置，在“图层 1”图层上单击鼠标右键，在弹出的快捷菜单中选择“栅格化图层”选项，如图 7-77 所示。

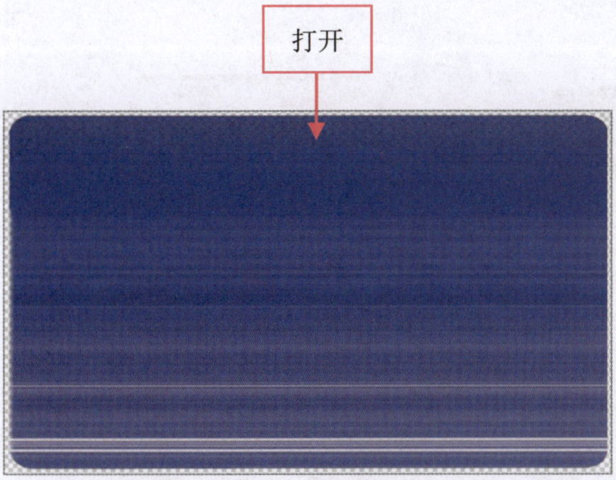

图 7-76　打开素材图像

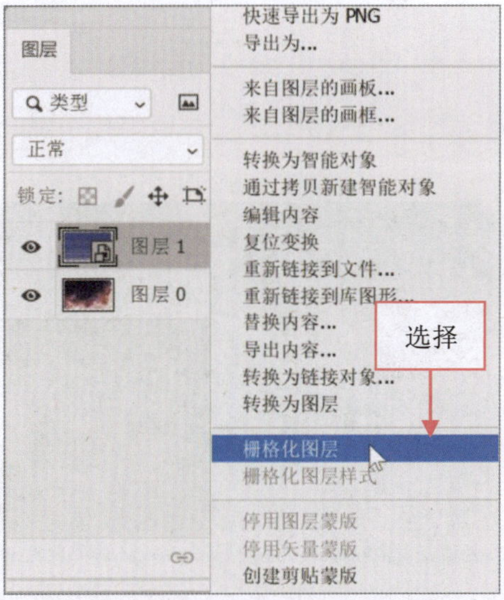

图 7-77　选择“栅格化图层”选项

Step 07 在面板底部单击“添加图层蒙版”按钮，添加图层蒙版，如图 7-78 所示。

Step 08 恢复 Photoshop 默认的前景色与背景色，选取工具箱中的渐变工具，在工具属性栏中单击“对称渐变”按钮，选中“反向”复选框，设置“预设”为“前景色到背景色渐变”，如图 7-79 所示。

Step 09 按住【Shift】键的同时，在图像编辑窗口中按住鼠标左键，从上至下拖曳鼠标，渐变填充图层蒙版，效果如图 7-80 所示。

Step 10 在“图层”面板底部单击“创建新的填充或调整图层”按钮，在弹出的列表框中选择“色彩平衡”选项，新建“色彩平衡 1”调整图层，在“色彩平衡”属性面板中设置各参数，如图 7-81 所示，即可调整游戏卡背景的颜色。

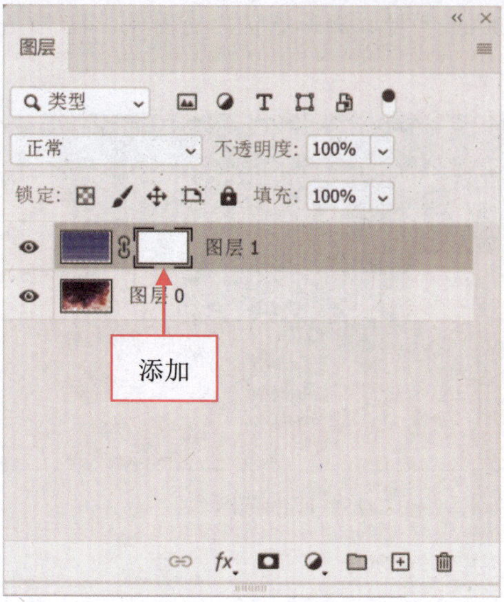

图 7-78　添加图层蒙版

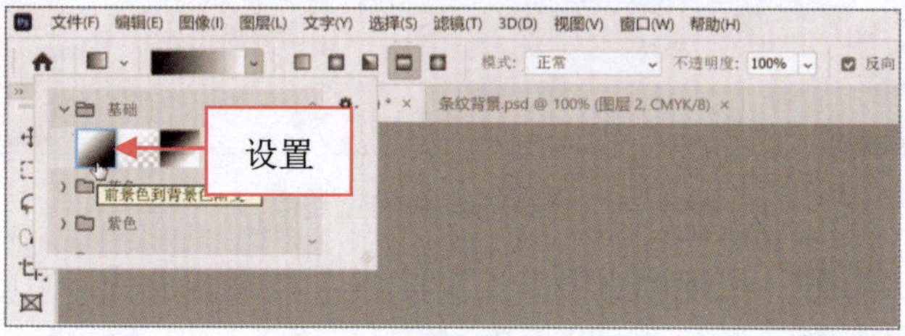

图 7-79　设置预设模式

图 7-80　填充渐变色

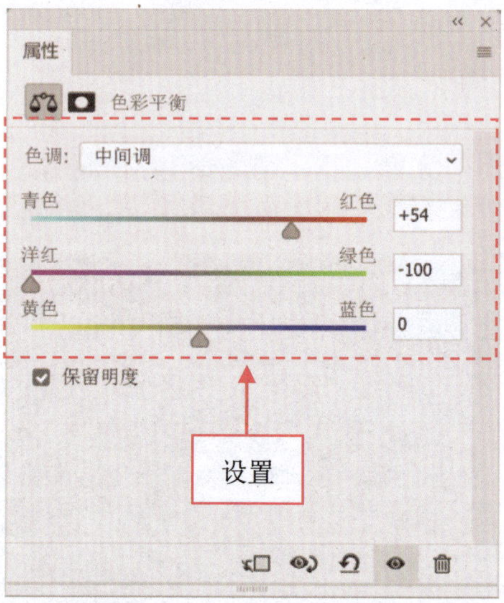

图 7-81　设置各参数

7.3.2　制作游戏卡的主体效果

制作游戏卡的主体效果

接下来制作游戏卡的主体图形与文字效果，并为图形与文字添加图层样式，使游戏卡的平面效果更具吸引力，具体操作步骤如下。

Step 01　打开素材图像（素材\第 7 章\游戏人物 1.psd），将该素材拖曳至上一例的图像编辑窗口中，并调整其大小和位置，如图 7-82 所示。

Step 02　双击“图层 2”图层，即可弹出“图层样式”对话框，选中“描边”复选框，设置“大小”为 10 像素、“颜色”为白色、“不透明度”为 100%，单击“确定”按钮，添加“描边”图层样式，效果如图 7-83 所示。

图 7-82　调整图像

图 7-83　添加图层样式

Step 03 打开素材图像（素材\第 7 章\游戏人物 2.psd），用与上同样的操作方法，制作该素材的效果，如图 7-84 所示。

Step 04 选中两个游戏人物素材所在的图层，按【Ctrl + J】组合键拷贝图层，去除图层样式，按【Ctrl + T】组合键调出变换框，调整图像大小，按【Enter】键确定变换，在"图层"面板顶部设置两个图层的"不透明度"为 30%，并调整图层顺序，效果如图 7-85 所示。

图 7-84　制作图像效果

图 7-85　设置"不透明度"为 30%

Step 05 选取横排文字工具，在图像编辑窗口中的合适位置单击鼠标左键，输入文字"奇迹一卡通"，在工具属性栏中设置"字体"为"楷体"、"字体大小"为 7.45 点、"颜色"为黄色（CMYK 参数值 7、23、89、0）；输入文字"100 元"，设置"字体大小"为 9.58 点、"颜色"为红色（CMYK 参数值 11、99、100、0）；输入文字"3 000 点"，设置"字体大小"为 7.45 点、"颜色"为黄色（CMYK 参数值 7、23、89、0），效果如图 7-86 所示。

Step 06 双击该图层，弹出"图层样式"对话框，选中"描边"复选框，设置"大小"为 2 像素、"位置"为外部、"颜色"为白色；选中"外发光"复选框，在该选项卡中设置"混合模式"为"滤色"、"不透明度"为 30%、"颜色"为黄色（CMYK 参数值 12、7、36、0）、"大小"为 22 像素，单击"确定"按钮，制作文字效果。用同样的方法，将该图层样式拷贝并粘贴至其他文字图层中，制作出同样的文字效果，如图 7-87 所示。

Step 07 选取工具箱中的横排文字工具，在图像编辑窗口中的合适位置单击鼠标左键，输入文字"奇迹世界"，在工具属性栏中设置"字体"为"宋体"、"字体大小"为 27.5 点，"颜色"为黄色（CMYK 参数值 7、24、89、0），如图 7-88 所示。

图 7-86　输入文字内容（1）

图 7-87　设置图层样式

Step 08　在工具属性栏中单击“变形文字”按钮，弹出“变形文字”对话框，单击“样式”右侧的下拉按钮，在弹出的列表框中选择“凸起”选项，在下方设置“弯曲”为 17，如图 7-89 所示。

图 7-88　输入文字内容（2）

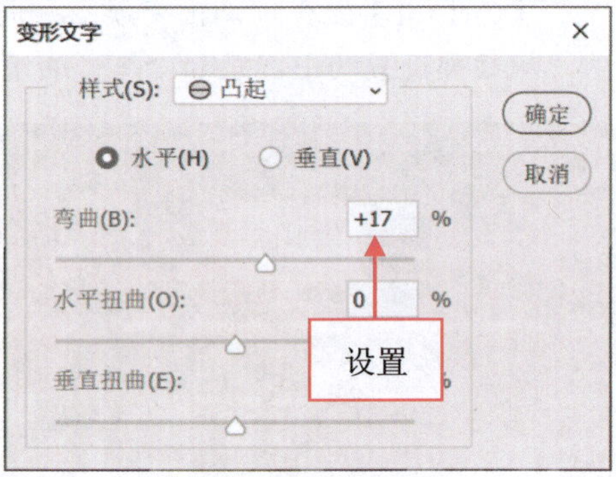

图 7-89　设置各参数

Step 09　单击“确定”按钮，即可设置文字效果，如图 7-90 所示。

Step 10　单击“图层”|“图层样式”|“斜面和浮雕”命令，弹出“图层样式”对话框，在其中设置各选项，如图 7-91 所示，选中“等高线”复选框，设置“范围”为 50%。

图 7-90　设置文字效果

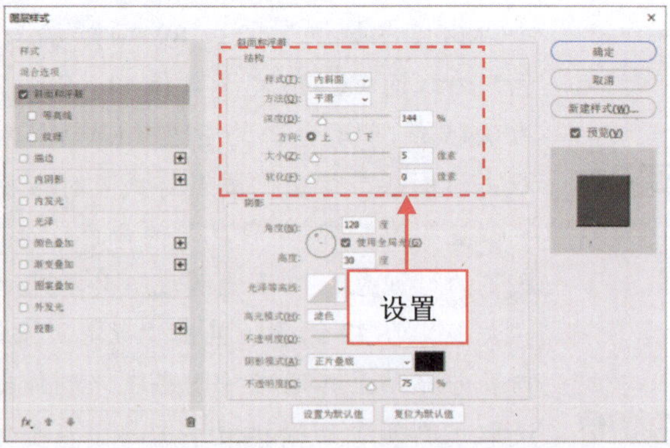

图 7-91　设置“斜面和浮雕”图层样式

Step 11　选中“描边”复选框，在该选项卡中设置各参数，如图 7-92 所示。

Step 12　选中“内发光”复选框，在其中设置各参数，如图 7-93 所示。

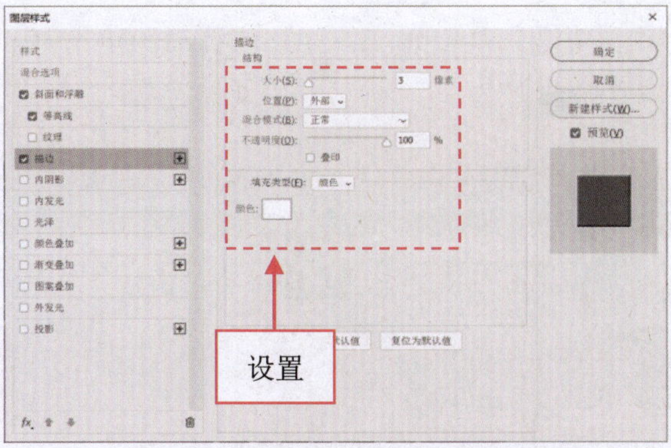

图 7-92　设置“描边”图层样式

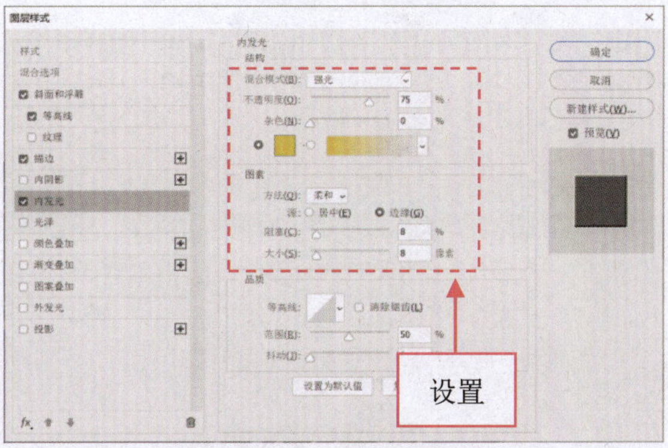

图 7-93　设置“内发光”图层样式

▶ 专家指点

在“图层样式”对话框中，各主要选项含义如下。

➢ 投影：可以为图层中的对象下方制造一种阴影效果，阴影的透明度、边缘羽化和投影角度等都可以在“图层样式”对话框中进行设置。

➢ 内发光：可以为所选图层中的图像增加发光效果。

➢ 外发光：可以为所选图层中的图像外边缘增添发光效果。

➢ 斜面和浮雕：可以制作出各种凹陷和凸出的图像或文字，从而使图像具有一定的立体效果。

Step 13　选中“渐变叠加”复选框，在其中设置各参数，如图 7-94 所示。

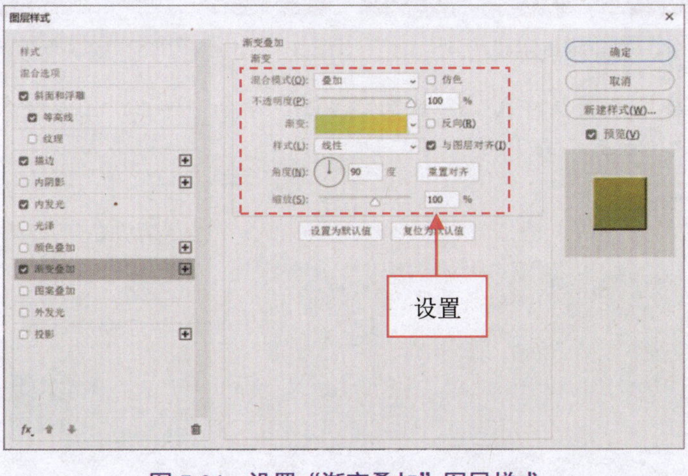

图 7-94　设置“渐变叠加”图层样式

Step 14　选中“投影”复选框，在其中设置各参数，如图 7-95 所示。

Step 15　单击“确定”按钮，应用各图层样式，效果如图 7-96 所示。

Step 16　选取工具箱中的横排文字工具，在工具属性栏中设置“字体”为“黑体”、“字体大小”为 11 点、“颜色”为红色（CMYK 参数值 0、96、95、0），输入文字，按【Ctrl + Enter】组合键确认，效果如图 7-97 所示。

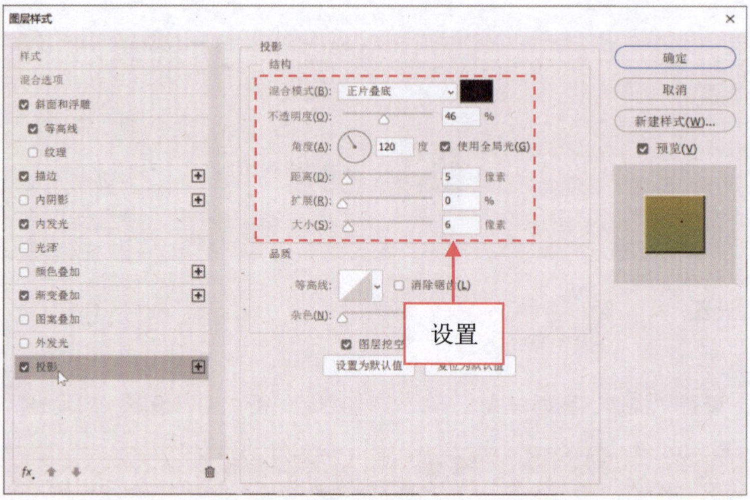

图 7-95 设置“投影”图层样式

图 7-96 应用图层样式

图 7-97 输入文字内容（3）

Step 17 单击“图层”|“图层样式”|“斜面和浮雕”命令，弹出“图层样式”对话框，在其中设置各参数，如图 7-98 所示。

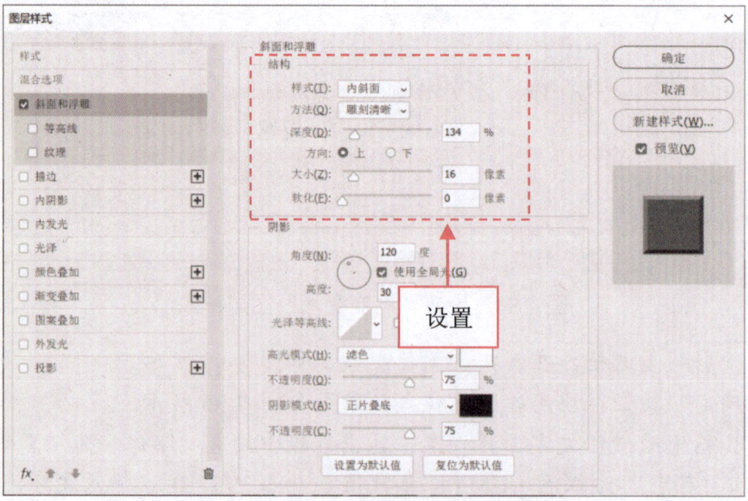

图 7-98 设置“斜面和浮雕”图层样式

Step 18　选中“描边”复选框，在其中设置各参数，如图 7-99 所示。

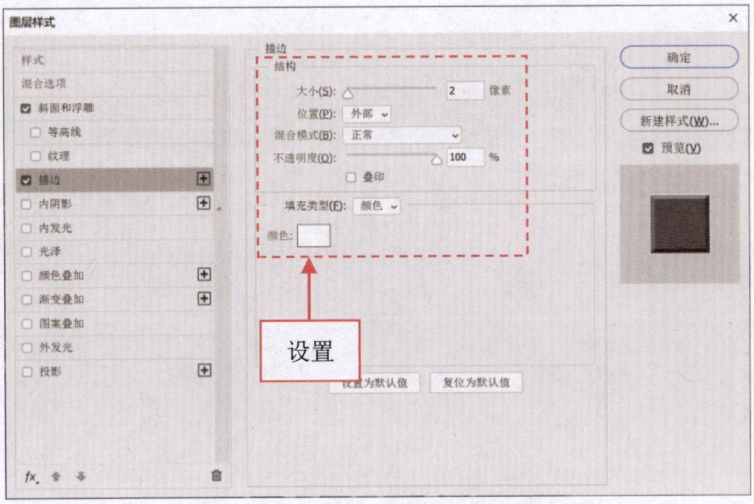

图 7-99　设置“描边”图层样式

Step 19　选中“外发光”复选框，各选项为默认设置，单击“确定”按钮。至此，完成游戏卡主体效果的设计，最终效果如图 7-100 所示。

图 7-100　最终效果

本章小结

本章主要介绍了会员卡设计、名片设计以及游戏卡设计的方法，主要运用到了渐变工具、圆角矩形工具、矩形工具以及横排文字工具等，并且介绍了多种图层样式的设置方法。通过本章的学习，希望读者能举一反三，制作出更多精彩、漂亮的卡片效果。

第 8 章
淘宝电商的平面设计与制作

8

网店装修是店铺运营中的重要一环，店铺设计的好坏，直接影响顾客对于店铺的最初印象。首页、详情页面等设计得美观、内容丰富，顾客才会有兴趣继续了解产品。如果被详情的描述打动了，才会产生购买欲望并下单。本章主要介绍了店招、首页以及详情页设计的方法，希望读者熟练掌握本章内容。

本章重点

- 店招设计：家具网店
- 首页设计：农产品网店
- 详情页设计：剪映书籍

8.1　店招设计：家具网店

顾客需要掌握的店铺品牌信息最直接的来源就是店招，其次才是店铺装修的整体视觉。对于品牌商品而言，店招可以让顾客进来第一眼就知道经营的品牌信息，而不用顾客再去其他页面或者模块中寻找。本实例主要介绍店招的设计方法，最终效果如图 8-1 所示。

图 8-1　店招设计：家具网店

8.1.1　制作店招英文字体效果

店招是店铺品牌展示的窗口，是买家对于店铺第一印象的主要来源，鲜明而有特色的店招对于网店店铺形成品牌和产品定位具有不可替代的作用。下面介绍制作店招英文字体效果的方法，具体操作步骤如下。

制作店招英文字体效果

Step 01　打开素材图像（素材\第 8 章\店招背景.jpg），如图 8-2 所示。

图 8-2　素材图像

Step 02　选取工具箱中的横排文字工具，在工具属性栏中设置“字体”为 Impact、“字体大小”为 11 点、“设置消除锯齿的方法”为“浑厚”、“颜色”为灰色（RGB 参数值均为 112），如图 8-3 所示。

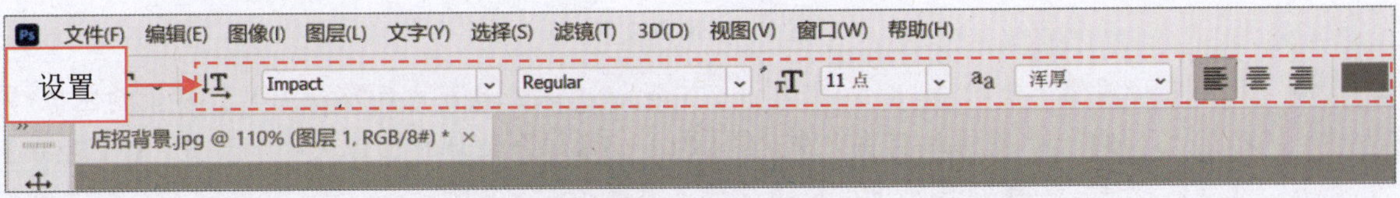

图 8-3　设置各选项

Step 03　将鼠标移动至图像编辑窗口中的合适位置，单击鼠标左键，输入文字，按【Ctrl + Enter】组合键确认输入，英文字体效果如图 8-4 所示。

图 8-4　设置文字属性

Step 04 选中 LIKE 文字内容，在工具属性栏中设置“颜色”为橙色（RGB 参数值分别为 255、177、42），按【Ctrl + Enter】组合键确认输入，英文字体效果如图 8-5 所示。

图 8-5 设置英文字体颜色

8.1.2 制作店招中文字体效果

制作好店招的英文字体效果后，接下来制作店招的中文字体效果，方便顾客记住品牌的名字，具体操作步骤如下。

制作店招中文字体效果

Step 01 新建“图层 1”图层，选取工具箱中的横排文字工具，在工具属性栏中设置“字体”为“黑体”、“字体大小”为 6 点、“设置消除锯齿的方法”为“浑厚”、“颜色”为灰色（RGB 参数值均为 112），如图 8-6 所示。

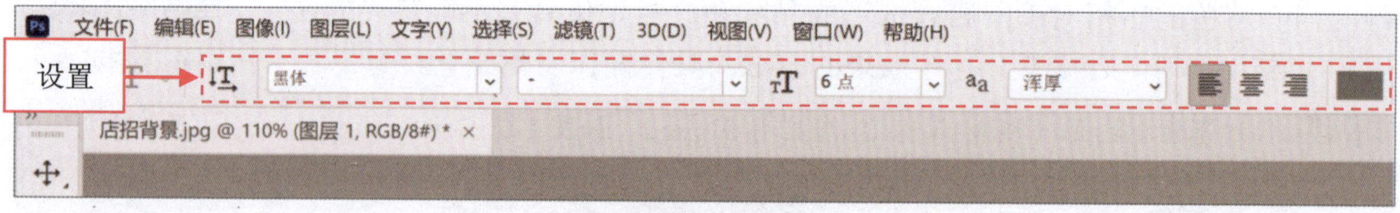

图 8-6 设置各选项

Step 02 将鼠标移至图像编辑窗口中的合适位置，单击鼠标左键，输入文字，按【Ctrl + Enter】组合键确认输入，运用移动工具将文字移动至合适位置，效果如图 8-7 所示。

图 8-7 输入文字

Step 03 打开素材图像（素材\第 8 章\家具产品.jpg），选取工具箱中的移动工具，将素材图像移动至“店招背景”图像编辑窗口中，按【Ctrl + T】组合键调整图像大小和位置，按【Enter】键确认操作，完成家具网店店招的设计，效果如图 8-8 所示。

图 8-8 最终效果

> **▶ 专家指点**
>
> 店招是店铺的标志，在设计上需要具备新颖、易于传播等特点，便于顾客记忆。

8.2　首页设计：农产品网店

本实例为农产品网店设计首页的欢迎模块，在画面的配色中借鉴商品的色彩，并通过大小和外形不同的文字来表现店铺的主题内容，使用同一色系的颜色来提升画面的品质，让设计的整体效果更加协调统一。本实例的最终效果如图 8-9 所示。

图 8-9　首页设计：农产品网店

8.2.1　制作农产品首页的背景效果

下面为读者介绍农产品网店首页背景效果的设计，主要以绿色色彩为主，搭配新鲜的水果图片，给人一种健康的感觉，具体操作步骤如下。

制作农产品首页的背景效果

Step 01　单击“文件”|“新建”命令，弹出“新建文档”对话框，设置“名称”为“8.2　首页设计：农产品网店”、“宽度”为 700 像素、“高度”为 350 像素、“颜色模式”为“RGB 颜色”、“背景内容”为“白色”，如图 8-10 所示。

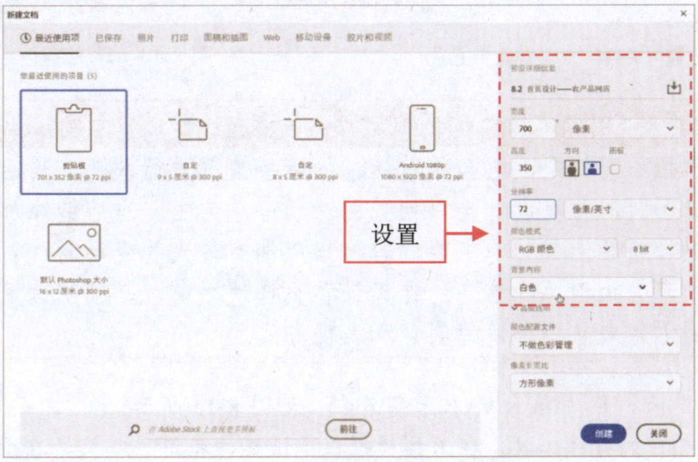

图 8-10　“新建文档”对话框

Step02 单击“创建”按钮，新建一个空白图像，如图 8-11 所示。

Step03 单击工具箱底部的“设置前景色”色块，弹出“拾色器（前景色）”对话框，设置 RGB 参数值分别为 220、255、115，单击“确定”按钮，如图 8-12 所示。

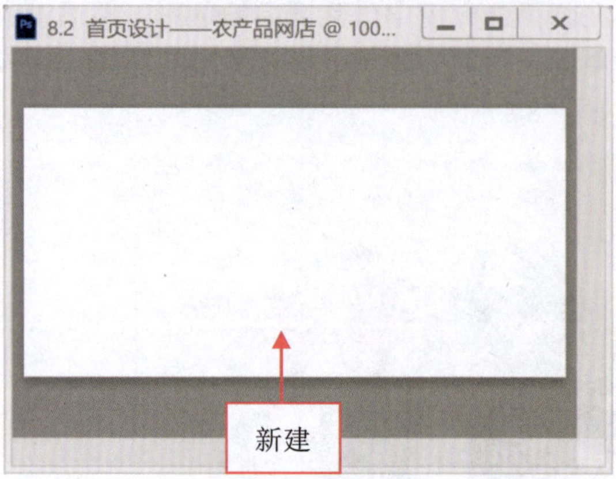

图 8-11 新建图像

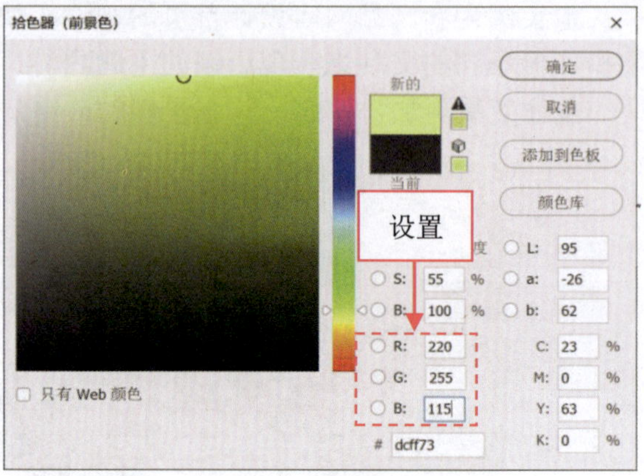

图 8-12 设置参数

Step04 单击“编辑”|“填充”命令，弹出“填充”对话框，设置“内容”为“前景色”，如图 8-13 所示。

Step05 单击“确定”按钮，即可填充颜色，效果如图 8-14 所示。

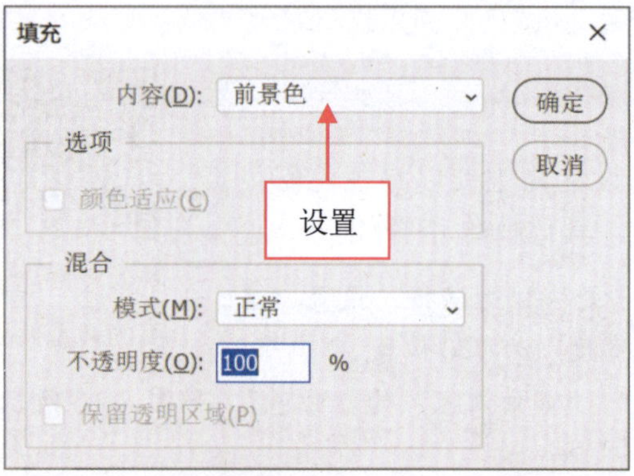

图 8-13 设置“内容”为“前景色”

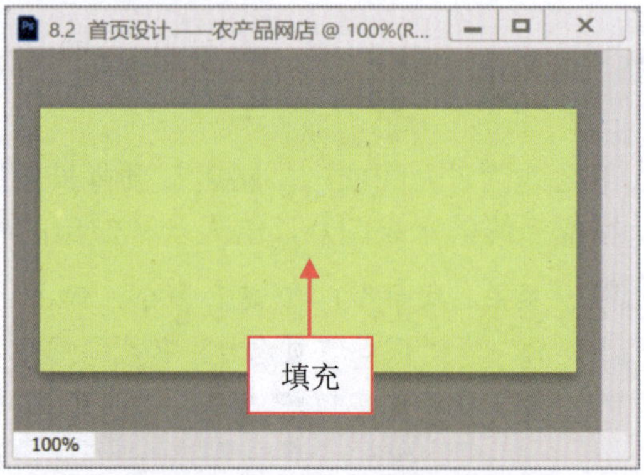

图 8-14 填充颜色后的效果

▶ 专家指点

店铺首页与店招不同的是，它会随着店铺的销售情况进行改变，当店铺迎合特定节日或者店庆等重要日子时，首页设计会以相关的活动信息为主；当店铺添加了新的商品时，首页设计内容则以“新品上架”为主要内容；当店铺有较大的变动时，首页还可以充当公告栏的作用，给顾客告知相关的信息。在设计首页模块之前，必须明确设计的主要内容和主题，根据设计的主题来寻找合适的创意和表现方式。

Step06 打开素材图像（素材\第 8 章\农产品.jpg），如图 8-15 所示。

Step07 选取工具箱中的魔棒工具，在工具属性栏中设置“容差”为 32，在图像上的白色区域单击鼠标左键，创建不规则选区，如图 8-16 所示。

图 8-15　素材图像

图 8-16　创建不规则选区

Step 08 单击工具属性栏中的“添加到选区”按钮，在图像中的相应位置单击鼠标左键，添加白色区域的选区，如图 8-17 所示。

Step 09 单击“选择”|“反选”命令，反选选区，如图 8-18 所示。

图 8-17　添加白色区域选区

图 8-18　反选选区

Step 10 在菜单栏中，单击“选择”|“修改”|“羽化”命令，如图 8-19 所示。

Step 11 弹出“羽化选区”对话框，设置“羽化半径”为 5 像素，如图 8-20 所示。

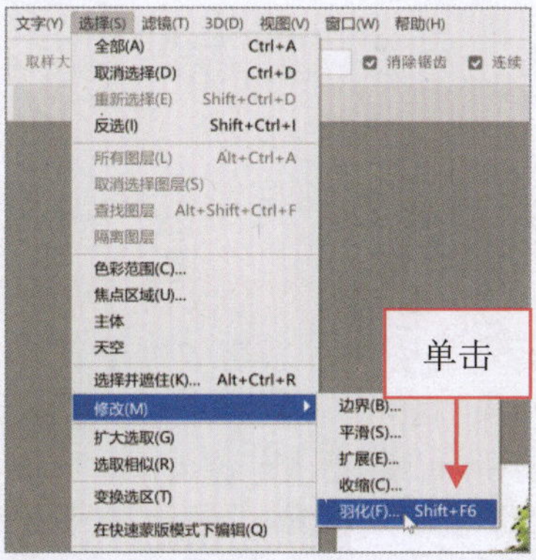

图 8-19　单击“羽化”命令

图 8-20　设置“羽化半径”为 5 像素

Step 12 单击“确定”按钮，即可羽化选区，如图 8-21 所示。

Step 13 按【Ctrl + C】组合键，复制选区内的图像，切换至之前新建的图像编辑窗口中，按【Ctrl + V】组合键粘贴图像，并适当调整图像的大小和位置，效果如图 8-22 所示。

图 8-21　羽化选区

图 8-22　调整图像大小和位置

> ▶ 专家指点
>
> 在 Photoshop 2021 中，羽化是针对选区的一项编辑，羽化是通过建立选区和选区周围像素之间的转换边界来模糊边缘的，这种模糊方式将丢失选区边缘的一些图像细节。羽化原理是令选区内外衔接的部分虚化，起到渐变的作用，从而达到自然衔接的效果。

8.2.2　制作农产品首页的文字效果

制作农产品首页的文字效果

首页中的主题文字尽量最大化，背景和主体元素要相呼应，最好有疏密、粗细、大小以及颜色的变化，在变化中追求平衡，体现出层次感，这样做出来的首页整体效果就比较舒服。下面介绍制作农产品首页文字的方法，具体操作步骤如下。

Step 01　选取工具箱中的横排文字工具，在适当位置输入文字“绿色农场”，展开“字符”面板，设置字体样式和颜色（RGB 参数分别为 110、160、0），如图 8-23 所示。

图 8-23　输入文字并设置字体样式

Step 02　展开“图层”面板，单击底部的“创建新图层”按钮，新建“图层 2”图层，如图 8-24 所示。

Step 03　选取工具箱中的椭圆工具，在工具属性栏中选择工具模式为“像素”，设置前景色为黄色（RGB 参数值分为 255、255、0），如图 8-25 所示。

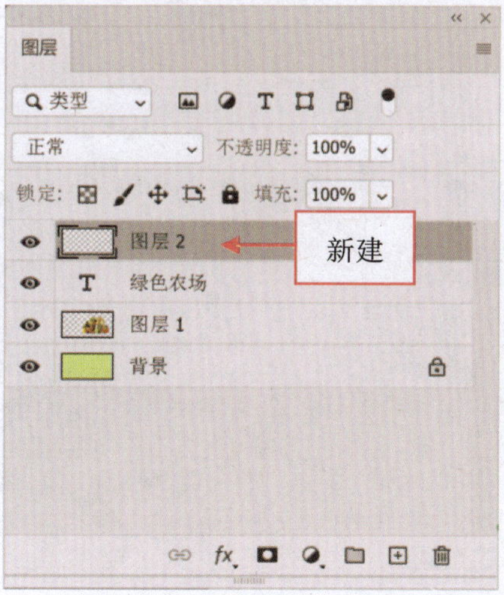

图 8-24　新建“图层 2”图层

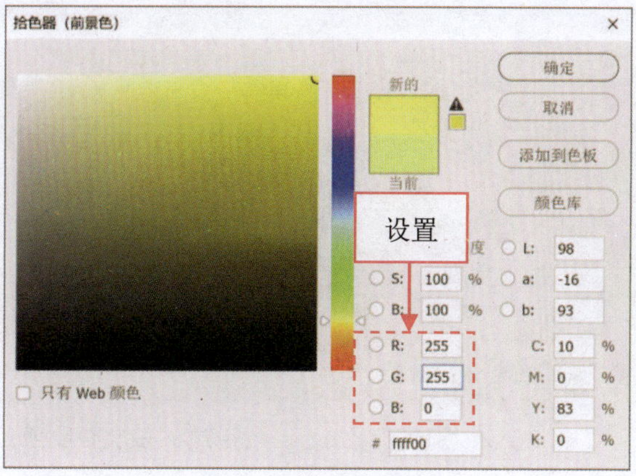

图 8-25　设置前景色为黄色

Step 04　按住【Shit + Alt】组合键的同时，在文字下方绘制一个合适大小的正圆形，将“图层 2”图层调至文字图层的下方，如图 8-26 所示。

图 8-26　绘制一个正圆形

> ▶ 专家指点
>
> 一张优秀的首页欢迎模块页面设计，通常都具备了三个元素，那就是合理的背景、优秀的文案和醒目的产品信息。

Step 05　多次复制所绘制的正圆形，并适当调整其位置，如图 8-27 所示。

图 8-27　多次复制所绘制的正圆形

> **▶ 专家指点**
>
> 在调整正圆形位置的时候，用户可以直接按键盘上的向右方向键，将图形进行水平向右移动操作，既方便、又省事。

Step 06 选取工具箱中的横排文字工具，在合适位置输入文字“梦想发源地”，展开“字符”面板，设置字体样式与颜色（RGB 参数值分别为 255、120、0），如图 8-28 所示。

图 8-28　输入文字“梦想发源地”

Step 07 选取工具箱中的横排文字工具，在合适位置输入文字“绿色果蔬，健康饮食”，展开“字符”面板，设置字体样式与颜色（RGB 参数值分别为 255、120、0）。至此，完成农产品首页文字的制作，效果如图 8-29 所示。

图 8-29　输入文字“绿色果蔬，健康饮食”

8.3　详情页设计：剪映书籍

本案例为剪映书籍详情页面中的顶部展示部分，主要介绍商品的大致信息，如书名、图书封面以及相关细节信息等，方便顾客快速了解商品信息。本实例最终效果如图 8-30 所示。

图 8-30　详情页设计：剪映书籍

8.3.1 制作书籍详情页的主体效果

下面介绍制作剪映书籍详情页主体效果的方法，包括详情页背景设计、书名设计、图书封面展示等内容，具体操作步骤如下。

制作书籍详情页的主体效果

Step 01 单击“文件”|“新建”命令，弹出“新建文档”对话框，在其中设置“名称”为“8.3 详情页设计：剪映书籍”、“宽度”为 790 像素、“高度”为 2 200 像素、“分辨率”为 72 像素/英寸、“颜色模式”为“RGB 颜色”、“背景内容”为“白色”，如图 8-31 所示。

Step 02 单击“创建”按钮，新建一个空白图像，如图 8-32 所示。

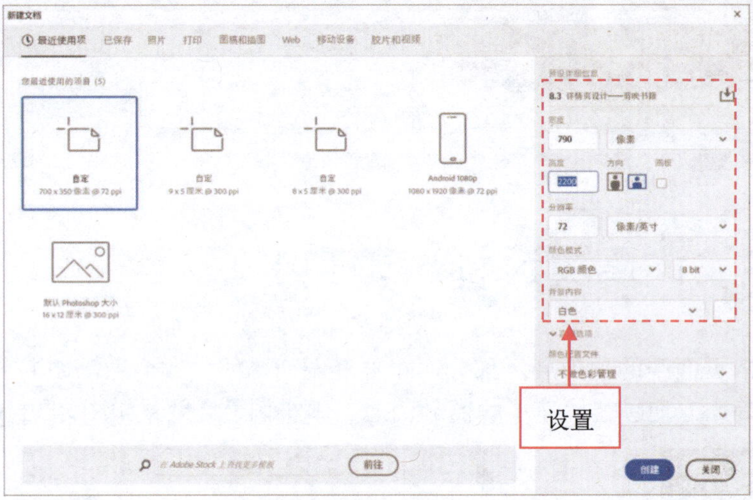

图 8-31 “新建文档”对话框

图 8-32 新建图像

Step 03 单击工具箱底部的“设置前景色”色块，弹出“拾色器（前景色）”对话框，设置颜色为黑色，如图 8-33 所示，单击“确定”按钮。

Step 04 展开“图层”面板，新建“图层 1”图层，使用多边形套索工具绘制选区，填充前景色，并取消选区，效果如图 8-34 所示。

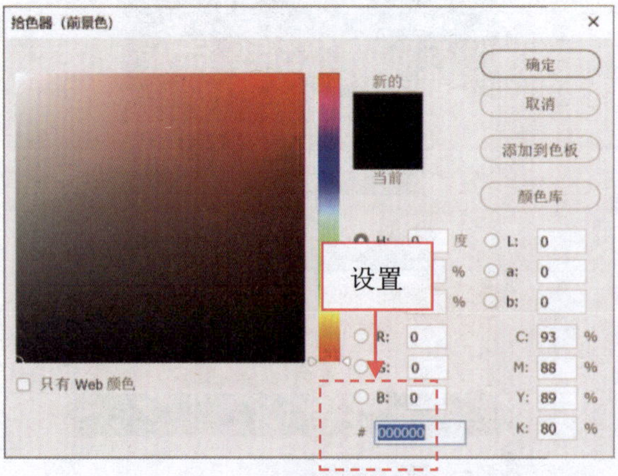

图 8-33 设置前景色参数

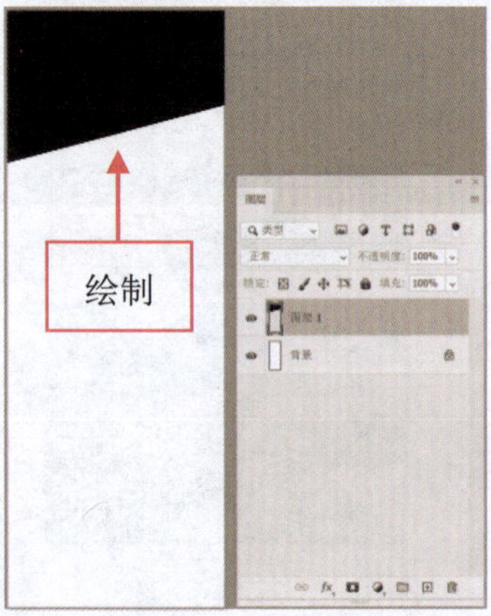

图 8-34 填充前景色

Step 05　打开素材图像（素材\第 8 章\照片.psd），运用移动工具将素材图像拖曳至背景图像编辑窗口中，适当调整图像的位置，如图 8-35 所示。

Step 06　选中“照片”图层，单击鼠标右键，在弹出的快捷菜单中选择“创建剪贴蒙版”选项，如图 8-36 所示。

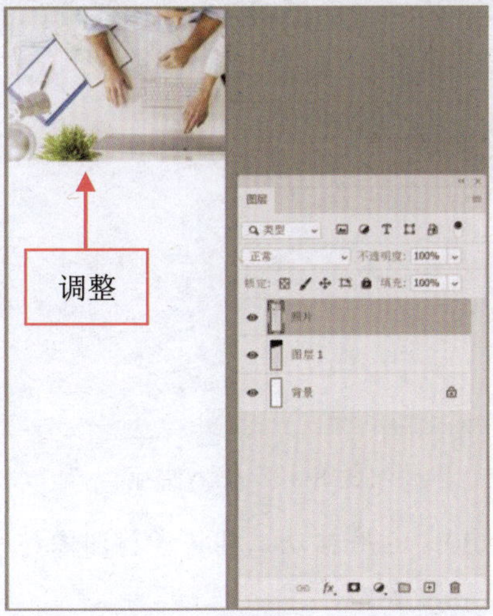

图 8-35　调整图像的位置

图 8-36　选择“创建剪贴蒙版”选项

Step 07　执行上述操作后，即可创建剪贴蒙版，效果如图 8-37 所示。

Step 08　在“图层”面板中设置“照片”图层的“不透明度”为 20%，效果如图 8-38 所示。

图 8-37　创建剪贴蒙版

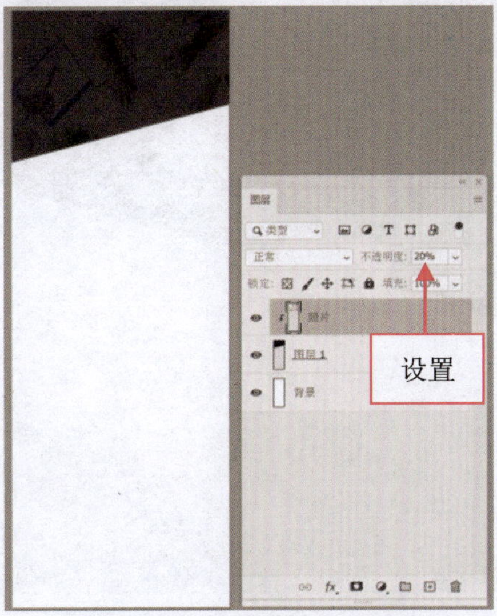

图 8-38　调整图层不透明度

Step 09　选取工具箱中的横排文字工具，打开“字符”面板，设置字体样式与颜色属性（RGB 参数值分别为 247、126、24），如图 8-39 所示。

Step 10　在图像编辑窗口中输入文字，运用移动工具将文字拖曳至适当的位置，效果如图 8-40 所示。

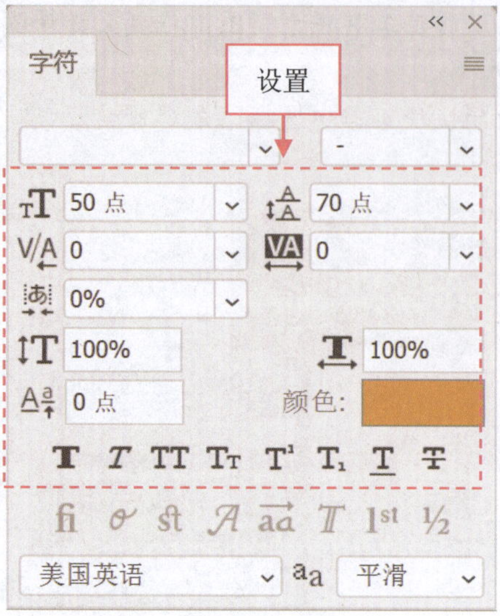

图 8-39　设置“字符”属性

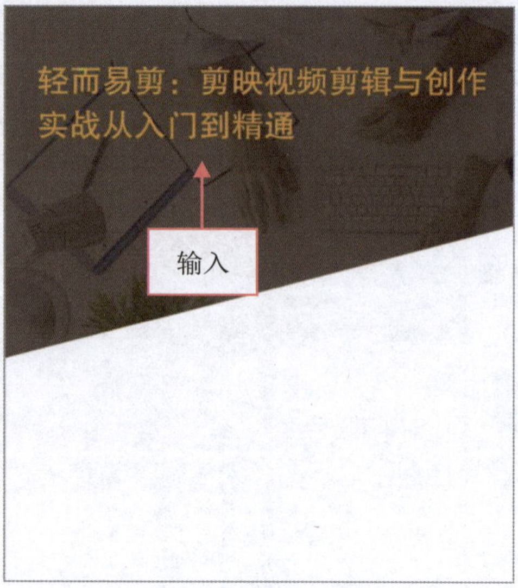

图 8-40　输入文字

Step 11　打开素材图像（素材\第 8 章\符号和文字.psd），运用移动工具将素材图像拖曳至背景图像编辑窗口中，适当调整图像的位置，效果如图 8-41 所示。

Step 12　打开素材图像（素材\第 8 章\图书封面.jpg），运用移动工具将素材图像拖曳至背景图像编辑窗口中，适当调整图像的位置，如图 8-42 所示。

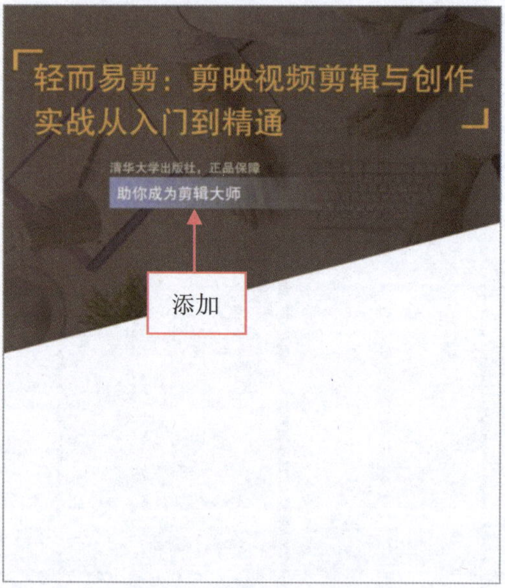

图 8-41　添加图像素材

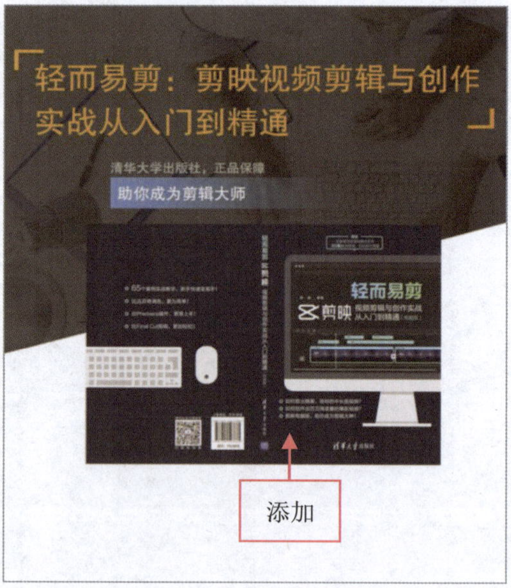

图 8-42　添加书籍素材

Step 13　打开素材图像（素材\第 8 章\矩形.psd），如图 8-43 所示。

Step 14　运用移动工具将素材图像拖曳至背景图像编辑窗口中，适当调整图像的位置，如图 8-44 所示。

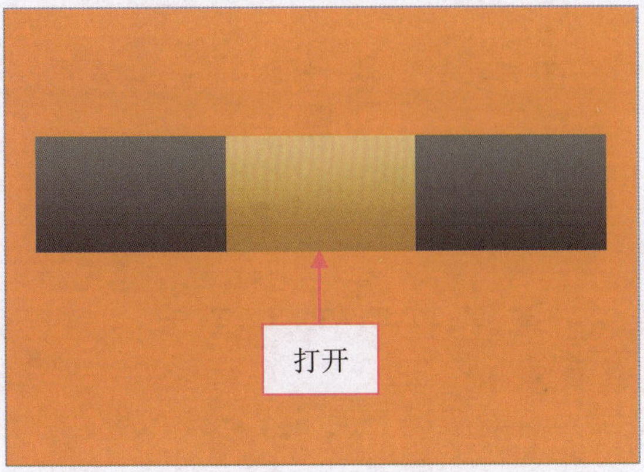

图 8-43　打开素材图像

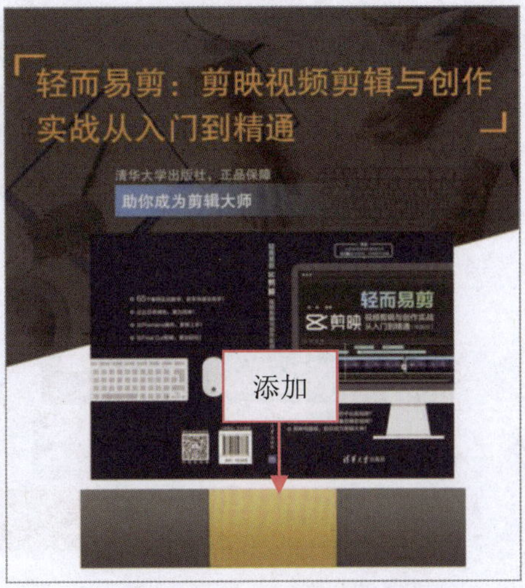

图 8-44　添加矩形素材

8.3.2　制作书籍详情页的文字效果

制作书籍详情页的文字效果

精简的文字表达可以方便顾客更快的了解产品，提高商品的成交率。下面介绍制作剪映书籍详情页文字效果的方法，具体操作步骤如下。

Step 01　选取工具箱中的横排文字工具，设置字体样式与颜色属性（RGB 参数值均为 255），在图像编辑窗口中输入文字，运用移动工具将文字拖曳至适当的位置，如图 8-45 所示。

Step 02　复制文字两次，分别调整其位置，修改文字内容，效果如图 8-46 所示。

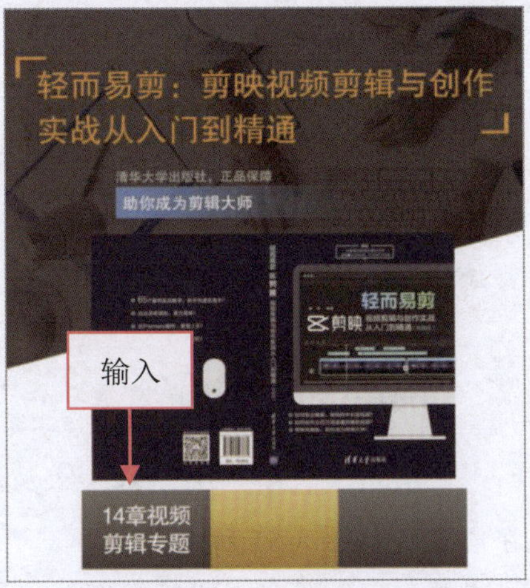

图 8-45　输入文字（1）

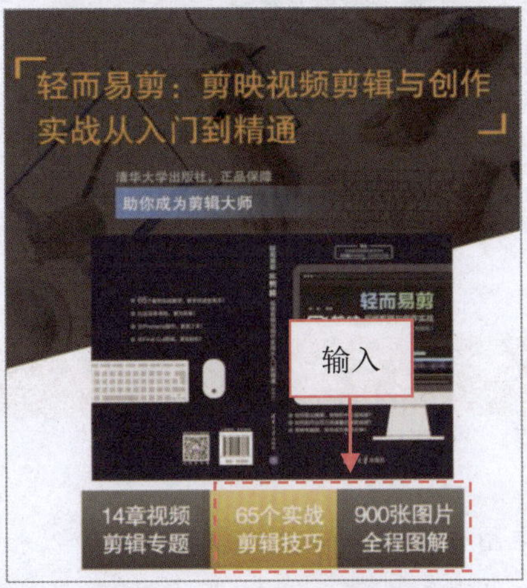

图 8-46　复制和调整文字

Step 03　打开素材图像（素材\第 8 章\底纹.psd），运用移动工具将素材图像拖曳至背景图像编辑窗口中，适当调整图像的位置，如图 8-47 所示。

Step 04　选取工具箱中的横排文字工具，设置字体样式与颜色属性（RGB 参数值均为 255），如图 8-48 所示。

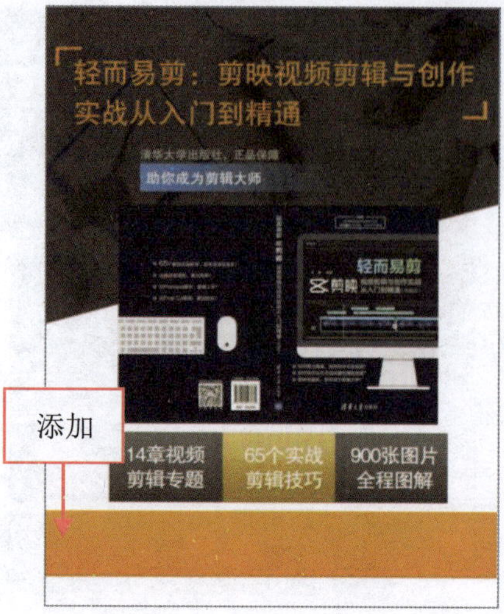

图 8-47　添加底纹素材

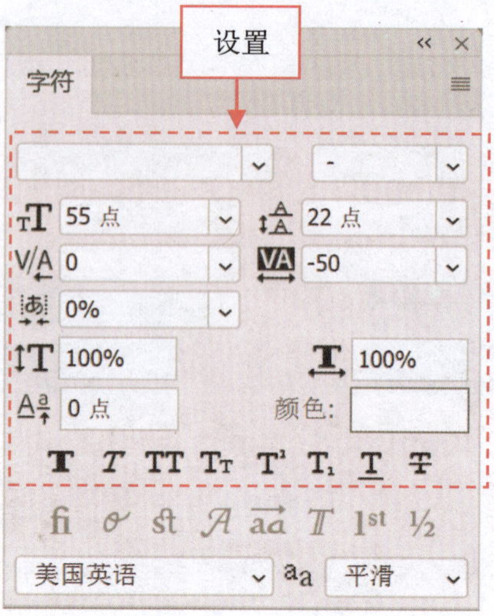

图 8-48　设置字体样式（1）

Step 05　在图像编辑窗口中的合适位置输入相应文字内容，如图 8-49 所示。

Step 06　选取工具箱中的横排文字工具，确认插入点，在“字符”面板中设置字体样式与颜色属性，如图 8-50 所示。

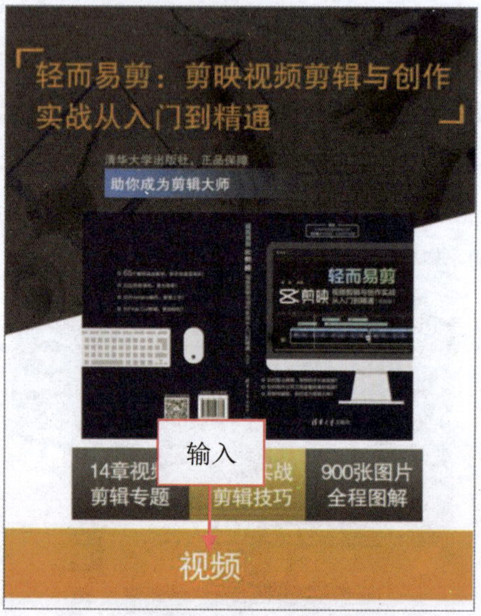

图 8-49　输入文字（2）

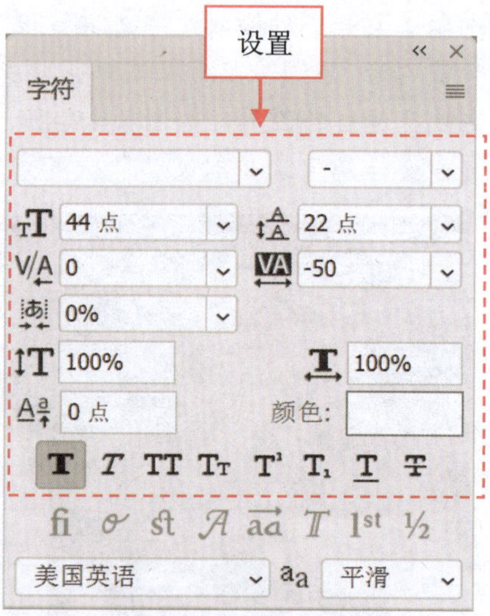

图 8-50　设置字体样式（2）

Step 07　在图像编辑窗口中的合适位置输入相应文字内容，如图 8-51 所示。

Step 08　打开素材图像（素材\第 8 章\箭头.psd），运用移动工具将素材图像拖曳至背景图像编辑窗口中，适当调整图像的位置，如图 8-52 所示。

Step 09　打开素材图像（素材\第 8 章\线条.psd），运用移动工具将素材图像拖曳至背景图像编辑窗口中，适当调整图像的位置，如图 8-53 所示。

Step 10　打开素材图像（素材\第 8 章\实拍素材.psd），运用移动工具将素材图像拖曳至背景图像编辑窗口中，适当调整图像的位置，如图 8-54 所示。

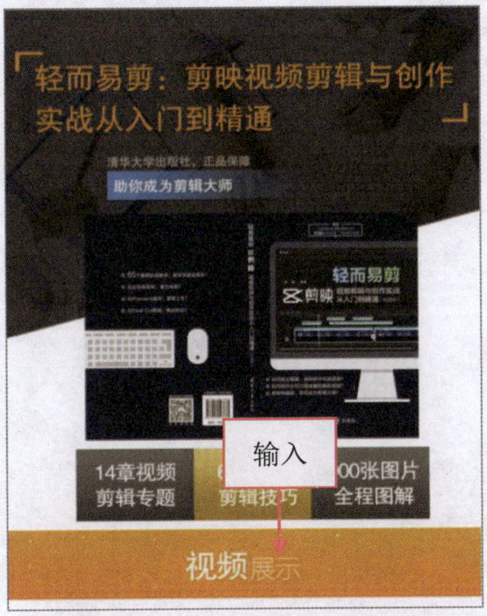

图 8-51　输入文字（3）

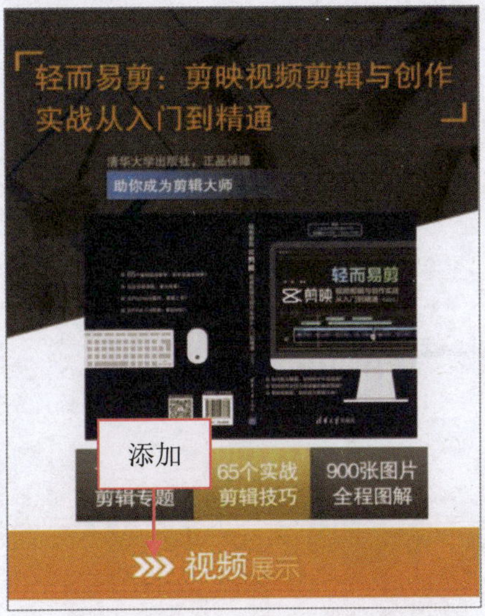

图 8-52　添加“箭头.psd”素材

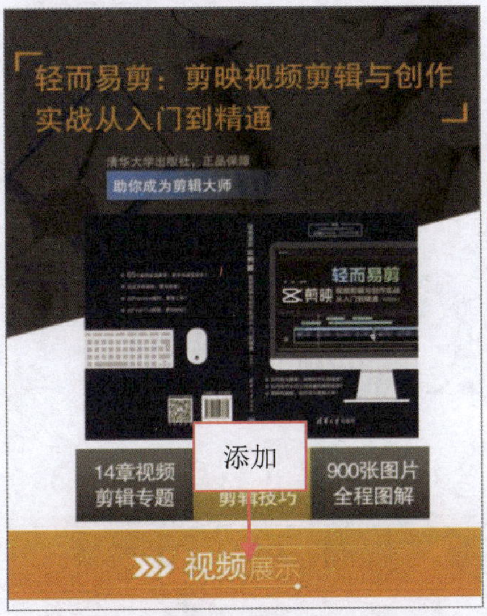

图 8-53　添加“线条.psd”素材

图 8-54　添加“实拍素材.psd”素材

本章小结

Photoshop 2021 在淘宝电商领域的应用形式越来越多样化，并深入到设计的各个细节中。本章主要介绍了店招设计、首页设计以及详情页设计的方法，涉及到家具行业、农产品行业以及图书行业。通过本章的学习，希望可以帮助读者学会设计与制作出一个属于自己独特风格的网店。

第 9 章
海报广告的设计与制作

目前，各类广告频现于电视、报纸、杂志、路牌和互联网上，让人目不暇接，人们在不知不觉中接受着广告。广告在经过20世纪产业革命之后，日益成为新世纪各现代企业的营销手段和传递信息的重要方式。本章主要介绍海报广告的设计方法，包括婚纱广告、商场广告以及房产广告等内容。

本章重点

- 婚纱广告：魅力佳人
- 商场广告：华旗电脑城
- 房产广告：庐林山水

9.1 婚纱广告：魅力佳人

广告是一种信息传播，必须借助一定的传播手段才能进行。广告活动发展到今天，各种媒介层出不穷，丰富多彩，如大众传播广告媒介、户外广告媒介、交通广告媒介、单面广告媒介、网络广告媒介等。本节以最常见的婚纱广告效果为例，介绍其制作方法，最终效果如图 9-1 所示。

图 9-1 婚纱广告：魅力佳人

9.1.1 制作婚纱广告的宣传照片

制作婚纱广告的宣传照片

下面介绍制作婚纱广告宣传照片的方法，主要包括婚纱照片的设计和版面元素的布局，具体操作步骤如下。

Step 01 打开素材图像（素材\第 9 章\婚纱照片.jpg），如图 9-2 所示。

Step 02 按【Ctrl + J】组合键，拷贝“背景”图层，得到“图层 1”图层，如图 9-3 所示。

> ▶ 专家指点
>
> 将“背景”图层直接拖曳至“图层”面板底部的“创建新图层”按钮⊞上，释放鼠标左键，也可以快速拷贝“背景”图层，得到“背景 拷贝”图层。

Step 03 新建“亮度/对比度 1”调整图层，展开“亮度/对比度”属性面板，设置“亮度”为 15、“对比度”为 30，如图 9-4 所示。

图 9-2　素材图像

图 9-3　得到“图层 1”图层

Step 04 设置完成后，即可调整图像的亮度和对比度，效果如图 9-5 所示。

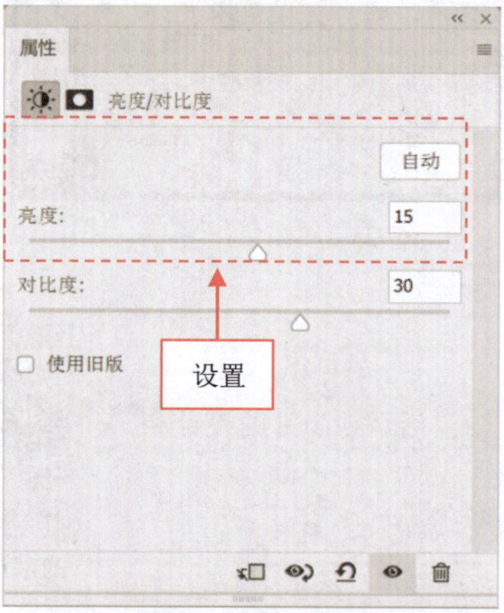

图 9-4　设置各参数

图 9-5　调整亮度和对比度

Step 05 新建“自然饱和度 1”调整图层，展开“自然饱和度”面板属性，设置“自然饱和度”为 50，如图 9-6 所示。

Step 06 设置完成后，即可调整图像的自然饱和度，效果如图 9-7 所示。

Step 07 双击“图层 1”图层，弹出“图层样式”对话框，选中“描边”复选框，设置“大小”为 50 像素、“位置”为“内部”、“颜色”为黑色，如图 9-8 所示。

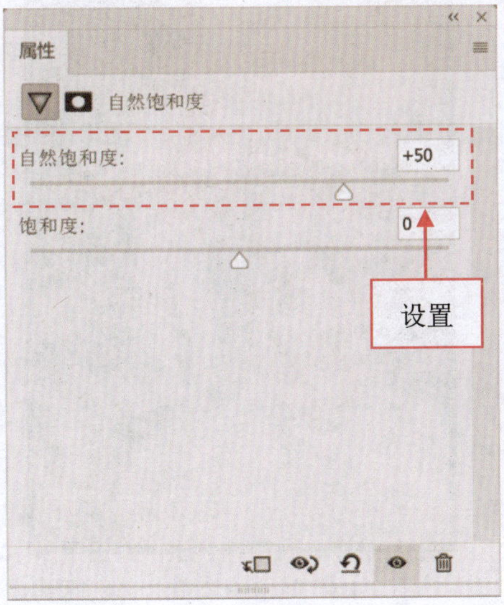

图 9-6　设置“自然饱和度”为 50

图 9-7　调整图像的自然饱和度

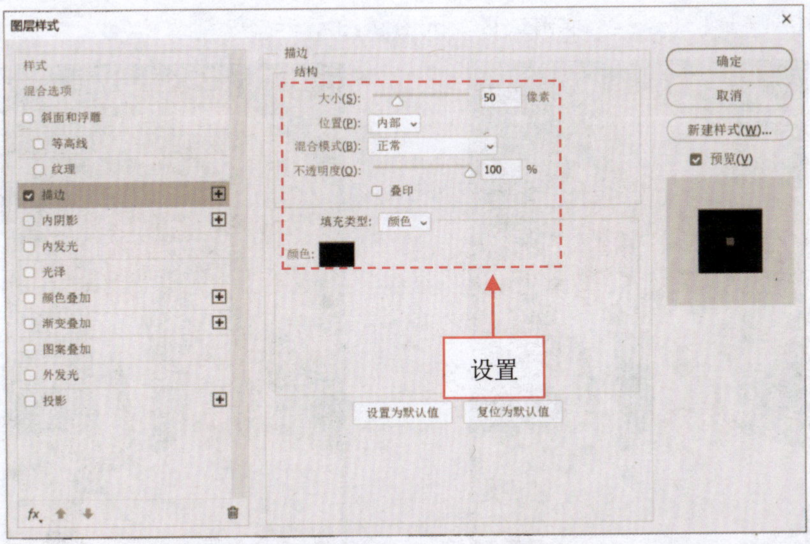

图 9-8　设置“描边”图层样式

▶ 专家指点

在 Photoshop 2021 中，在菜单栏中单击“图层”|“新建调整图层”|“自然饱和度”命令，也可以新建“自然饱和度 1”调整图层。

Step 08 单击“确定”按钮，即可为图层添加“描边”图层样式，图像编辑窗口中的图像效果如图 9-9 所示。

Step 09 展开“图层”面板，新建“图层 2”图层，选取多边形套索工具，在图像编辑窗口中的合适位置创建一个多边形选区，如图 9-10 所示。

图 9-9　添加“描边”图层样式

图 9-10　创建一个多边形选区

Step 10　设置前景色为黑色，为选区填充前景色，如图 9-11 所示。

Step 11　按【Ctrl + D】组合键，取消选区，如图 9-12 所示。

图 9-11　填充前景色

图 9-12　取消选区

9.1.2　制作婚纱广告的文字效果

制作婚纱广告的文字效果

婚纱广告的宣传照片设计完成后，接下来制作婚纱广告的文字效果，达到宣传与营销的目的，具体操作步骤如下。

Step 01　选取横排文字工具，在图像上单击鼠标左键，确认插入点，设置“字体”为“黑体”、“字体大小”为 128 点、“颜色”为白色，输入文字，如图 9-13 所示。

Step 02 按【Ctrl + T】组合键，调出变换控制框，适当旋转文字，并移至合适的位置，按【Enter】键确认操作，效果如图 9-14 所示。

图 9-13　输入相应文字（1）

图 9-14　旋转并调整文字位置

Step 03 选取横排文字工具，在图像上单击鼠标左键，确认插入点，设置"字体"为"黑体"、"字体大小"为 65 点、"颜色"为黑色、"行距"为 100，输入相应文字，在工具属性栏中单击"居中对齐文本"按钮，文字效果如图 9-15 所示。

Step 04 选择文字"200 元"，设置"字体大小"为 80、"颜色"为红色（RGB 参数值分别为 255、0、0），效果如图 9-16 所示。

图 9-15　输入相应文字（2）

图 9-16　设置红色字体效果

Step 05 打开素材图像（素材\第 9 章\文字素材.psd），如图 9-17 所示。

Step 06 使用移动工具将其拖曳至“婚纱照片”图像编辑窗口中的合适位置，效果如图 9-18 所示。至此，完成婚纱广告平面效果的设计。

图 9-17　素材图像

图 9-18　添加到画面中合适位置

9.2　商场广告：华旗电脑城

本案例设计的是一幅电脑城海报，通过精美的画面感，直接刺激消费者的视觉，制作颜色鲜艳、造型独特、主题突出的海报，可以更好地吸引人们的视线。本实例最终效果如图 9-19 所示。

图 9-19　商场广告：华旗电脑城

9.2.1　制作电脑城海报的背景效果

下面介绍制作华旗电脑城海报的背景效果，主要运用了调整图像大小、图层样式、描边等工具，再适当添加相应的素材图像，具体操作方法如下。

制作电脑城海报的背景效果

Step 01　打开素材图像（素材\第 9 章\广告背景.jpg），如图 9-20 所示。

Step 02　单击“图像”|“图像大小”命令，弹出“图像大小”对话框，设置“宽度”为 1 024 像素、“高度”为 768 像素、“分辨率”为 300 像素/英寸、“重新采样”为“两次立方（平滑渐变）”，如图 9-21 所示。

图 9-20　素材图像（1）

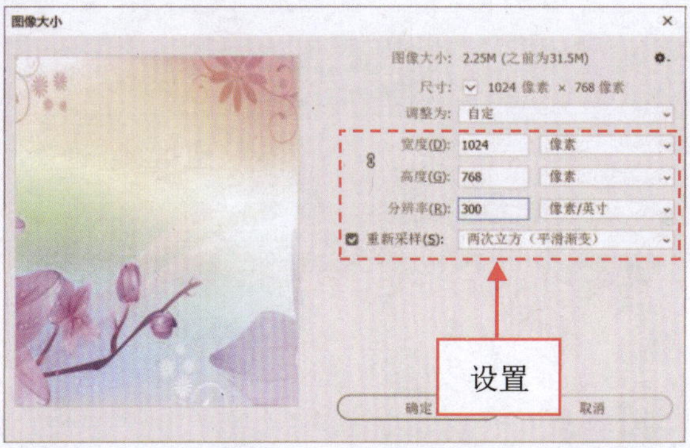

图 9-21　设置各选项

Step 03　单击“确定”按钮，即可调整图像大小，适当放大图像显示，效果如图 9-22 所示。

Step 04　打开素材图像（素材\第 9 章\笔记本素材.psd），并将该素材拖曳至“广告背景”图像编辑窗口中的合适位置，调整其大小，如图 9-23 所示。

图 9-22　放大图像显示

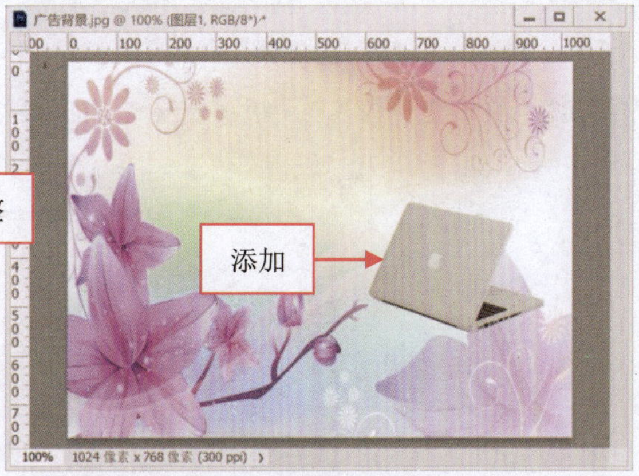

图 9-23　添加素材图像（1）

Step 05　双击“图层 1”图层，弹出“图层样式”对话框，在其中选中“外发光”复选框，设置“混合模式”为“滤色”、“不透明度”为 52%、“大小”为 120 像素，如图 9-24 所示，单击“确定”按钮。

Step 06　执行上述操作后，即可为该图层添加“外发光”图层样式，效果如图 9-25 所示。

Step 07　打开素材图像（素材\第 9 章\广告文字.psd），如图 9-26 所示。

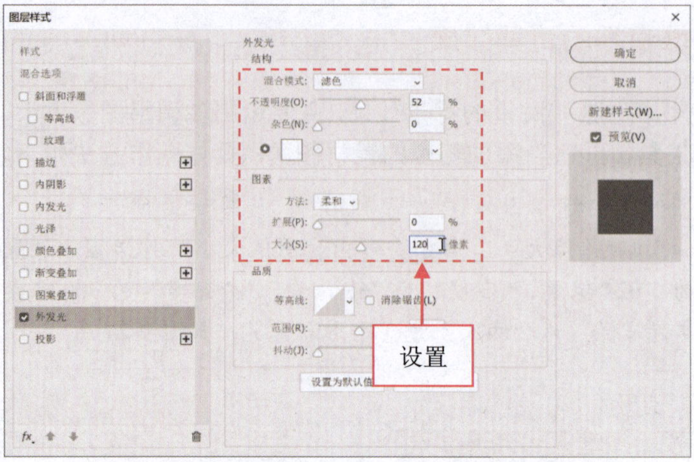

图 9-24　设置“外发光”图层样式

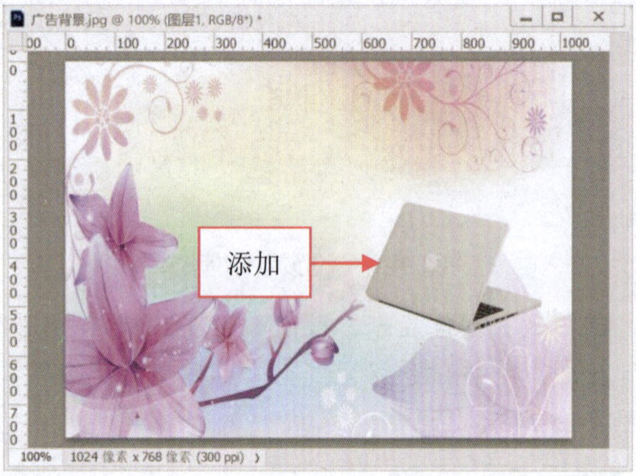

图 9-25　添加“外发光”图层样式

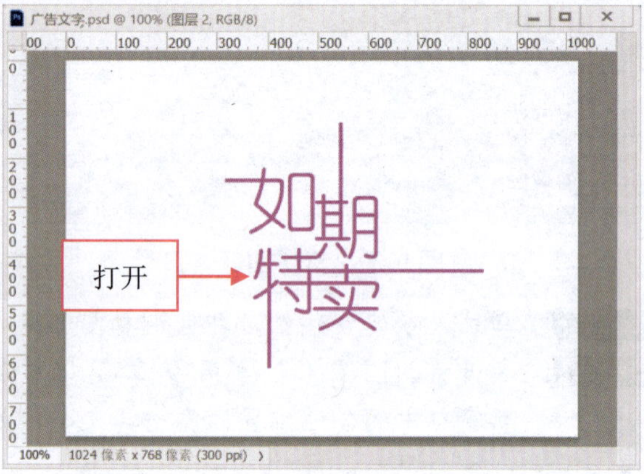

图 9-26　素材图像（2）

Step 08　将该素材拖曳至“广告背景”图像编辑窗口中的合适位置，如图 9-27 所示。

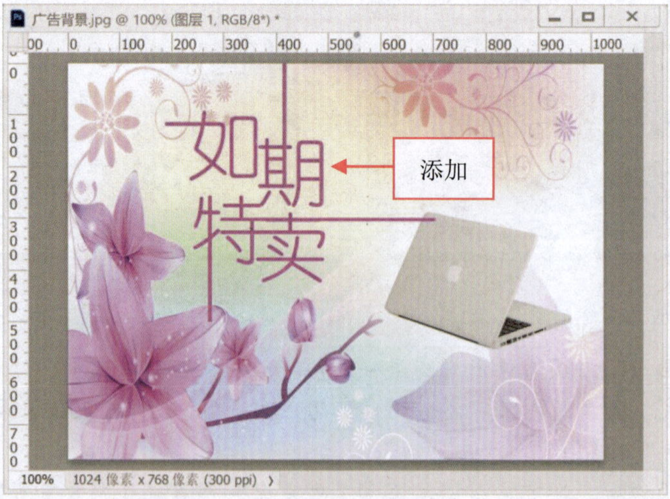

图 9-27　添加素材图像（2）

Step 09 双击“图层 2”图层，弹出“图层样式”对话框，在其中选中“描边”复选框，设置“大小”为 4 像素、“位置”为“外部”、“混合模式”为“正常”、“不透明度”为 100%、“颜色”为白色，设置“描边”图层样式，如图 9-28 所示。

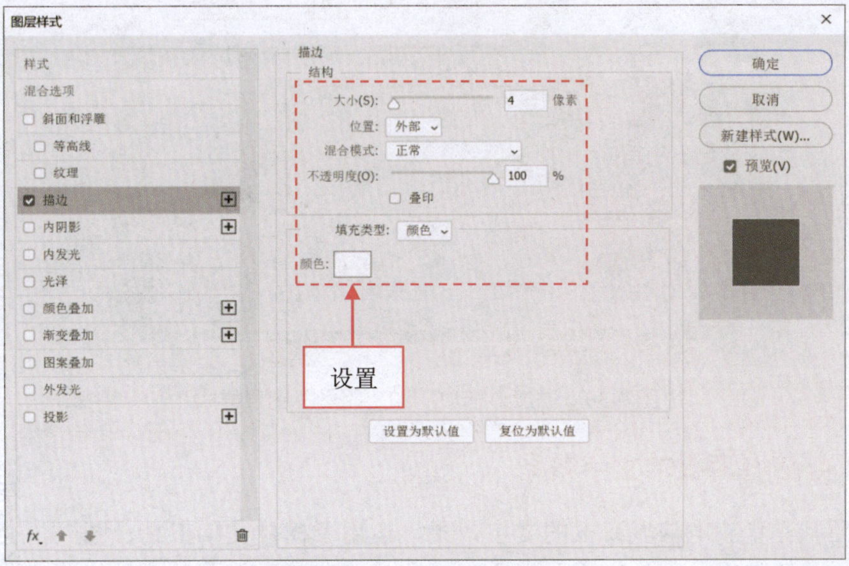

图 9-28　设置“描边”图层样式

Step 10 选中“投影”复选框，在其中设置“混合模式”为“正片叠底”、“不透明度”为 100%、“角度”为 30 度、“距离”为 1 像素、“扩展”为 17%、“大小”为 10 像素，设置“投影”图层样式，如图 9-29 所示。

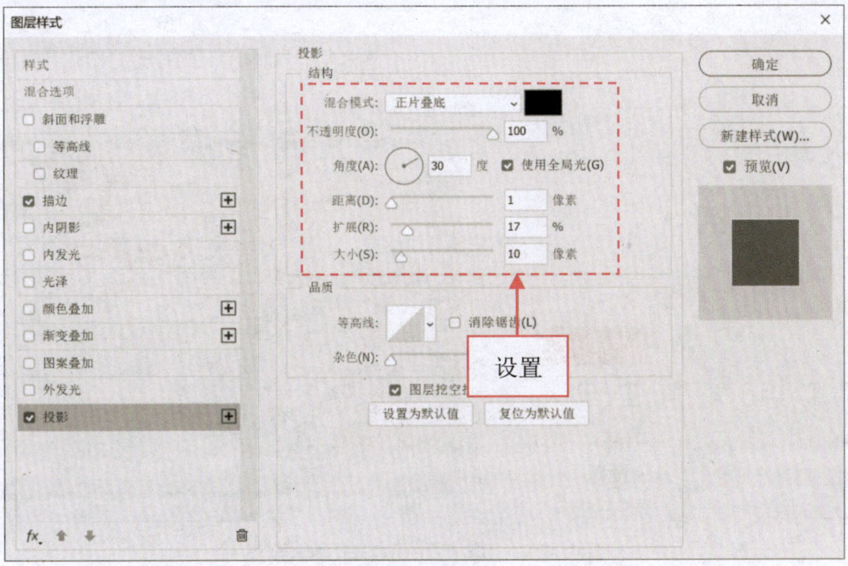

图 9-29　设置“投影”图层样式

Step 11 各参数设置完成后，单击“确定”按钮，即可为该图层添加“描边”和“阴影”图层样式，效果如图 9-30 所示。

图 9-30　添加“描边”和“阴影”图层样式

9.2.2　制作电脑城海报的文字效果

制作电脑城海报的文字效果

下面介绍制作华旗电脑城海报的文字效果，运用了横排文字工具、图层样式以及描边等功能，制作完成后，适当的添加相应的素材图像，具体操作方法如下。

Step 01 选取工具箱中的横排文字工具，在图像上单击鼠标左键，确定插入点，在“字符”面板中设置字体样式与颜色（RGB 参数值分别为 255、0、0），然后输入相应文字内容，“字符”面板与文字效果如图 9-31 所示。

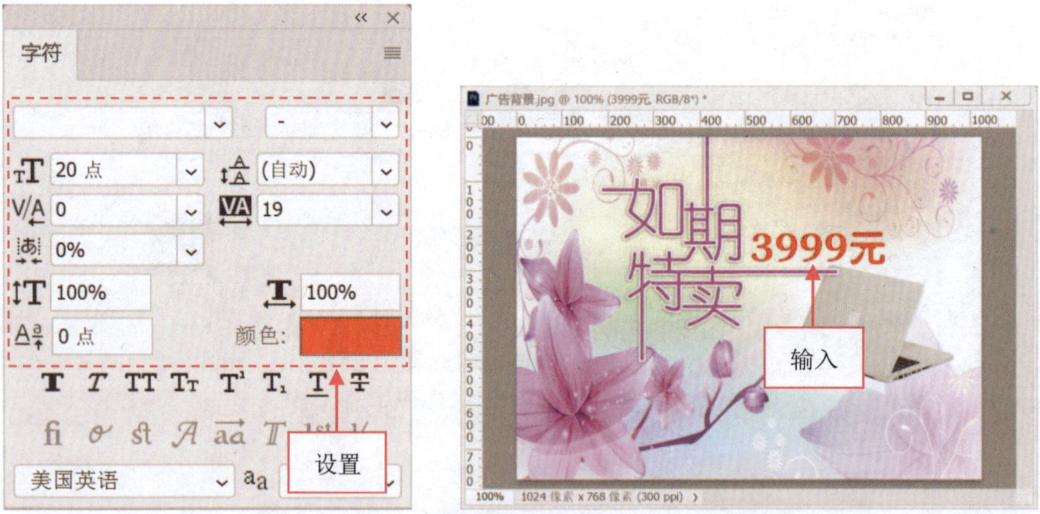

图 9-31　“字符”面板与文字效果

Step 02 选择“元”文字，更改“字体大小”为 14 点，效果如图 9-32 所示。

Step 03 双击“3 999 元”文字图层，在弹出的“图层样式”对话框中，选中“描边”复选框，设置“颜色”为白色，如图 9-33 所示。

图 9-32　更改“元”的字体大小

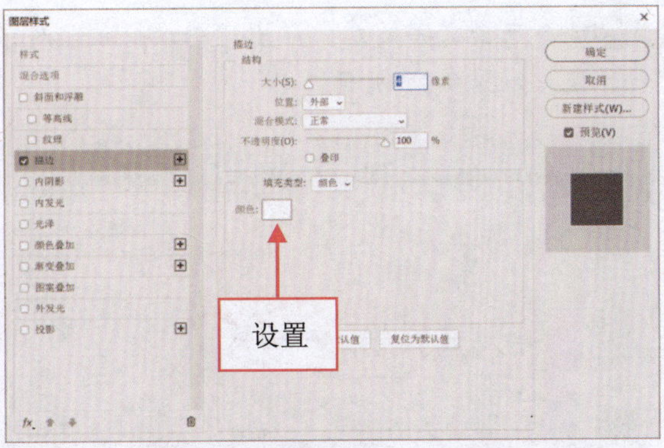

图 9-33　设置“颜色”为白色

Step 04　单击“确定”按钮，即可为文字图层添加“描边”图层样式，效果如图 9-34 所示。

图 9-34　添加“描边”图层样式

Step 05　选取工具箱中的横排文字工具，在图像上单击鼠标左键，确定插入点，设置“字体”为“黑体”、“字体大小”为 8 点、“颜色”为红色（RGB 参数值分别为 255、0、0），输入文字，适当的旋转文字，“字符”面板与文字效果如图 9-35 所示。

图 9-35　“字符”面板与文字效果

Step 06 选择“25”和“30”数字，更改“字体大小”为 14 点，效果如图 9-36 所示。

Step 07 双击文字图层，弹出“图层样式”对话框，选中“描边”复选框，设置“颜色”为白色，如图 9-37 所示。

图 9-36　更改字体大小

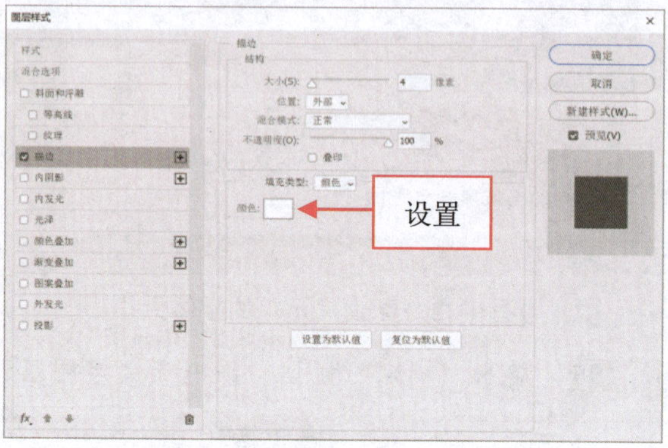

图 9-37　设置“颜色”为白色

Step 08 单击“确定”按钮，即可为文字图层添加“描边”图层样式，效果如图 9-38 所示。

Step 09 选取工具箱中的横排文字工具，在图像上单击鼠标左键，确定插入点，在“字符”面板中设置字体样式与颜色，如图 9-39 所示。

图 9-38　添加“描边”图层样式

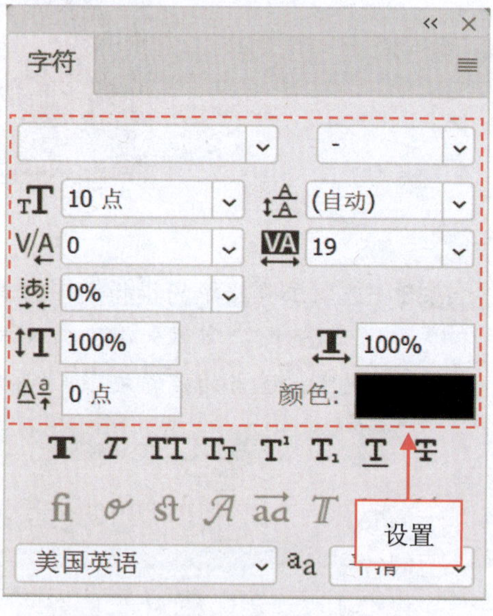

图 9-39　设置字体样式与颜色

Step 10 在图像编辑窗口中的适当位置输入相应文字内容，效果如图 9-40 所示。

Step 11 双击文字图层，在弹出的“图层样式”对话框中，选中“描边”复选框，设置“颜色”为白色，单击“确定”按钮，即可为文字图层添加“描边”图层样式，效果如图 9-41 所示。至此，完成商场广告平面效果的设计。

图 9-40　输入文字内容

图 9-41　最终效果

9.3　房产广告：庐林山水

本案例设计的是房产宣传广告，以建筑图景为创意主题，被自然风景簇拥的生活，每一个细节浸染着花香，展现被花香包围的生活感受。在宣传广告的设计过程中，确保广告界面的清晰、简洁、美观，让用户在浏览广告的过程中体验到视觉的秩序感、节奏感、新奇感。本实例的最终效果如图 9-42 所示。

图 9-42　房产广告：庐林山水

9.3.1　制作房产广告的背景效果

下面介绍制作房产广告的背景效果，主要包括新建图像文件、使用渐变工具、应用“添加杂色”滤镜效果等内容，具体操作步骤如下。

Step 01 单击“文件”|“新建”命令，弹出“新建文档”对话框，新建一幅“名称”为“9.3　房产广告：庐林山水”、“宽度”为 12 厘米、“高度”为 9 厘米、“分辨率”为 300 像素/英寸、“背景内容”为“白色”的 RGB 模式图像，如图 9-43 所示。

制作房产广告的背景效果

Step 02 设置前景色为暗红色（RGB 参数值分别为 81、2、12）、背景色为暗红色（RGB 参数值分别为 42、2、5），如图 9-44 所示。

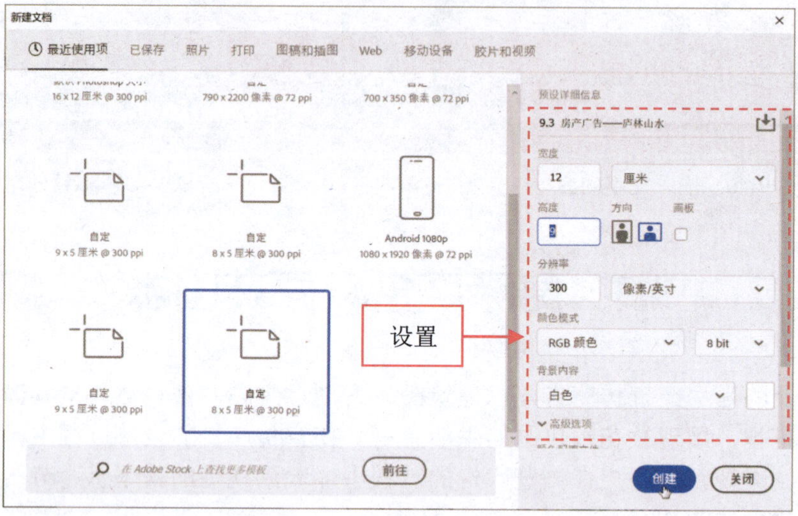

图 9-43　“新建文档”对话框

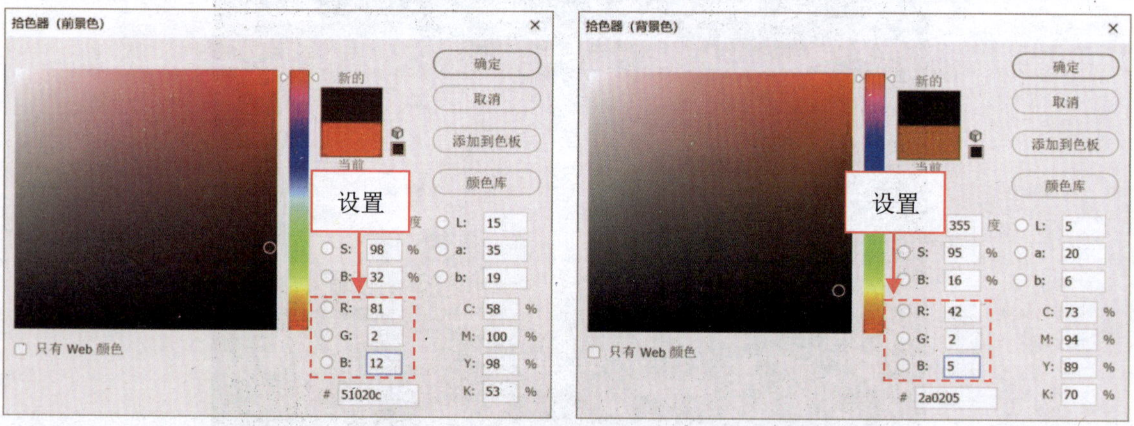

图 9-44　设置前景色与背景色

Step 03 选取渐变工具，在工具属性栏中单击“径向渐变”按钮，如图 9-45 所示。

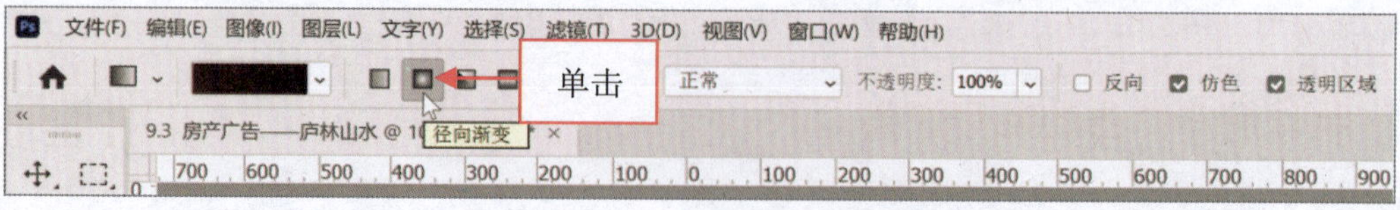

图 9-45　单击“径向渐变”按钮

Step 04 在图像编辑窗口中填充前景色到背景色的径向渐变，效果如图 9-46 所示。

Step 05　单击“滤镜”|“杂色”|“添加杂色”命令，如图 9-47 所示。

图 9-46　填充径向渐变色

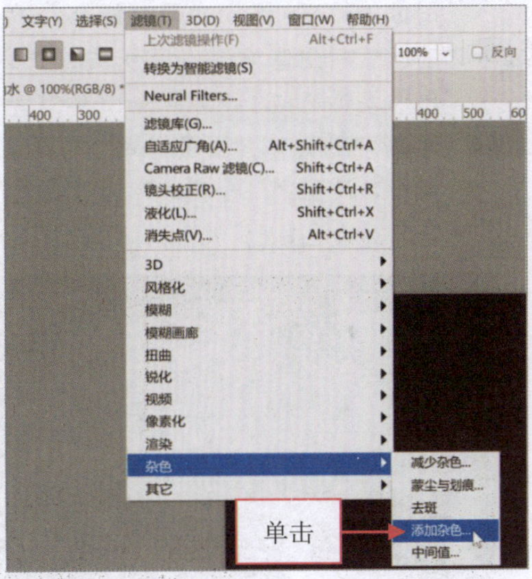

图 9-47　单击“添加杂色”命令

Step 06　弹出“添加杂色”对话框，设置“数量”为 8%，依次选中“高斯分布”单选按钮和“单色”复选框，如图 9-48 所示。

Step 07　单击“确定”按钮，添加杂色，完成广告背景的制作，效果如图 9-49 所示。

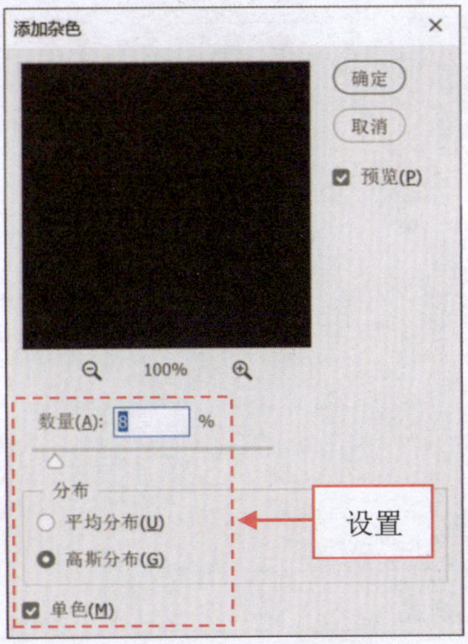

图 9-48　设置各参数

图 9-49　制作广告背景效果

9.3.2　制作房产广告的整体效果

下面介绍制作房产广告的整体效果，包括输入广告文字并设置图层样式等内容，具体操作步骤如下。

制作房产广告的整体效果

Step 01 打开素材图像（素材\第 9 章\房产图片.psd），并将其拖曳至上一例的图像编辑窗口中，效果如图 9-50 所示。

Step 02 打开素材图像（素材\第 9 章\房产文字.psd），并将其拖曳至上一例的图像编辑窗口中，效果如图 9-51 所示。

Step 03 单击“图层”|“图层样式”|“外发光”命令，弹出“图层样式”对话框，设置“混合模式”为“滤色”、“不透明度”为 84%、“发光颜色”为白色、“扩展”为 13%、“大小”为 24 像素，如图 9-52 所示。

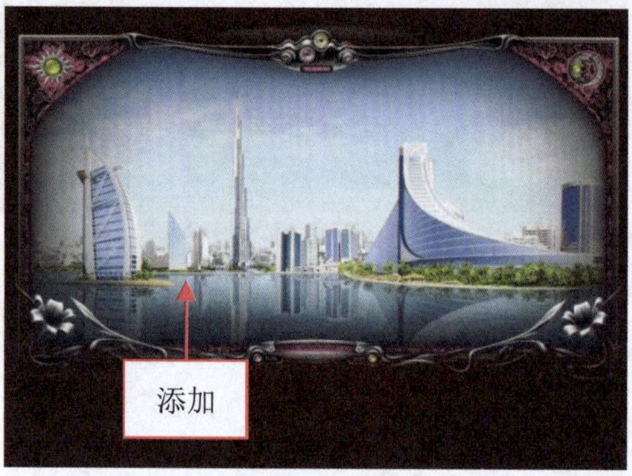

图 9-50　添加素材图像（1）

图 9-51　添加素材图像（2）

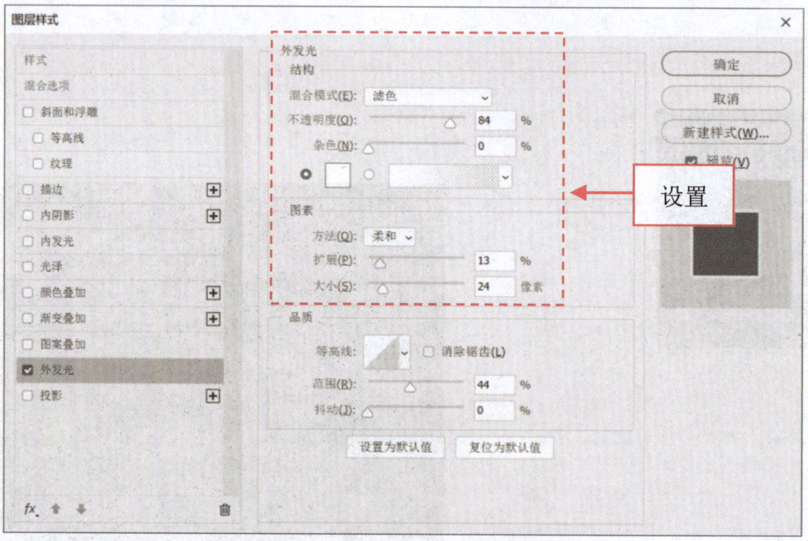

图 9-52　设置“外发光”图层样式

Step 04 单击“确定”按钮，即可添加“外发光”图层样式，效果如图 9-53 所示。

Step 05 打开素材图像（素材\第 9 章\房产信息.psd），并将其拖曳至房产广告图像编辑窗口中，效果如图 9-54 所示。

Step 06 使用横排文字工具，输入相应文字，设置“字体”为“黑体”、“字体大小”为 14 点、“文本颜色”为白色，文字效果如图 9-55 所示。

Step 07 使用横排文字工具，选择“山水悠然”文字内容，如图 9-56 所示。

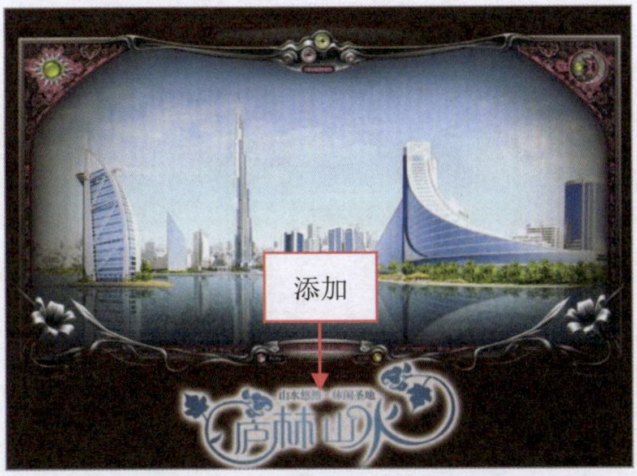

图 9-53　添加“外发光”图层样式

图 9-54　添加素材图像（3）

图 9-55　输入相应文字

图 9-56　选择文字内容

Step 08　在工具属性栏中，设置“字体大小”为 7，效果如图 9-57 所示。

Step 09　单击“图层”|“图层样式”|“描边”命令，如图 9-58 所示。

图 9-57　设置字体大小后的效果

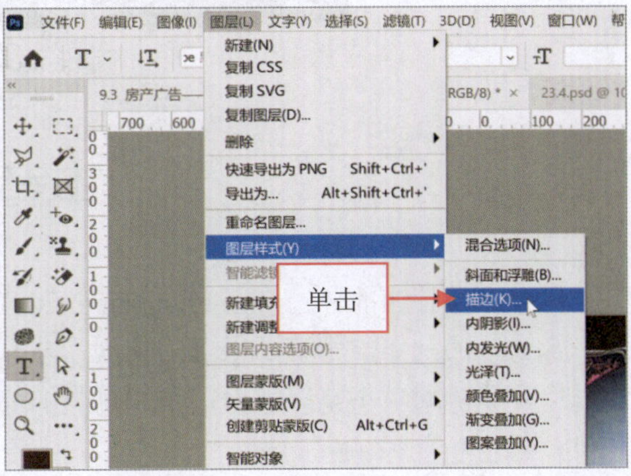

图 9-58　单击“描边”命令

Step 10　弹出“图层样式”对话框，设置“大小”为 4 像素、“位置”为“外部”、“不透明度”为 100%、“发光颜色”为深蓝色（RGB 参数值分别为 0、70、94），如图 9-59 所示。

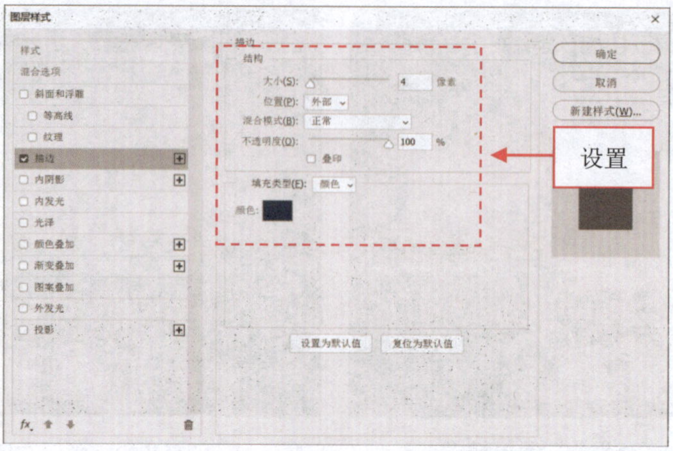

图 9-59 设置“描边”图层样式

Step 11 单击“确定”按钮，即可添加“描边”图层样式，效果如图 9-60 所示。至此，完成房产广告平面效果的设计。

图 9-60 最终效果

本章小结

如今广告行业的普遍，让 Photoshop 2021 的商业应用也非常的重要，从基本的照片合成到广告效果的制作，都有了很好的体现。本章主要介绍了婚纱广告、商场广告以及房产广告的制作方法。通过本章的学习，希望读者可以举一反三，设计出更多精彩、专业的平面广告作品。

第 10 章 产品包装的设计与制作

包装是产品的延伸，是顾客消费的重要组成部分。它不仅是艺术创造活动，也是一种市场营销活动。商品的包装和广告一样，是企业与消费者沟通的桥梁，是一个极为重要的宣传媒介。本章主要介绍产品包装的设计方法，包括喜糖包装、药品包装以及房产手提袋等内容。

本章重点

- 喜糖包装：百年好合
- 药品包装：儿童营养素颗粒
- 房产手提袋：金色港湾

10.1 喜糖包装：百年好合

产品包装外形的醒目程度直接影响消费者的视觉，不但可以刺激消费者的视觉，还可以激起消费者购买商品的欲望。本实例主要向读者介绍制作喜糖包装的操作方法，效果如图 10-1 所示。

图 10-1 喜糖包装：百年好合

10.1.1 制作喜糖包装的平面效果

制作喜糖包装的平面效果

下面介绍制作喜糖包装袋平面效果的方法，主要运用了缩放、矩形选框工具以及滤镜等功能，并添加了相应的素材图像，具体操作方法如下。

Step 01 打开素材图像（素材\第 10 章\背景.psd），如图 10-2 所示。

Step 02 打开素材图像（素材\第 10 章\红色图像.jpg），将该图像拖曳至“背景”图像编辑窗口中，适当调整其大小，并移至合适位置，如图 10-3 所示。

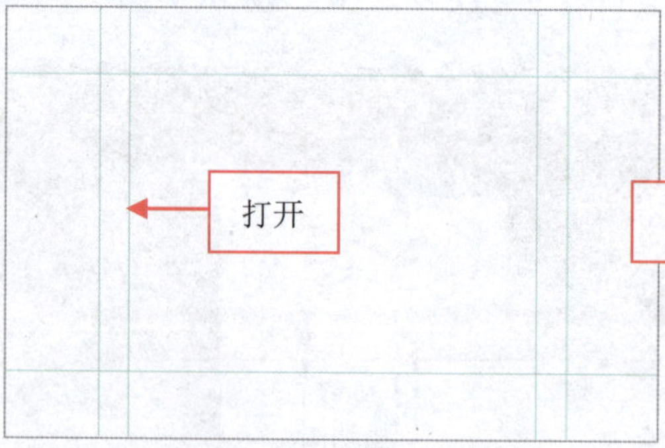

图 10-2 素材图像

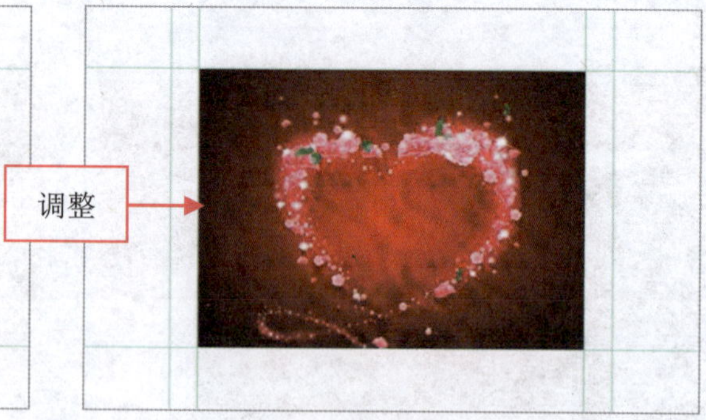

图 10-3 添加图像素材（1）

Step 03 新建“图层 2”图层，选取工具箱中的矩形选框工具，创建一个选区，设置前景色为暗红色（RGB 参数值分别为 89、8、13），按【Alt + Delete】组合键，为选区填充颜色，然后取消选区，如图 10-4 所示。

Step 04 单击“滤镜”|“扭曲”|“波浪”命令，弹出“波浪”对话框，在其中设置“生成器数”

为 9、“波长”的“最小”为 1、“波长”的“最大”为 21、“波幅”的“最小”为 1、“波幅”的“最大”为 2、“类型”为三角形，如图 10-5 所示。

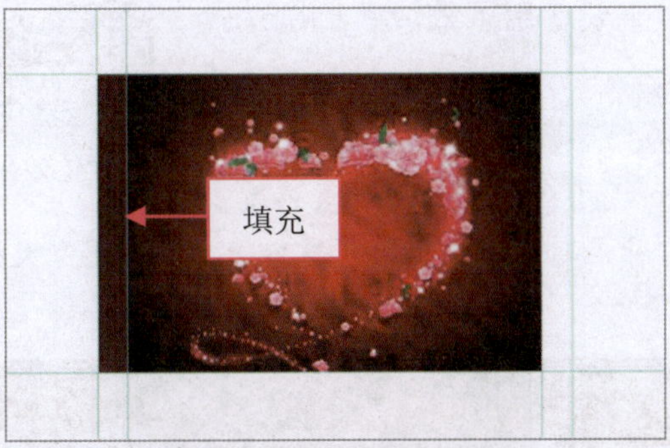

图 10-4　为选区填充颜色

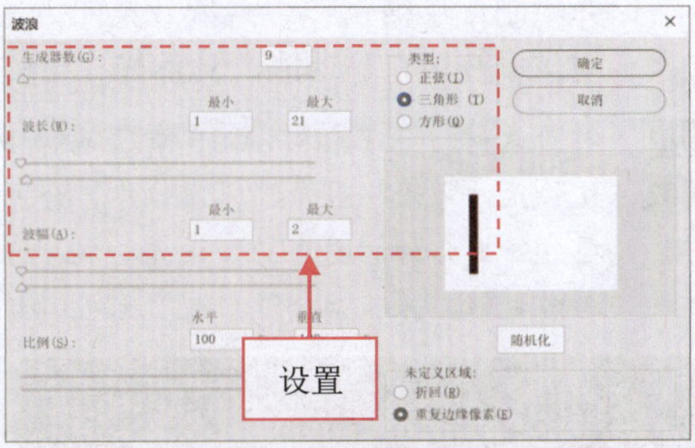

图 10-5　设置各选项

Step 05 单击“确定”按钮，即可为图像添加波浪扭曲滤镜，效果如图 10-6 所示。

Step 06 复制“图层 2”图层，得到“图层 2 拷贝”图层，移动图像至合适位置，效果如图 10-7 所示。

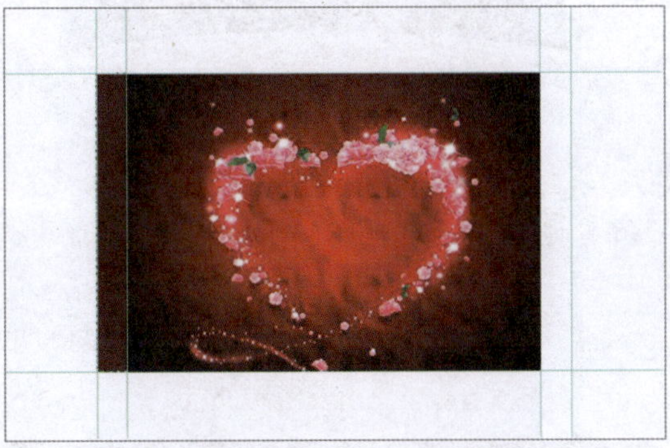

图 10-6　为图像添加波浪扭曲滤镜

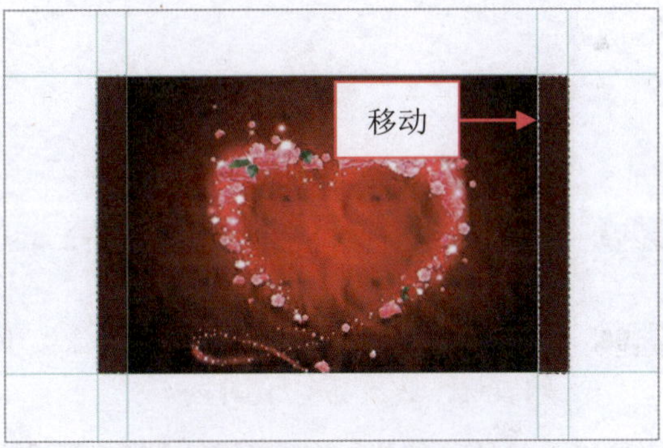

图 10-7　复制并移动图像

Step 07 打开素材图像（素材\第 10 章\情侣.psd），并将该图像拖曳至“背景”图像编辑窗口中的合适位置，效果如图 10-8 所示。

Step 08 打开素材图像（素材\第 10 章\文字广告.psd），并将该素材拖曳至“背景”图像编辑窗口的合适位置，效果如图 10-9 所示。

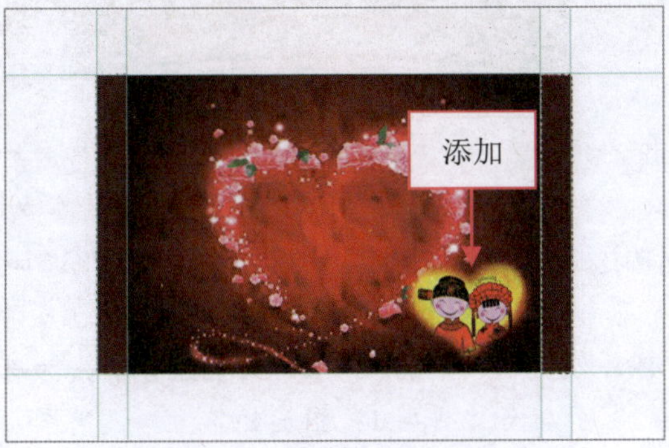

图 10-8　添加图像素材（2）

10-9　添加图像素材（3）

10.1.2 制作喜糖包装的立体效果

制作喜糖包装的立体效果

下面介绍制作喜糖包装袋立体效果的方法，主要运用了缩放、椭圆选框工具、羽化以及填充等功能，具体操作步骤如下。

Step 01 打开素材图像（素材\第 10 章\背景渐变.psd），如图 10-10 所示。

Step 02 切换至“背景”图像编辑窗口中，合并除“背景”图层以外的其他图层，并更名为“图层 1”图层，拖曳至“背景渐变”图像编辑窗口中，调整图像大小，适当变形，并移至合适位置，如图 10-11 所示。

图 10-10 素材图像

图 10-11 调整素材图像

Step 03 打开素材图像（素材\第 10 章\高光.psd），将其拖曳至“背景渐变”图像编辑窗口中的合适位置，效果如图 10-12 所示。

Step 04 复制“图层 2”图层，并调整图像大小、方向，移至合适位置，设置图层的“不透明度”为 70%，效果如图 10-13 所示。

图 10-12 添加素材图像

图 10-13 设置“不透明度”为 70%

Step 05 新建“图层 3”图层，选取工具箱中的椭圆选框工具，在图像中创建选区，羽化选区 20 个像素，效果如图 10-14 所示。

Step 06 设置前景色为黑色（RGB 参数值分别为 19、2、3），按【Alt + Delete】组合键，为选区填充前景色，然后取消选区，拖曳“图层 3”图层至“图层 1”图层的下方，调整图层的顺序，效果如图 10-15 所示。至此，完成喜糖包装效果的设计。

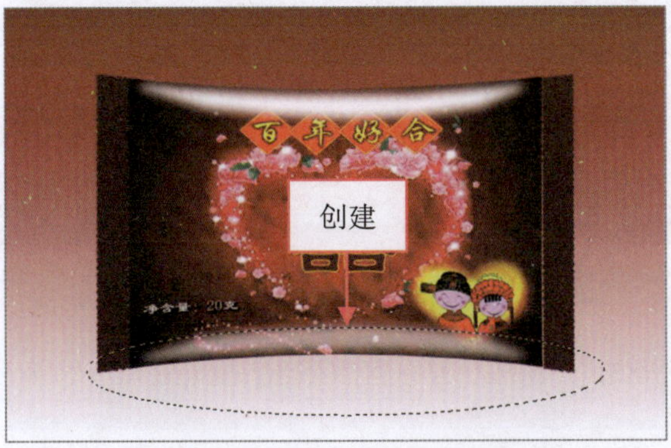

图 10-14　羽化选区 20 个像素

图 10-15　最终效果

10.2　药品包装：儿童营养素颗粒

药品包装是贴近人们生活且发展极快的包装形式，包括中药药品包装、西药药品包装和保健品药品包装等，其特点是在包装设计方面简洁、明快、文字突出，设计风格大方庄重。本实例介绍制作药品包装：儿童营养素颗粒的方法，最终效果如图 10-16 所示。

图 10-16　药品包装：儿童营养素颗粒

10.2.1　制作药品包装的平面效果

制作药品包装的平面效果

下面介绍制作药品包装的平面效果，主要包括运用路径制作图形、填充线性渐变色以及绘制椭圆图形等内容，具体操作步骤如下。

Step 01　打开素材图像（素材\第 10 章\药品包装.psd），如图 10-17 所示。

Step 02　在“路径”面板中，选择“路径 1”选项，如图 10-18 所示。

图 10-17　素材图像（1）

图 10-18　选择“路径 1”选项

Step 03 执行上述操作后，即可激活“路径 1”对象，如图 10-19 所示。

Step 04 按【Ctrl + Enter】组合键，将路径转换为选区，如图 10-20 所示。

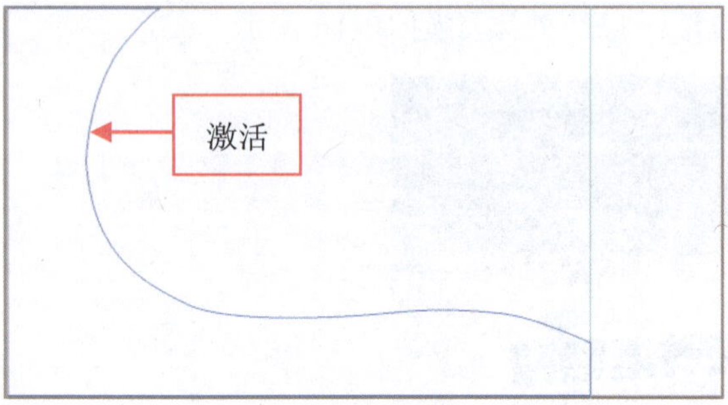

图 10-19　激活“路径 1”对象

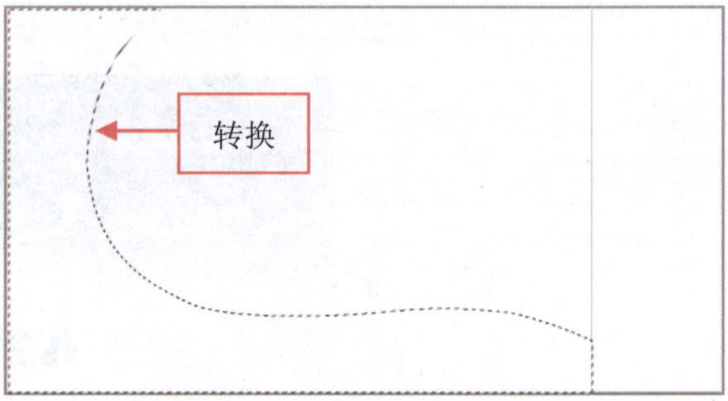

图 10-20　将路径转换为选区（1）

Step 05 设置前景色为黄色（RGB 参数值分别为 244、235、126）、背景色为橙色（RGB 参数值分别为 254、146、29）如图 10-21 所示。

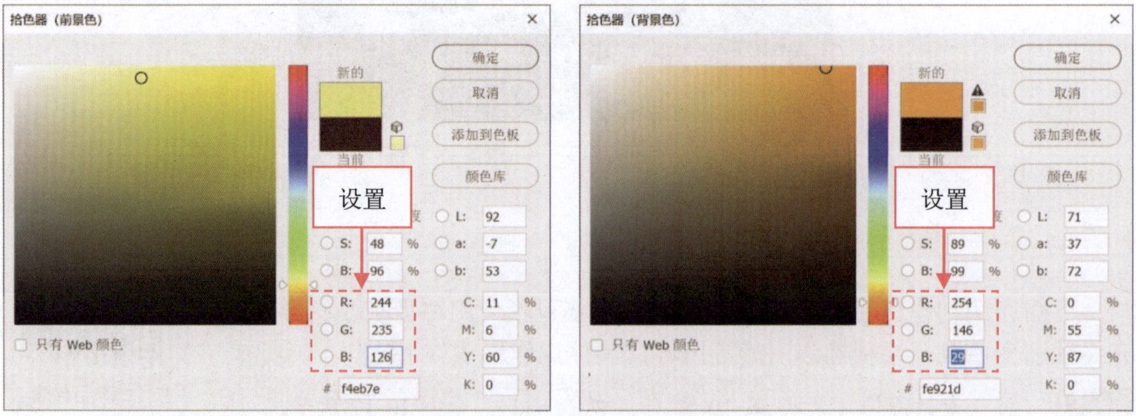

图 10-21　设置前景色与背景色

Step 06 使用渐变工具，在选区的左下角向右上角填充前景色到背景色的线性渐变，并取消选区，效果如图 10-22 所示。

Step 07 用与上述同样的方法，新建“图层 2”图层，激活工作路径，如图 10-23 所示。

图 10-22　填充线性渐变色（1）

图 10-23　激活工作路径

Step 08 按【Ctrl + Enter】组合键，将路径转换为选区，如图 10-24 所示。

Step 09 设置前景色为黄色（RGB 参数值分别为 242、211、64）、背景色为橙色（RGB 参数值分别为 247、200、80），使用渐变工具，在选区的左下角向右上角填充前景色到背景色的线性渐变，并取消选区，效果如图 10-25 所示。

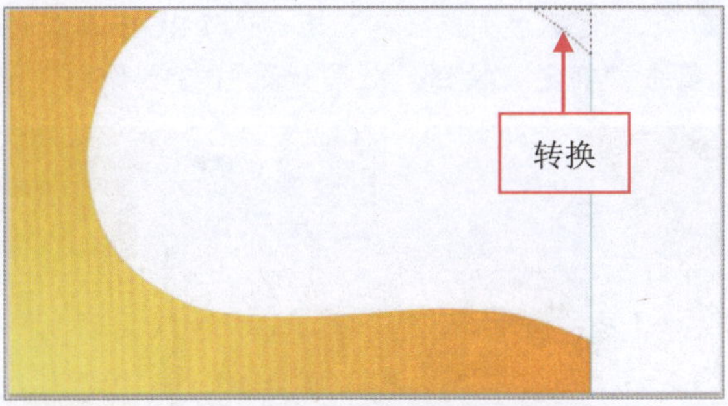

图 10-24　将路径转换为选区（2）

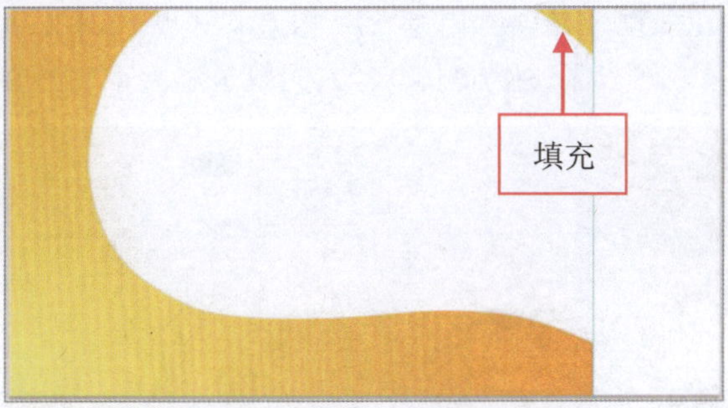

图 10-25　填充线性渐变色（2）

Step 10 新建“图层 3”图层，设置前景色为橙色（RGB 参数值分别为 243、176、38），使用矩形工具在图像编辑窗口中的合适位置绘制一个矩形对象，效果如图 10-26 所示。

Step 11 新建“图层 4”图层，设置前景色为橙黄色（RGB 参数值分别为 254、146、29），使用矩形工具在图像编辑窗口中的合适位置绘制一个矩形对象，效果如图 10-27 所示。

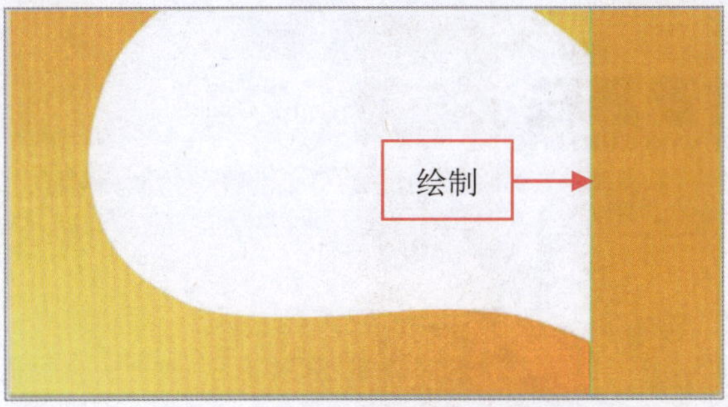

图 10-26　绘制矩形对象（1）

图 10-27　绘制矩形对象（2）

Step 12 设置前景色为绿色（RGB 参数值分别为 0、153、68），新建“图层 5”图层，使用椭圆工具绘制一个椭圆图形，效果如图 10-28 所示。

Step 13 打开素材图像（素材\第 10 章\花朵.psd），如图 10-29 所示。

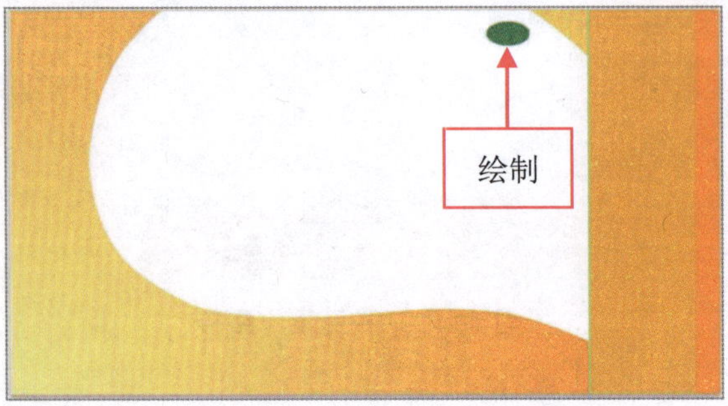

图 10-28　绘制一个椭圆图形

图 10-29　素材图像（2）

Step 14 使用移动工具，将刚打开的素材移至“药品包装”图像编辑窗口中的合适位置，如图 10-30 所示。

Step 15 单击“图层”|“图层样式”|“外发光”命令，设置“发光颜色”为黄色（RGB 参数值分别为 246、222、111）、“大小”为 38，单击“确定”按钮，效果如图 10-31 所示。

10-30　添加素材图像（1）

图 10-31　设置“外发光”图层样式

Step 16 打开素材图像（素材\第 10 章\标识和文字.psd），并移至“药品包装”图像编辑窗口中的合适位置，效果如图 10-32 所示。

图 10-32　添加素材图像（2）

10.2.2　制作药品包装的立体效果

制作药品包装的立体效果

下面介绍制作药品包装的立体效果，主要通过“自由变换”命令对药品包装的平面效果进行扭曲与变换操作，使其变为极具视觉冲击力的立体包装效果，具体操作步骤如下。

Step 01 打开素材图像（素材\第 10 章\药品包装背景.psd），如图 10-33 所示。

Step 02 切换至“药品包装”图像编辑窗口中，单击“图层”|“拼合图像”命令，将所有图层合并为“背景”图层，如图 10-34 所示。

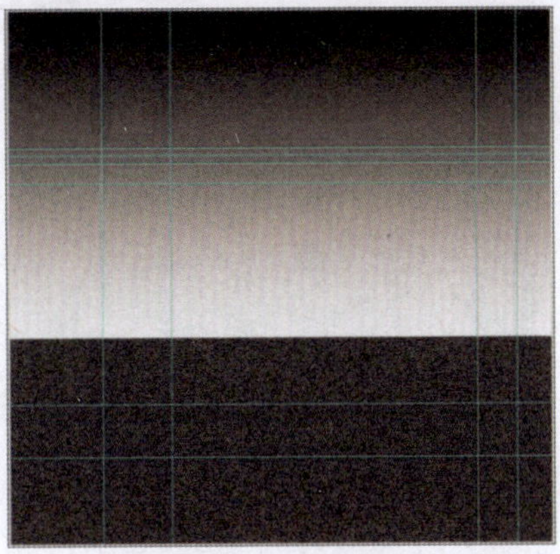

图 10-33　素材图像

图 10-34　合并为“背景”图层

Step 03 按【Ctrl + A】组合键，全选图像，单击“编辑”|“拷贝”命令，拷贝选区内的图像，如图 10-35 所示。

Step 04 切换至“药品包装背景”图像编辑窗口中，单击“编辑”|“粘贴”命令，粘贴拷贝的图像，如图 10-36 所示。

图 10-35　全选并拷贝图像

图 10-36　粘贴拷贝的图像

Step 05 单击“编辑”|“自由变换”命令，依照参考线缩放图像，如图 10-37 所示。

Step 06 在图像编辑窗口中单击鼠标右键，弹出快捷菜单，选择“扭曲”选项，结合【Shift】键，依次拖曳各控制柄，扭曲图像，双击鼠标左键确认变换操作，效果如图 10-38 所示。

图 10-37　依照参考线缩放图像

图 10-38　对图像进行扭曲操作

Step 07 打开素材图像（素材\第 10 章\立体素材.psd），将其拖曳至“药品包装背景”图像编辑窗口中的合适位置，制作药品盒的侧面和顶部效果，如图 10-39 所示。

Step 08 打开素材图像（素材\第 10 章\药品包装倒影.psd），将其拖曳至“药品包装背景”图像编辑窗口中的合适位置，并隐藏参考线，最终效果如图 10-40 所示。至此，完成药品包装效果的设计。

图 10-39　添加素材图像（1）

图 10-40　添加素材图像（2）

10.3　房产手提袋：金色港湾

手提袋是人们日常生活中经常使用到的物品，它给人带来方便的同时，也宣传了企业和企业的商品，具有宣传性强、范围广、时间长等特点。本案例采用黄色为主体色调，湖木栈桥为设计元素，充分体现出该楼盘的生活情调、优雅的环境以及给人尊贵的感觉。本实例的最终效果如图 10-41 所示。

图 10-41　房产手提袋：金色港湾

10.3.1　制作房产手提袋的平面效果

制作房产手提袋的平面效果

下面介绍制作手提袋平面效果的方法，具体操作步骤如下。

Step 01 打开素材图像（素材\第 10 章\素材.psd），如图 10-42 所示。

Step 02 打开素材图像（素材\第 10 章\金色港湾.jpg），并将其拖曳至“素材”图像编辑窗口中，如图 10-43 所示。

图 10-42　素材图像

图 10-43　添加素材图像（1）

Step 03 按【Ctrl + T】组合键，调出变换控制框，调整其大小和位置，如图 10-44 所示。

Step 04 设置前景色为深黄色（RGB 的参数值分别为 182、128、4），如图 10-45 所示。

图 10-44　调整其大小和位置

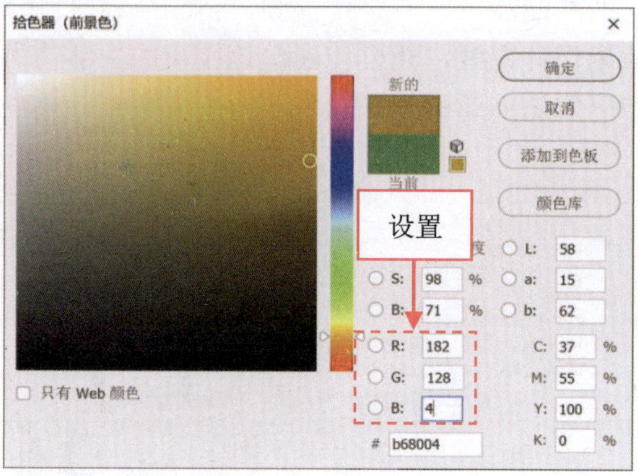

图 10-45　设置前景色为深黄色

Step 05 按【Shift + Ctrl + N】组合键，新建“图层 2”图层，如图 10-46 所示。

Step 06 选取工具箱中的矩形工具，在图像编辑窗口中的合适位置，绘制一个矩形对象，效果如图 10-47 所示。

图 10-46　新建“图层 2”图层

图 10-47　绘制一个矩形对象

Step 07 打开素材图像（素材\第 10 章\金色港湾标识.psd），并将其拖曳至“素材”图像编辑窗口中，调整其大小和位置，效果如图 10-48 所示。

Step 08 打开素材图像（素材\第 10 章\房产文字.psd），并将其拖曳至“素材”图像编辑窗口中，效果如图 10-49 所示。

图 10-48　添加素材图像（2）

图 10-49　添加素材图像（3）

Step 09　选择“文字 1”图层，单击“编辑”|“变换”|“斜切”命令，然后将鼠标指针放置于上方中间的控制柄上，单击鼠标左键并向右拖曳至合适位置，按【Enter】键确认斜切操作，效果如图 10-50 所示。

Step 10　选择“文字 2”图层，单击“编辑”|“变换”|“顺时针旋转 90 度”命令，即可将文字以顺时针旋转 90 度，并调整其位置，效果如图 10-51 所示。

图 10-50　对文字素材进行斜切操作

图 10-51　对文字顺时针旋转 90 度

10.3.2　制作房产手提袋的立体效果

下面介绍制作手提袋立体效果的方法，具体操作步骤如下。

制作房产手提袋的立体效果

Step 01　单击“图层”|“拼合图像”命令，将所有图层合并为“背景”图层，如图 10-52 所示。

Step 02 使用矩形选框工具，依照参考线，创建一个选区，如图 10-53 所示，单击“编辑”|“拷贝”命令，拷贝选区内的图像。

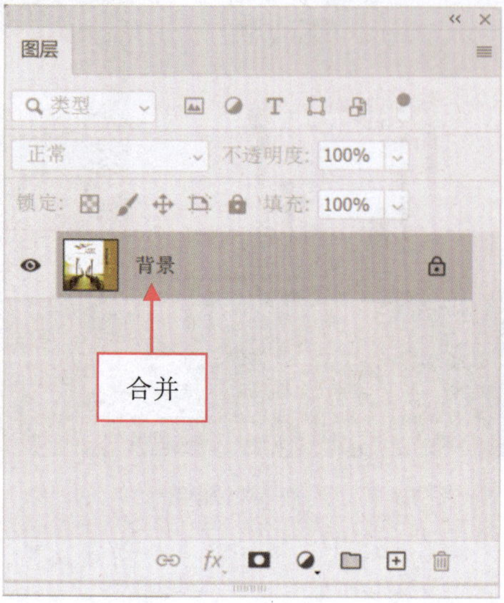

图 10-52　合并为“背景”图层

图 10-53　创建一个选区

Step 03 打开素材图像（素材\第 10 章\手提袋背景.psd），如图 10-54 所示。

Step 04 单击“编辑”|“粘贴”命令，粘贴拷贝的图像，单击“编辑”|“自由变换”命令，并依照参考线缩放图像，效果如图 10-55 所示。

图 10-54　打开素材图像

图 10-55　缩放图像（1）

Step 05 确认“素材”为当前工作图像窗口，使用矩形选框工具，在图像编辑窗口中创建一个矩形选区，如图 10-56 所示，并拷贝选区内的图像。

Step 06 重复步骤（4）的操作，粘贴复制的图像，并调整其合适大小及位置，效果如图 10-57 所示。

Step 07 按【Ctrl + T】组合键，调出变换控制框，在图像编辑窗口中单击鼠标右键，在弹出的快捷菜单中选择“斜切”选项，然后将鼠标指针放置于右侧中间控制柄上，当鼠标指针呈 形状时按住鼠标左键并向上拖曳至适合位置，效果如图 10-58 所示。

图 10-56　创建矩形选区

图 10-57　粘贴复制的图像

Step 08 在变换框内单击鼠标右键，在弹出的快捷菜单中选择“缩放”选项，然后将鼠标指针放置于右侧中间控制柄上，此时鼠标指针呈双向水平箭头形状↔时，按住鼠标左键并向左拖曳至适合位置，效果如图 10-59 所示。

图 10-58　斜切图像

图 10-59　缩放图像（2）

Step 09 参考步骤（7）的操作，再次斜切图像，最后按【Enter】键，确认变换操作，效果如图 10-60 所示。

Step 10 选取工具箱中的钢笔工具，在工具属性栏中选择“路径”选项，然后在图像编辑窗口中创建路径第一点、第二点和第三点，如图 10-61 所示。

Step 11 依次创建其他节点，然后将鼠标指针放置于第一个节点上，此时鼠标指针下方呈一个小圆圈时单击，绘制一条闭合路径，如图 10-62 所示。

Step 12 按【Ctrl + Enter】组合键，将路径转换为选区，然后设置渐变色从左到右分别为灰色（RGB 参数值分别为 109、107、103）和白色，在图像编辑窗口的选区内填充渐变效果，并取消选区，效果如图 10-63 所示。

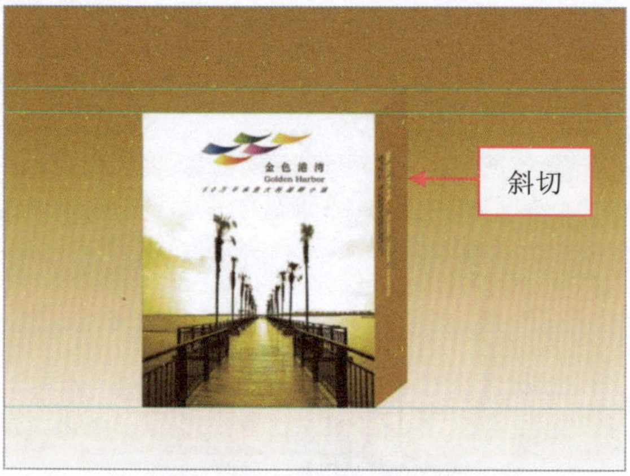

图 10-60　再次斜切图像

图 10-61　创建路径

图 10-62　绘制闭合路径

图 10-63　填充渐变效果

Step 13 新建“图层 3”图层，用上述同样的方法绘制一条闭合的路径，如图 10-64 所示。

Step 14 重复步骤（12）的操作，将路径转换为选区，然后在选区内从左下向右上进行灰色到白色渐变填充，并取消选区，效果如图 10-65 所示。

图 10-64　绘制闭合的路径

图 10-65　填充渐变效果

Step 15 打开素材图像（素材\第 10 章\手提带.psd），将其拖曳至“手提袋背景”图像编辑窗口中的合适位置，如图 10-66 所示。

Step 16 将“图层 4”图层拖曳至“图层 1”图层的下方，调整图层的顺序，效果如图 10-67 所示。

图 10-66 拖入素材

图 10-67 调整图层的顺序

Step 17 复制“图层 4”图层，得到“图层 4 拷贝”图层，将其拖曳至“图层”面板的顶部，并适当调整图像的大小和位置，效果如图 10-68 所示。

Step 18 新建“图层 5”图层，选取工具箱中的多边形套索工具，在图像编辑窗口中创建一个多边选区，如图 10-69 所示。

图 10-68 调整图像的大小和位置

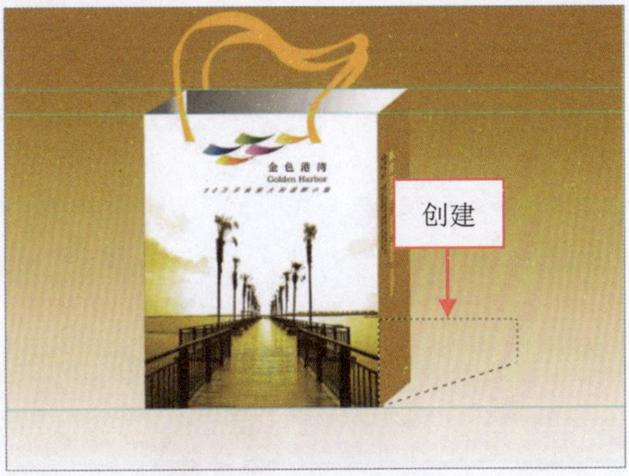

图 10-69 创建多边选区

Step 19 单击“选择”|“修改”|“羽化”命令，弹出“羽化选区”对话框，设置“羽化半径”为 15 像素，然后单击“确定”按钮，效果如图 10-70 所示。

Step 20 选取工具箱中的渐变工具，在工具属性栏中单击“线性填充”按钮，设置渐变色从左到右为黑色和浅黄色（RGB 的参数值分别为 237、223、197），如图 10-71 所示。

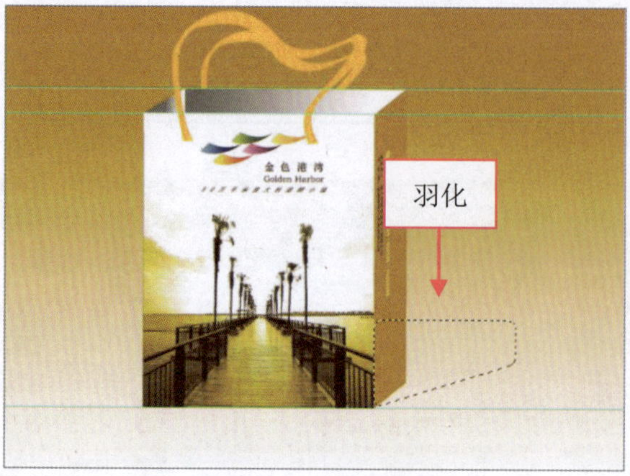

图 10-70　羽化选区

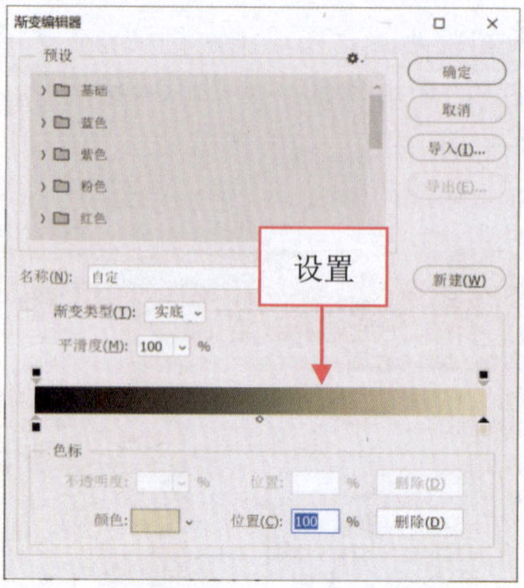

图 10-71　设置渐变色

Step 21 在图像编辑窗口的选区内按住鼠标左键从左向右拖动，填充渐变效果，并取消选区，效果如图 10-72 所示。

图 10-72　填充渐变效果

Step 22 在"图层"面板中，将"图层 5"图层拖曳至"图层 1"图层的下方，并设置其"不透明度"为 35%，效果如图 10-73 所示。

图 10-73　最终效果

本章小结

包装设计以商品的保护、使用和促销为目的，在传递商品信息的同时也给人以美的艺术效果，可以提高商品的附加值和竞争力。本章主要介绍了喜糖包装、药品包装以及房产手提袋的制作方法。通过本章的学习，希望可以帮助读者轻松掌握产品包装设计的核心要点与技术，制作出更多漂亮的产品包装。